Java 核心技术精编

万工信息技术研究院　组编
江　冰　主编

中国科学技术大学出版社

内 容 简 介

本书通过实例对面向对象的程序设计进行全面讲解,帮助初学者更好地学习Java语言的编程技术,是一本能够更好地培养Java开发人才的专业教材。本书分为三部分:第1~6章为第一部分,介绍程序设计基础;第7~12章为第二部分,介绍面向对象的程序设计;第13~18章为第三部分,介绍Java高级进阶。

本书可供本科高校、高职高专院校在校学生以及软件测试人员、非计算机行业对Java编程感兴趣的人员阅读。

图书在版编目(CIP)数据

Java核心技术精编/万工信息技术研究院组编;江冰主编. —合肥:中国科学技术大学出版社,2018.8
ISBN 978-7-312-04458-8

Ⅰ.J… Ⅱ.①万… ②江… Ⅲ.Java语言—程序设计 Ⅳ.TP312.8

中国版本图书馆CIP数据核字(2018)第134996号

出版	中国科学技术大学出版社
	安徽省合肥市金寨路96号,230026
	http://press.ustc.edu.cn
	https://zgkxjsdxcbs.tmall.com
印刷	合肥市宏基印刷有限公司
发行	中国科学技术大学出版社
经销	全国新华书店
开本	787 mm×1092 mm 1/16
印张	20
字数	512千
版次	2018年8月第1版
印次	2018年8月第1次印刷
定价	59.00元

前　　言

致读者

　　Java 语言自诞生以来，经过十多年的发展，已成为目前主流的编程语言。其由于良好的可移植性和跨平台性，成为广大软件技术人员的挚爱，是开发人员的首选开发平台之一。Java 语言的编程技术目前在桌面程序应用、Web 应用、分布式系统及嵌入式系统应用开发等信息技术领域得到广泛应用。所以对想从事 Java 开发的初学者来说，需要一本可以学好 Java 语言编程技术的书籍，而目前关于 Java 的书籍大多直接从语言本身开始介绍，一些 Java 初学者在准备学习该语言时，往往对计算机的一些基本概念还不是很熟悉，对编程的工具也不太会使用，正是考虑到这种情况，结合多年的开发与培训的经验，笔者编写了这本适合初学者学习的 Java 教材，从最基本的概念开始介绍，所有的实例运行结果都以实际的开发运行过程的截图来展示，可更好地帮助读者在学习过程中进行自我练习及结果比较，帮助读者一步步进入 Java 的编程世界。

　　本书的编写注重选取软件开发中的常用内容，方便零基础的读者可以很快入门和提高自身的 Java 开发能力。书中通过实例对面向对象的程序设计进行了全面的讲解，帮助初学者更好地学习 Java 语言的编程技术，是一本能够很好地培养 Java 开发人才的专业教材。

本书的优势

　　本书是一本定位 Java 入门级的教材，从计算机最基本的知识开始介绍，凝结了作者多年的 Java 开发及培训经验，总结了众多 Java 初学者的学习反馈。因此，本书具有以下特点：

1. 实际开发案例驱动

　　本书不仅对 Java 语言的知识点进行了详细的阐述，而且结合实际开发项目中的案例，详细、生动地讲解了 Java 语言的编程技术。本书介绍了大量的 Java 案例，力图给读者带来更好的学习体验。

2. 由浅入深

　　本书从计算机基本知识、Java 语言的发展、Java 的开发环境和 Java 的基本语法知识入手，逐步介绍了 Java 的基本知识、面向对象的程序设计思想、Java 的高级编程内容，由易到难，使读者快速掌握 Java 的核心技术。

读者对象

编写本书的初衷就是希望能帮助那些想从事 Java 编程的初学者，书中介绍了计算机的一些基本概念、Java 编程语言的基础语法及面向对象编程的核心概念，从点到面详细地介绍了如何使用 Java 语言进行编程，所以该书适合的读者包括但不限于下列人员：

① 各专科院校的在校学生；
② 软件测试人员；
③ 非计算机行业对 Java 编程感兴趣的人员。

本书内容

第一部分：程序设计基础（第 1~6 章）。

本部分主要讲解计算机基本知识和 Java 语言的历史、特性、基本语法、数据类型、运算符、表达式、流程控制语句等内容，让初学者对 Java 语言的程序设计有一定的了解。通过本部分学习，读者可以掌握 Java 的基本知识，为以后的学习打好基础。

第二部分：面向对象的程序设计（第 7~12 章）。

本部分主要讲解面向对象的内容及特性、数组、字符串、继承、接口、多态、内部类、异常处理等内容的使用，让初学者能够全面掌握 Java 面向对象的设计思想。该部分内容也是本书的重点内容，通过本部分学习，读者可以理解面向对象的概念，并掌握如何使用 Java 语言来进行程序设计。

第三部分：Java 高级进阶（第 13~18 章）。

本部分主要介绍 Java 高级编程的相关技术，对程序的集合、IO、多线程、网络编程、反射与代理等方面内容进行详细的讲解。通过本部分学习，读者可以掌握 Java 的实战开发，快速地掌握 Java 高级编程技术。

目　录

前言 ……………………………………………………………………………………（ⅰ）
第1章　程序设计预备知识 ………………………………………………………（1）
1.1　计算机构成原理 …………………………………………………………（1）
1.2　了解操作系统 ……………………………………………………………（3）
1.3　了解编程 …………………………………………………………………（5）
1.4　本章小结 …………………………………………………………………（6）
1.5　习题 ………………………………………………………………………（6）
第2章　Java语言概述 ……………………………………………………………（7）
2.1　Java语言的产生与发展 …………………………………………………（7）
2.2　Java语言的特点 …………………………………………………………（9）
2.3　Java是如何实现跨平台的 ………………………………………………（10）
2.4　面向对象与面向过程的差异 ……………………………………………（11）
2.5　面向对象程序设计中的主要概念和特征 ………………………………（12）
2.6　本章小结 …………………………………………………………………（13）
2.7　习题 ………………………………………………………………………（13）
第3章　Java语言开发环境 ………………………………………………………（14）
3.1　JDK ………………………………………………………………………（14）
3.2　编写Java程序 ……………………………………………………………（15）
3.3　集成开发环境 ……………………………………………………………（19）
3.4　Eclipse的使用 ……………………………………………………………（21）
3.5　本章小结 …………………………………………………………………（26）
习题 ……………………………………………………………………………（26）
第4章　Java语言基础 ……………………………………………………………（27）
4.1　标识符和关键字 …………………………………………………………（27）
4.2　变量 ………………………………………………………………………（28）
4.3　常量 ………………………………………………………………………（30）
4.4　基本数据类型 ……………………………………………………………（32）
4.5　运算符与表达式 …………………………………………………………（36）
4.6　运算符的优先级 …………………………………………………………（43）
4.7　基本数据类型转换 ………………………………………………………（44）
4.8　本章小结 …………………………………………………………………（46）
习题 ……………………………………………………………………………（46）

第 5 章 控制结构 （47）
- 5.1 语句 （47）
- 5.2 顺序结构 （48）
- 5.3 条件语句 （49）
- 5.4 循环结构 （56）
- 5.5 本章小结 （64）
- 习题 （64）

第 6 章 方法 （65）
- 6.1 需要重复使用的代码 （65）
- 6.2 方法的定义 （66）
- 6.3 方法的调用 （68）
- 6.4 参数传递 （71）
- 6.5 局部变量 （73）
- 6.6 方法的重载 （74）
- 6.7 Math 类的常用方法 （75）
- 6.8 本章小结 （80）
- 习题 （80）

第 7 章 面向对象基础 （81）
- 7.1 类和对象的概念 （81）
- 7.2 类的定义 （82）
- 7.3 对象创建与构造函数 （84）
- 7.4 引用变量与对象的访问 （85）
- 7.5 对象的初始化 （87）
- 7.6 包 （89）
- 7.7 本章小结 （92）
- 7.8 习题 （92）

第 8 章 数组 （93）
- 8.1 一维数组 （93）
- 8.2 二维数组 （98）
- 8.3 多维数组 （101）
- 8.4 数组类型参数和返回值 （102）
- 8.5 数组排序 （106）
- 8.6 Arrays 类 （110）
- 8.7 本章小结 （112）

第 9 章 字符串 （113）
- 9.1 创建字符串 （113）
- 9.2 获取字符串长度 （114）
- 9.3 连接字符串 （115）
- 9.4 字符串大小写转换与首尾空格清空 （117）

9.5 字符串查找 …………………………………………………………………………… (118)
9.6 字符串截取 …………………………………………………………………………… (120)
9.7 字符串比较 …………………………………………………………………………… (122)
9.8 本章小结 ……………………………………………………………………………… (123)
9.9 习题 …………………………………………………………………………………… (123)

第 10 章 面向对象进阶 …………………………………………………………………… (124)
10.1 Java 内存空间 ………………………………………………………………………… (124)
10.2 类的生命周期 ………………………………………………………………………… (126)
10.3 static 关键字 ………………………………………………………………………… (127)
10.4 变量的作用范围 ……………………………………………………………………… (130)
10.5 this 关键字 …………………………………………………………………………… (132)
10.6 对象比较 ……………………………………………………………………………… (135)
10.7 给方法传递引用类型参数 …………………………………………………………… (136)
10.8 本章小结 ……………………………………………………………………………… (137)
10.9 习题 …………………………………………………………………………………… (138)

第 11 章 抽象类及接口 …………………………………………………………………… (139)
11.1 抽象类 ………………………………………………………………………………… (139)
11.2 内部类、匿名类及最终类 …………………………………………………………… (142)
11.3 接口 …………………………………………………………………………………… (145)
11.4 本章小结 ……………………………………………………………………………… (148)
11.5 习题 …………………………………………………………………………………… (148)

第 12 章 异常处理 ………………………………………………………………………… (149)
12.1 异常概述 ……………………………………………………………………………… (149)
12.2 异常类型 ……………………………………………………………………………… (150)
12.3 异常处理机制 ………………………………………………………………………… (152)
12.4 finally 子句 …………………………………………………………………………… (156)
12.5 异常使用原则 ………………………………………………………………………… (157)
12.6 重新抛出异常 ………………………………………………………………………… (157)
12.7 自定义异常 …………………………………………………………………………… (157)
12.8 本章小结 ……………………………………………………………………………… (159)
12.9 习题 …………………………………………………………………………………… (159)

第 13 章 Java GUI 编程 …………………………………………………………………… (160)
13.1 Java GUI 编程概述 …………………………………………………………………… (160)
13.2 常用窗体 ……………………………………………………………………………… (162)
13.3 常用组件 ……………………………………………………………………………… (174)
13.4 布局管理 ……………………………………………………………………………… (198)
13.5 事件模型 ……………………………………………………………………………… (209)
13.6 本章小结 ……………………………………………………………………………… (211)
13.7 习题 …………………………………………………………………………………… (212)

第 14 章 容器 (213)
- 14.1 容器框架概述 (213)
- 14.2 Connection (214)
- 14.3 List (215)
- 14.4 Set (221)
- 14.5 Map (224)
- 14.6 其他容器相关类 (226)
- 14.7 本章小结 (228)
- 14.8 习题 (228)

第 15 章 输入/输出 (229)
- 15.1 File 类 (229)
- 15.2 RandomAccessFile 类 (231)
- 15.3 节点流 (234)
- 15.4 过滤流与包装类 (242)
- 15.5 IO 中的高级应用 (252)
- 15.6 本章小结 (253)
- 15.7 习题 (254)

第 16 章 反射 (255)
- 16.1 反射概述 (255)
- 16.2 反射 API (255)
- 16.3 Class (257)
- 16.4 Constructor (259)
- 16.5 Method (261)
- 16.6 Field (263)
- 16.7 本章小结 (265)
- 16.8 习题 (266)

第 17 章 泛型和枚举 (267)
- 17.1 什么是泛型 (267)
- 17.2 泛型类与泛型接口 (269)
- 17.3 泛型方法 (271)
- 17.4 泛型擦除与泛型数组 (274)
- 17.5 通配符 (277)
- 17.6 枚举类型 (280)
- 17.7 本章小结 (285)
- 17.8 习题 (285)

第 18 章 多线程 (286)
- 18.1 线程简介 (286)
- 18.2 实现线程的两种方式 (287)
- 18.3 线程的生命周期 (292)

18.4 操作线程的方法 …………………………………………………………（293）
18.5 线程的优先级 ……………………………………………………………（300）
18.6 线程的同步 ………………………………………………………………（301）
18.7 本章小结 …………………………………………………………………（306）
18.8 习题 ………………………………………………………………………（307）

参考文献 ………………………………………………………………………（308）

第 1 章 程序设计预备知识

本章内容旨在帮助大家梳理一下必备的计算机基础知识,尤其是一些基本原理和概念要理解掌握,这有助于顺利进入后面 Java 程序设计内容的学习。如果读者的计算机基础知识较弱,没有编程语言的学习经验,本章内容一定要仔细阅读,并理解其中的每一个概念;如果读者已经非常熟悉这部分知识,本章内容快速浏览一遍即可。

1.1 计算机构成原理

1.1.1 计算机的五大组成部分

从 1946 年世界上第一台计算机诞生至今,已经过去 70 多年,计算机的体积、性能发生了翻天覆地的变化。但是,计算机的组成原理并没有发生根本性的变化,根据计算机组成原理划分,计算机主要由五大组成部分构成,即输入设备、输出设备、运算器、控制器、存储器(见图 1.1),各部分通过总线连接在一起。

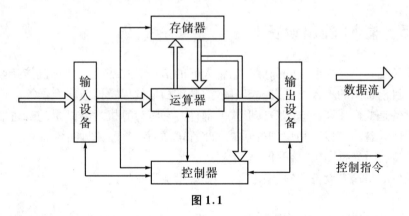

图 1.1

1.1.2 运算器

运算器是完成二进制编码的算术或逻辑运算的部件。运算器一次运算二进制数的位数,称为字长。它是计算机的重要性能指标。常用的计算机字长有 8 位、16 位、32 位及 64 位。

1.1.3 控制器

控制器是计算机的指挥中心,控制各部件的工作,使整个机器根据指令连续地、有条不紊地运行。控制器工作的实质就是解释程序。

控制器每次从存储器读取一条指令,经过分析译码,产生一串操作命令,发向各个部件,各部件随后按照收到的指令进行相应的操作。

1.1.4 存储器

存储器的主要作用是存放程序和数据,根据用途和特征的不同分为内存和外存。

1. 内存

内存是计算机中重要的部件之一,是程序与 CPU 进行沟通的桥梁。计算机中所有程序的运行都是在内存中进行的,因此内存的性能对计算机的影响非常大。内存(Memory)也被称为内存储器,其作用是用于暂时存放 CPU 中的运算数据,以及与硬盘等外部存储器交换的数据。只要计算机在运行中,CPU 就会把需要运算的数据调到内存中进行运算,当运算完成后 CPU 再将结果传送出来,内存的运行也决定了计算机运行的稳定性。相对于外存,内存的运算速度快,但是存储容量小,断电后数据即丢失。

2. 外存

外存,也叫外存储器,是指除计算机内存及 CPU 缓存以外的储存器。此类储存器一般断电后仍然能保存数据,存储容量较大,读写数据的速度比内存慢。常见的外存储器有硬盘、光盘、U 盘等。

1.1.5 输入、输出设备

输入设备是变换输入形式的部件。它将人们的信息形式变换成计算机能接收并识别的信息形式。目前常用的输入设备有键盘、鼠标、数字扫描仪以及模数转换器等。

输出设备是变换计算机输出信息形式的部件。它将计算机运算结果的二进制信息转换成人们或其他设备能够接收和识别的形式,如字符、文字、图形、图像、声音等。目前广为使用的输出设备有激光打印机、绘图仪、显示器等。

有些设备既是输入设备,又是输出设备,如触摸屏显示器。

1.1.6 总线

计算机硬件之间的连接线路分为网状结构与总线结构。绝大多数计算机采用总线(Bus)结构。系统总线是构成计算机系统的骨架,是多个系统部件之间进行数据传送的公共通路。借助系统总线,计算机在各系统部件之间实现传送地址、数据和控制信息的操作。

1.2 了解操作系统

1.2.1 操作系统概述

操作系统(Operating System,OS)是管理和控制计算机硬件与软件资源的计算机程序,是直接运行在"裸机"上的最基本的系统软件,任何其他软件必须在操作系统的支持下才能运行。

操作系统是用户和计算机的接口,同时也是计算机硬件和其他软件的接口。操作系统的功能包括管理计算机系统的硬件、软件及数据资源,控制程序运行,改善人机界面,为其他应用软件提供支持,让计算机系统所有资源最大限度地发挥作用,提供各种形式的用户界面,使用户有一个好的工作环境,为其他软件的开发提供必要的服务和相应的接口等。

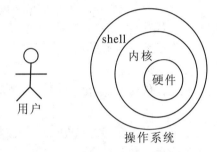

图 1.2

下面来认识一下什么是操作系统的 shell,如图 1.2 所示,shell 是系统的用户界面,提供了用户与内核进行交互操作的一种接口。shell 分为两大类:一类是图形界面 shell(Graphical User Interface shell, GUI shell),另一类是命令行式 shell(Command Line Interface shell,CLI shell)。Windows XP 是多用户名任务 OS,早期操作系统是单用户名任务 OS。

1.2.2 常见操作系统

1. Windows 操作系统

Windows 是美国微软公司研发的一套多任务、多用户的操作系统,它问世于 1985 年,起初仅仅是 Microsoft-DOS 模拟环境,后续的系统版本由于微软不断地更新升级,不但易用,而且界面友好,慢慢地成为家喻户晓的操作系统。

Windows 采用了图形化模式 GUI,比起从前的 DOS 需要键入指令,使用的方式更为人性化。随着电脑硬件和软件的不断升级,微软的 Windows 也在不断升级,从架构的 16 位、32 位再到 64 位,系统版本从最初的 Windows 1.0 到大家熟知的 Windows 95、Windows 98、Windows ME、Windows 2000、Windows 2003、Windows XP、Windows Vista、Windows 7、Windows 8、Windows 8.1、Windows 10 和 Windows Server,服务器企业级操作系统不断持续更新,微软一直在致力于 Windows 操作系统的开发和完善。

2. Linux 操作系统

Linux 是一套免费使用和自由传播的类 Unix 操作系统,是一个基于 POSIX 和 UNIX 的多用户、多任务、支持多线程和多 CPU 的操作系统。它能运行主要的 UNIX 工具软件、应用程序和网络协议,支持 32 位和 64 位硬件。Linux 继承了 Unix 以网络为核心的设计思想,是一个性能稳定的多用户网络操作系统。

Linux 操作系统诞生于 1991 年 10 月 5 日(这是第一次正式向外公布的时间)。Linux 存在着许多不同的 Linux 版本,但它们都使用了 Linux 内核。Linux 可安装在各种计算机硬件设备中,比如手机、平板电脑、路由器、视频游戏控制台、台式计算机、大型机和超级计算机等。

3. UNIX 操作系统

UNIX(尤尼斯)操作系统,是一个强大的多用户、多任务操作系统,支持多种处理器架构,按照操作系统的分类,其属于分时操作系统,最早由 Ken Thompson、Dennis Ritchie 和 Douglas McIlroy 于 1969 年在 AT&T 的贝尔实验室开发。目前它的商标权由国际开放标准组织所拥有,只有符合单一 UNIX 规范的 UNIX 系统才能使用 UNIX 这个名称,否则只能称为类 UNIX(UNIX-like)。

4. OS X 操作系统

Mac OS 是一套基于 Unix 内核的图形化操作系统,通常运行于苹果 Macintosh 系列电脑上,一般情况下无法安装在普通 PC 上。Mac OS 是首个在商用领域获得成功的图形用户界面操作系统。现行的最新的系统版本是 OS X 10.10 Yosemite。

1.2.3 Windows 命令行操作基础

根据笔者近几年的教学经验,发现大家对于 Windows 系统的图形界面的 shell 的操作已经不陌生。对于命令行 shell 的操作,由于平时很少使用,大部分用户并不熟悉。但是,作为编程人员非常有必要掌握基本的命令行 shell 的操作。

首先,我们来看看如何进入命令行操作界面,不同的操作系统进入方式稍微有一点差异。

Windows XP 系统:开始菜单→运行→输入"cmd"命令→回车;

Win8/Win10 系统:在左下角"搜索 Windows"搜索框内输入"cmd",然后敲回车键,进入如图 1.3 所示的操作界面,从该图中可以看出当前目录是"C:\Users\michael\"。

图 1.3

接下来,我们熟悉几个常用的命令行操作:

① 切换盘符。从图 1.3 中可知当前盘符是 C 盘,我们现在想切换到 D 盘,只要在命令行输入"D:",然后敲下回车键即可,当然系统本身要有 D 盘。

② 进入指定的目录。例如,需要进入当前目录下的"ebook"子目录,只需要在命令行输

入"cd ./ebook"后敲下回车键即可,这里"."表示当前目录,可省略;如果要返回上一级目录,只需在命令行输入"cd .."后敲回车键即可,这里".."表示上一级目录;在命令行输入"cd /"或者"cd \",再敲下回车键,即可回到当前盘符的根目录。

③ 查看指定目录下内容。在命令行输入"dir 目录路径"即可查看指定目录下的所有文件及子目录信息。如命令"dir E:\",可查看 E 盘根目录下所有文件及子目录信息。

④ 在命令行窗口可通过"向上、向下"两个方向键查看历史操作命令。

⑤ 在命令行窗口中输入可执行程序的路径来启动应用程序。例如,我们在电脑的命令行中输入"D:\Tools\Tencent\QQ\Bin\qq",然后敲下回车键即可启动 QQ 软件。

⑥ 在命令行输入"cls",再敲下回车键,可清除屏幕缓冲区内容。

1.3 了 解 编 程

笔者试图通过本节内容让读者理解掌握一些必要的概念,特别是编程的初学者,对于概念的学习尤其重要。如果概念没有搞清楚,会阻碍读者对后续知识点的学习。

1.3.1 比特与字节

1. 比特(bit)

在二进制数系统中,每个 0 或 1 就是一个位(bit),位是数据存储的最小单位。其中 8 bit 就称为一个字节(Byte)。计算机中的 CPU 位数指的是 CPU 一次能处理的最大位数。例如,32 位计算机的 CPU 一次最多能处理 32 位数据。

2. 字节(byte)

字节是计算系统最小的数据存储单位。

3. 存储单位换算

$$1 \text{ GB} = 1024 \text{ MB}, \quad 1 \text{ MB} = 1024 \text{ KB}, \quad 1 \text{ KB} = 1024 \text{ byte}$$

1.3.2 指令、指令集

指令,是指示计算机执行某种操作的命令,由一串二进制数码组成。指令集,是指为计算机 CPU 制定的一套特定的指令规范,这个规范严格规定了每个指令的作用。

1.3.3 程序

程序是由指令按照特定的逻辑组成的一个指令序列。顾名思义,编程就是编写程序,是指为了使计算机能完成某项工作,将各个不同的指令按照某种逻辑组成一段程序的工作。

1.3.4 汇编语言

如果完全直接使用二进制的指令进行编程,其复杂性和难度可想而知,编程的工作效率也非常低下;后来科学家发明了更容易被人们掌握的逻辑程序表达方式,叫作汇编语言。使用汇编语言编写出来的程序,更容易被人们阅读,但是不能被机器直接执行,需要经过特定的处理,才能变成可被机器执行的机器码。

1.3.5 高级语言

汇编语言相对来说还是比较接近机器语言的,所以,为了更好地利用计算机技术,科学家们又发明了更容易被人们掌握和使用的编程语言,这些语言被称为高级语言。其中最具代表性的高级语言有 C、C++、Java、C♯、PHP 等。

1.3.6 源码

用高级语言编写出来的程序叫作源码,或者叫作源程序。由于源程序的内容是文本,因此,只要是能编辑纯文本的工具都可以用来编写源程序,比如 Windows 系统自带的记事本。

1.3.7 编译、编译器

源程序是不能直接被执行的,需要先把源程序转化成机器码再执行,这个转化的过程被称为编译(Compile);编译通常需要借助特定的系统软件,这个系统软件通常被称为编译器(Compiler),如图 1.4 所示。

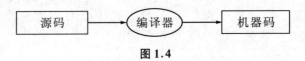

图 1.4

1.4 本章小结

1. 计算机的五大组成部分,即运算器、控制器、存储器、输入设备、输出设备。
2. 常见的操作系统有 Windows、Linux、Unix、OS X。
3. 编程相关的概念,包括指令、程序、源码、编译。

1.5 习 题

1. 计算机的五大组成部分分别是什么?
2. 什么是内存?什么是外存?它们有什么区别?什么是编译器?

第 2 章　Java 语言概述

本章简要地介绍了 Java 语言的诞生、发展、特征，目的是让读者对 Java 语言有一个初步的了解。读者只需要在大脑中建立 Java 的整体认识，不需要完全理解本章内容提到的所有概念。

2.1　Java 语言的产生与发展

2.1.1　Java 语言的产生

20 世纪 90 年代初期，Sun 公司在研究一种适用于未来的智能设备的编程语言，且此语言要具有一些新的特性，以避免 C++ 的一些不足。

该语言起初命名为 Oak，来源于作者 Gosling 办公室窗外的一棵橡树（Oak）。后来 Gosling 在注册的时候遇到了冲突，于是就从手中的热咖啡联想到了印度尼西亚一个盛产咖啡的岛屿，中文名叫爪哇，Java 语言由此得名。

随着 Internet 的迅速发展，Web 应用日益广泛，Java 语言也得到了迅速发展。1994 年，Gosling 用 Java 开发了一个实时性较高、可靠、安全、有交互功能的新型 Web 浏览器。它不依赖于任何硬件平台和软件平台，被称为 HotJava，并于 1995 年同 Java 语言一起正式在业界对外发表，引起了巨大的轰动，Java 的地位随之得到了肯定，此后的发展便非常迅速。

Java 编程语言的语法与 C++ 的语法相似，语义则与 Small Talk TM 的语义相似。Java 编程语言可被用来创建任何常规编程语言所能创建的应用程序。

设计 Java 编程语言的主要目标如下：
① 避免类似其他语言在诸如指针运算和存储器管理方面影响健壮性的缺陷。
② 利用面向对象的概念使程序真正地成为完全面向对象的程序。
③ 为使代码尽可能清晰合理、简明流畅提供一种方法。
④ 提高开发速度，消除编译—链接—装载—测试周期。
⑤ 跨平台可移植性，使操作系统能为运行环境做系统级调用。
⑥ 为运行不止一个活动线程的程序提供一种方式。
⑦ 通过允许下载代码模块，当程序运行时也能动态支持程序改变。
⑧ 为那些保证安全性而装载的代码模块提供一种检查方法。

精心开发的 Java 核心技术为上述目标的实现提供了保证，主要包括如下几个方面：
① Java 虚拟机。
② 自动垃圾收集。

③ 代码安全性。

2.1.2 Java 语言的发展

Sun 公司在 1996 年发布了 Java 语言开发工具包 JDK 1.0(JDK 是 Java Develop Kit 的简称)，后来 Sun 公司被甲骨文公司(Oracle)收购，Java 语言发展的主要历程如下：

- 1995 年 5 月 23 日，Java 语言诞生。
- 1996 年 1 月，JDK 1.0 发布。
- 1996 年 4 月，10 个最主要的操作系统供应商申明将在其产品中嵌入 Java 技术。
- 1996 年 9 月，约 8.3 万个网页应用了 Java 制做技术。
- 1997 年 2 月 18 日，JDK 1.1 发布。
- 1997 年 4 月 2 日，JavaOne 会议召开，参会者逾 10000 人，创全球同类会议规模纪录。
- 1998 年 2 月，JDK 1.1 被下载超过 2000000 次。
- 1998 年 12 月 8 日，Java2 企业平台 J2EE 发布。
- 1999 年 6 月，SUN 公司发布 Java 的三个版本，即标准版、企业版和微型版。
- 2000 年 5 月 8 日，JDK 1.3 发布。
- 2000 年 5 月 29 日，JDK 1.4 发布。
- 2001 年 9 月 24 日，J2EE 1.3 发布。
- 2002 年 2 月 26 日，J2SE 1.4 发布，自此 Java 的计算能力有了大幅提升。
- 2004 年 9 月 30 日，J2SE 1.5 发布，成为 Java 语言发展史上的又一里程碑。为了标志该版本的重要性，J2SE1.5 更名为 Java SE 5.0。
- 2005 年 6 月，JavaOne 大会召开，Sun 公司发布 Java SE 6。此时，Java 的各种版本已经更名，如取消其中的数字"2"：J2EE 更名为 Java EE，J2SE 更名为 Java SE，J2ME 更名为 Java ME。
- 2006 年 12 月，Sun 公司发布 JDK 6.0。
- 2009 年 4 月 20 日，甲骨文公司以 74 亿美元收购 Sun 公司，取得 Java 的版权。
- 2011 年 7 月 28 日，甲骨文公司发布 Java 7.0 的正式版。
- 2014 年 3 月 19 日，甲骨文公司发布 Java 8.0 的正式版。
- 2016 年 9 月 22 日，甲骨文公司发布 Java 9.0 的正式版。

Java 语言技术平台包含标准版、企业版、微型版三个不同版本，分别是 Java SE、Java EE、Java ME。

(1) Java SE

Java SE(Java Standard Edition)是 Java 语言的标准版，指的就是 JDK 1.2 及其以后版本，包含 Java 基础类库和语法。它用于开发具有丰富的 GUI(图形用户界面)、复杂逻辑和高性能的桌面应用程序。

(2) Java EE

Java EE(Java Enterprise Edition)建立在 Java SE 之上，包含由 JCP 组织制定的各种企业级技术标准，比如 Servlet、JSP、EJB 等，主要用于开发和实施企业级应用程序。它是一个标准的多层体系结构，主要用于开发和部署分布式、基于组件、安全可靠、可伸缩和易于管理的企业级应用程序。

(3) Java ME

Java ME(Java Micro Edition)也建立在 Java SE 之上,主要用于开发具有有限连接、内存和用户界面能力的设备应用程序。例如,移动电话(手机)、PDA(电子商务)、能够接入电缆服务的机顶盒或者各种终端和其他消费电子产品。

注意:安卓(Android)系统 App 开发采用的也是 Java 语言语法,但是它的运行环境为谷歌(Google)公司开发的手机操作系统,并非由甲骨文提供。谷歌公司在这个操作系统上实现了一个支持 Java 程序的运行环境。至今甲骨文公司与谷歌公司还在为安卓是否侵犯 Java 的版权问题争论不休。

Java 语言一般可以建立如下的三种程序:

(1) GUI 桌面应用

一种独立的桌面程序,它是一种典型的通用程序,可运行于任何具备 Java 运行环境的设备中。

(2) Applet

Applet 是一种储存在 WWW 服务器上的用 Java 编程语言编写的程序。它通常由浏览器下载到用户系统中,并通过浏览器运行。但是这种形式的 Java 应用程序基本被淘汰,因此读者只要了解这个名词即可,不必深入学习。

(3) Web 应用程序

基于 B/S(浏览器/服务器)架构的应用程序,目前大多数 Java 企业级应用采用这种类型的应用程序。这种类型的应用程序具有便于维护和升级的特点。

2.2 Java 语言的特点

Java 语言适用于 Internet 环境,是一种被广泛使用的网络编程语言。它具有如下一些特点:

1. 简单

Java 语言的语法规则和 C++ 相似,但 Java 语言取消了指针和多重继承,统一使用引用来指示对象(C++ 中有两种形式,实际上是两种产生对象的途径,而 Java 中只有一种),并且通过自动垃圾收集机制免去了程序设计人员对于内存块的释放工作。

2. 面向对象

Java 语言为了提高效率,定义了几个基本的数据类型以非类的方式实现,余下的所有数据类型都以类的形式进行封装,程序系统的构成单位也是类。因而几乎可以认为是完全面向对象的。

3. 平台无关性(可移植、跨平台)

Java 语言具有与机器体系结构无关的特性,即 Java 程序一旦编写好之后,几乎不需要进行修改就可以移植到其他操作系统上运行。

4. 面向网络编程

Java 语言自产生之初就面向网络,在 JDK 中包括了支持 TCP/IP、HTTP 和 FTP 等协议的类库。

5. 多线程支持

多线程是指程序同时执行多个任务的一种功能。多线程机制能够使应用程序并行执行多项任务，其同步机制保证了各线程对共享数据的正确操作。

6. 安全

Java 的存储分配模型是它防御恶意代码的主要方法之一。Java 没有指针，所以程序员不能得到隐蔽起来的内幕和伪造指针去指向存储器。更重要的是，Java 编译程序不处理存储安排决策，所以程序员不能通过查看声明去猜测类的实际存储安排。编译的 Java 代码中的存储引用在运行时由 Java 解释程序决定实际存储地址。

Java 运行系统使用字节码验证过程来保证装载到网络上的代码不违背任何 Java 语言限制。这个安全机制部分包括类如何从网上装载。例如，装载的类是放在分开的名字空间而不是局部类，预防恶意的小应用程序用自己的版本来代替标准 Java 类。

7. 开源、免费

开发者和机构可以免费使用 Java 各个版本的 JDK，并且 Java 标准库的源码是完全开放的。Java 的开源基因缔造了大量优秀的免费开源项目，例如 Struts2、Spring、Hibernate、MyBatis，这些都是开发者耳熟能详的开源框架，全世界的开发者和机构都从 Java 的开源世界中获益。

2.3 Java 是如何实现跨平台的

通常所说的 Java 程序可以跨平台运行，并不是说 Java 程序可以直接运行在任意一个操作系统上，因为操作系统之间有非常大的差异。Java 程序并不是直接运行在操作系统之上，而是运行在 JVM 之上，通过在不同的操作系统上安装相应的 JVM，由这些不同版本的 JVM 为 Java 程序提供统一的运行环境，从而实现 Java 程序跨平台运行的目标。

JVM 也叫 Java 虚拟机，是 Java Virtual Machine 的缩写。JVM 是 Java 程序与操作系统之间的中间层，它屏蔽了底层操作系统的差异，为 Java 程序提供统一的运行环境。

图 2.1 示意了 Java 程序跨平台的原理。

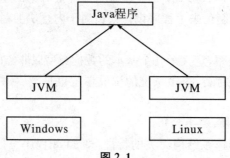

图 2.1

2.4 面向对象与面向过程的差异

一种程序设计语言的产生,不仅是程序设计技术的改进,还包含了表达和认知思想的进步。

以 C 语言为代表的部分早期语言,被称为面向过程的语言,不仅因为其程序设计的表达形式是以过程为基本元素,其实质在于当时对计算机化系统理解的主导思想还是控制流或者数据流,且构成系统的要素是模块——处理逻辑。

面向对象语言的产生,是因为对于系统的理解或抽象到了更为高级的层次。此时的认知思想不仅更接近于现实世界,而且其抽象程度也很高。因而,既有易懂的一方面,又有难懂的另一方面。

2.4.1 面向过程思想的回顾

面向过程思想和程序设计语言的特点可以简单总结为以下几点:
① 对系统的认识采用结构化分析的过程——自顶向下,逐步地进行功能分解。
② 每个功能就是处理数据的一个模块,因而 IPO 描述充分刻画了模块的内外特征。
③ 每个模块都是控制流的,因而有典型的三种程序结构,即顺序、分支、循环。
④ 模块间的关系通过调用维系,因而模块成为了函数,这也是在面向过程方式下最主要的代码重用方式。
⑤ 尽管函数调用有参数和返回值,但数据总是和函数分开的,不仅有了著名的断言"程序 = 算法 + 数据",也使得绝对平等产生了无序的麻烦——所有的函数和数据的关联关系没有限制。
⑥ 如果要使用数据流,那么就只能在数据产生之后的适当时机调用函数。

这一时期的主要缺点是:对系统的理解比较难,系统的开发效率低,代码的可重用性差。

2.4.2 面向对象的简述

面向对象是指对现实世界采用直观的理解,而计算机语言采取了深度的抽象,可以总结如下:
① 系统是由事物构成的,事物之间是有联系的,复杂的事物也是系统。
② 系统与系统、系统与事物、事物与事物之间是有明确界限(边界)的。
③ 系统或事物的状态刻画可以用属性表示,属性一般是一些简单的数据,如果复杂就是事物了。
④ 系统或事物的状态会发生变化,称为行为,产生变化是有原因的(内部的或外部的),变化的过程可能是复杂的。
⑤ 不同的事物之间会具有共同的属性和行为,共同的极端情形就是完全包含。

基于以上的认识,一个运行时(动态)的具体系统或事物,是由几个更小的具体事物构成的(极端的事物就是一个简单的属性数据),它们是不断发生变化的。如果对事物这一概念进行了有效的抽象,那么问题就迎刃而解。

首先,将任何一个具体的事物称为对象(Object),它的极端情形就是过去的变量;事物是分类的,每一类事物都具有统一的属性和行为,即类型——抽象数据类型,简称为类(Class);行为既然是过程,那么就抽象成函数,命名为方法,以示区别。

例如描述身高或姓名,各自只是一个简单的数据变量。

描述一个学生,可以使用学号、姓名、宿舍、班级等。

2.5 面向对象程序设计中的主要概念和特征

在面向对象的程序设计(Object Oriented Programming,OOP)语言中,为了进行更为高层次的抽象,会引入一些现实世界中难以找到的概念,但对于一个程序语言来说是很有价值的。以下介绍的概念基本上来源于对现实世界的抽象,要从程序设计的角度去理解它们。

面向对象程序设计使系统更易于理解,也使代码具有更好的重用性、可扩展性、易于管理和维护。

2.5.1 主要概念

1. 类

类是对一类事物的抽象表示,其角色就相当于数据类型,当然可以算作复杂的数据类型,如学生、宿舍、班级。

2. 对象

对象表示一个具体的事物,其角色就是变量,即一个复杂数据类型(某某类的变量),如周瑜、张飞、瑜飞居、飞虎班。

3. 成员

一个事物的构成元素,讨论类的时候就是虚拟的,讨论对象的时候就是具体的。如在类中,一个变量属于成员(成员变量),一个对象也属于成员(成员对象),一个函数也属于成员(成员方法)。

2.5.2 主要特征

OOP语言有三个特征,即封装、继承及多态。

1. 封装

类的构成包括成员变量、对象与成员方法,这样将相关的数据与函数包装在一起,同其他的类相区分,就是封装。显然,这避免了面向过程语言的平行缺陷,说明了类和成员之间的所属关系。进一步可以限制类的成员在外部的可见性,那么就将封装体现得更完美。

2. 继承

若当一种事物甲完全是另一种事物乙的特例,那么,一般地,类甲只是比类乙多出一些成员变量、对象与成员方法,称为类甲继承类乙,类甲称为(类乙的)子类,类乙称为(类甲的)父类。

父类也称为基类、超类,子类也称为导出类、派生类。

显然,编写子类就没有必要重复书写父类中已有的代码部分,这是 OOP 中最典型的代码重用。

3. 多态

多态表示一个类的某种行为存在多种实现版本。简单的情况是在一个类中给出多种不同的实现,复杂的情况是在多个子类中各自给出不同的实现。

2.6 本章小结

1. Java 语言由 Sun 公司发明。
2. Java 语言有三个版本,分别是 Java ME、Java SE、Java EE。
3. 封装、继承、多态是 Java 语言的三大特征。

2.7 习题

1. 简述 Java 语言的三种平台。
2. 简述支撑 Java 语言目标的三种主要技术(自查资料完善)。
3. 简述面向对象与面向过程的不同之处。

第3章 Java语言开发环境

在上一章中我们初步了解了 Java 语言,本章需要着重掌握 Java 开发环境的搭建和配置,并能在命令行环境下编译、运行 Java 程序。了解常见的 IDE,初步掌握 Eclipse 的使用,能熟练使用 Eclipse 创建工程、编写程序、运行程序。

3.1 JDK

3.1.1 JDK 的简介

JDK 的全称叫 Java 开发工具箱(Java Development Kit),包含了 Java 程序编译器等各种开发工具以及 JRE(Java Runtime Environment)。安装包可以从甲骨文公司的官方网站(http://www.oracle.com)上下载。注意 JDK 的版本信息,如:jdk-8u45-windows-x64.exe,从文件名可以看出这是 Java8 发布后第 45 次更新版本,用于 64 位的 Windows 系统。

关于 JRE,这里有必要跟读者解释下。上一章我们讲到 Java 程序是运行在 JVM 之上的,而我们实际开发的 Java 程序,运行除了需要基本的 JVM,还需要标准的 Java 库。JVM 和标准库一起构成了 JRE,也叫 Java 运行时环境。图 3.1 给出了 JDK、JRE、JVM 之间的概念范围关系。

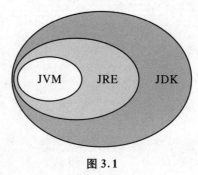

图 3.1

3.1.2 JDK 的安装

假设我们已经从甲骨文公司官网上下载了 JDK 安装包,它的安装过程很简单,跟其他应用软件类似,在安装过程中需注意观察安装向导的提示。图 3.2 显示的是 JDK 安装目录下的内容。

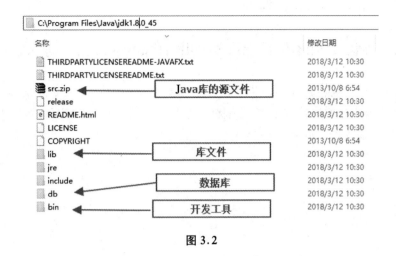

图 3.2

3.1.3 配置环境变量

环境变量——应用程序运行时需要的一些相对固定值的参数。

例如，Java 开发工具等软件需要使用 JDK，那么必须知道 JDK 在系统中的什么位置，于是大家约定在操作系统中定义一个名称为 Java_HOME 的环境变量，其内容表示 JDK 的安装目录。

在 win7/win8/win10 中的方法如下：操作"我的电脑"→"属性"→"高级"→"环境变量"后，在"系统变量"区域进行新建、编辑等操作即可。

Java_HOME 是必设的环境变量，表示 JDK 安装目录（如 D:\Java\jdk\jdk1.8.0_45）。

Path，名称程序查找路径。如果需要在命令行方式下使用 Java 的话，修改其内容，在前面增加 JDK 命令目录（修改、增加%Java_HOME%\bin），不同项目中间使用分号分隔。

3.2 编写 Java 程序

3.2.1 编写运行 Java 程序的步骤

（1）编写 Java 源程序，可以使用任何一个文本编辑器来编写程序的源代码，例如用记事本编写，将源文件扩展名改为 .java。

（2）用 Java 编译器（用 javac 命令启动编译器）编译 Java 源程序，编译生成的字节码（byte code）文件扩展名为 .class。

（3）用 Java 命令启动虚拟机执行编译好的字节码文件。

3.2.2 第一个 Java 程序

【例 3.1】 下面编写本书的第一个 Java 程序"HelloWorld.java",在屏幕(也称控制台)上输出"Hello world!"信息。

(1) 使用文本编辑器编写 Java 程序代码的过程和平时编写文本文件是一样的,只需要注意 Java 语法格式和编码规则即可。选择"开始"→"所有程序"→"附件"→"记事本"命令,在记事本程序中输入如下程序代码:

```
1. //代码示例 3.1
2. /**
3. * 文档注释
4. */
5. public class HelloWorld {
6.     //应用程序的主函数
7.     public static void main(String[] args) {
8.         //向控制台输出一行字符串
9.         System.out.println("Hello world!");
10.    }
11. }
```

在代码示例 3.1 中,必须了解并逐渐熟悉如下关键点:
① HelloWorld:声明类名,与程序文件名相同(指必需的 public 类)。
② public:描述类的可见性,即类和其他类、包的关系。
③ main():主方法,Java 程序的入口。
④ public static:公有、静态(特殊的函数)。
⑤ String[] args:主函数的参数,命令行参数(如果执行程序时给了参数,将会由系统封装成字符串数组传递到这里,程序内部可以从此获得并处理)。
⑥ Sytem.out.println:输出方法,这是 Java 类库中提供的一个在标准输出设备(显示器)输出文本的方法。注意其中出现的类名称 System、成员对象名称 out、成员方法名称 println。
⑦ 注释格式"//"表示行注释,本行后面的内容为注释内容,例如:"//"表示注释内容;"/* 内容 */"表示块注释,或者叫多行注释,其中的内容为注释。
⑧ 在文件开头或者方法签名前面进行文档注释,这种形式的注释可以被专门的文档生成工具处理,生成 API 文档。

(2) 选择"文件"→"保存"命令,选择存储位置为 D 盘根目录,在输入文件名称时,使用英文双引号("")把文件名称包含起来,如"HelloWorld.java"。这样可以有效地防止记事本程序为文件自动添加.txt 的扩展名。

(3) Java 源程序需要编译成字节码才能够被 JVM 识别,需要使用 JDK 的 javac.exe 命令。假设 HelloWord.java 文件保存在 D 盘,选择"开始"→"运行"命令,在"运行"对话框中输入"cmd",单击"确定"按钮,启动控制台,在控制台中输入"cd D:"命令将当前位置切换到 D 盘根目录下,输入"javac HelloWorld.java"命令编译源程序。源程序被编译后,会在相同位置生成相应的 .class 文件,这是编译后的 Java 字节码文件,如图 3.3 所示。

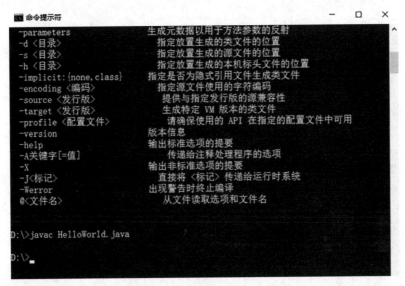

图 3.3

(4) 在控制台中输入"Java HelloWorld"命令将执行编译后的 HelloWorld.class 字节码文件。编译与运行 Java 程序的步骤以及运行结果如图 3.4 所示。

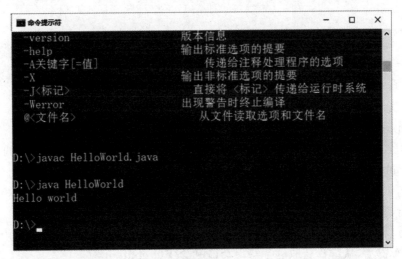

图 3.4

3.2.3 从键盘获取数据

在后面章节的学习过程中,我们需要经常从键盘上获取数据,Java 给我们提供了非常便捷的获取方式。

【例 3.2】 要求编写代码,实现从键盘上获取一个字符串和一个整数,并在控制台上输出该字符串和整数。

```
1. // 代码示例 3.2
2. //导入 Java 库中的一个类
3. import java.util.Scanner;
4.
5. public class DataInputDemo {
6.
7.   public static void main(String[] args) {
8.     Scanner scan = new Scanner(System.in);
9.
10.    //从键盘获取一个字符串
11.    System.out.println("请输入一个字符串:");
12.    String content = scan.nextLine();
13.    System.out.println("您输入的字符串内容是:" + content);
14.
15.    //从键盘获取一个整数
16.    System.out.println("请输入一个整数:");
17.    int a = scan.nextInt();
18.    System.out.println("您输入的整数是:" + a);
19.   }
20.
21. }
```

上面代码示例3.2中演示了如何从键盘分别获取一个字符串和一个整数,并把获取的字符串和整数分别输出。

关键点说明如下:

第3行是我们将在第7章中讲到的导包的语法,这里是导入 Java 库中的一个类,即 java.util.Scanner,这个类需要 JDK 5.0 以上的版本才支持。

第8行,创建了一个 Scanner 的对象 scan。

第11行,提示用户输入一个字符串。

第12行,程序执行到这一行,调用方法 scan.nextLine(),等用户从键盘输入一个字符串并敲下回车键后,从键盘获取的字符串会被赋给变量 content。

第13行,将 content 输出到控制台。

后面从键盘获取整型数据的操作也是类似的过程,这里不再赘述。除此之外,Scanner 还提供了从键盘获取其他类型数据的方法,后期读者可以参阅 Java API 文档了解详细情况。

3.3 集成开发环境

3.3.1 IDE 简介

IDE 也叫集成开发环境，是 Integrated Development Environment 的缩写形式。之所以叫集成开发环境，是因为 IDE 集成了编写源码、编译、调试、运行测试、重构、搜索等功能于一体，大大提高了开发效率。Java 开发有多种 IDE 工具可供选择，典型的有 NetBeans、IDEA、Eclipse 等。

3.3.2 NetBeans

NetBeans 由 Sun 公司（2009 年被甲骨文公司收购）在 2000 年创立。它是开放源运动以及开发人员和客户社区的家园，旨在构建世界级的 Java IDE，当前可以在 Solaris、Windows、Linux 和 Macintosh OS X 平台上进行开发，并在 SPL（Sun 公用许可）范围内使用。

NetBeans 包括开源的开发环境和应用平台，NetBeans IDE 可以使开发人员利用 Java 平台能够快速创建 Web、企业、桌面以及移动的应用程序，NetBeans IDE 已经支持 PHP、Ruby、JavaScript、Groovy、Grails 和 C/C++ 等开发语言。NetBeans 项目由一个活跃的开发社区提供支持，NetBeans 开发环境提供了丰富的产品文档和培训资源以及大量的第三方插件。

由于 NetBeans 有着 Java 的官方背景，所以 NetBeans 通常对最新的 Java 技术规范都能及时地支持。目前，NetBeans 的最新版本是 8.1，可以从它的官方网站（http://netbeans.org）上下载。图 3.5 是 NetBeans 工作台的界面。

图 3.5

3.3.3 IDEA

IDEA 全称 IntelliJ IDEA,是 Java 语言开发的集成环境,IntelliJ 在业界被公认为是最好的 Java 开发工具之一,尤其在智能代码助手、代码自动提示、重构、J2EE 支持、Ant、JUnit、CVS 整合、代码审查、创新的 GUI 设计等方面的功能是超常的。IDEA 是 JetBrains 公司的产品,这家公司总部位于捷克共和国的首都布拉格,开发人员以严谨著称的东欧程序员为主。

IDEA 提倡智能编码,减少程序员的工作。IDEA 具有很多特色的功能,这里简单列举一些:

1. 智能选取

在很多时候我们要选取某个方法或某个循环,或者有时想一步一步从一个变量到整个类慢慢扩充着选取,IDEA 提供基于语法的选择,可以实现选取范围的不断扩充,这种方式在重构的时候尤其方便。

2. 丰富的导航模式

IDEA 提供了丰富的导航查看模式,例如,Ctrl+E 显示最近打开过的文件,Ctrl+N 显示用户希望显示的类名查找框(该框同样有智能补充功能,当用户输入字母后 IDEA 将显示所有候选类名)。在最基本的 project 视图中,用户还可以选择多种的视图方式。

3. 历史记录

不用通过版本管理服务器,单纯的 IDEA 就可以查看任何工程中文件的历史记录,但版本恢复时用户可以很容易地将其恢复。

4. 对重构的优越支持

IDEA 是所有 IDE 中最早支持重构的环境,其优秀的重构能力一直是其主要卖点之一。

5. 灵活的排版功能

基本上所有的 IDE 都有重排版功能,但仅有 IDEA 的是人性化的,因为支持排版模式的定制,用户可以根据不同的项目要求采用不同的排版方式。

6. 智能编辑

代码输入过程中可自动补充方法或类。

7. 列编辑模式

用过 UtralEdit 的肯定对其列编辑模式赞赏不已,因为它减少了很多重复的工作,而 IDEA 也支持该模式,从而更加提高了编码效率。

8. 完美的自动代码完成

智能检查类中方法,当发现方法名只有一个自动完成代码输入,从而减少剩下代码的编写工作。

9. 智能代码

自动检查代码功能当发现与预置规范有出入的代码会给出提示,若程序员同意修改自动完成修改。例如,代码:String str = "Hello Intellij" + "IDEA";IDEA 将给出优化提示,若程序员同意修改 IDEA 将自动将代码修改为:String str = "Hello Intellij IDEA"。

3.3.4 Eclipse

Eclipse 是基于 Java 的、开放源码的、可扩展的应用开发平台。它为编程人员提供了一流的 Java 集成开发环境(Integrated Development Environment,IDE),是一个可以用于构建集成 Web 和应用程序的开发工具平台,其本身并不会提供大量的功能,而是通过插件来实现程序的快速开发功能。

Eclipse 是一个成熟的可扩展的体系结构。它为创建可扩展的开发环境提供了一个平台。这个平台允许任何人构建与环境或其他工具无缝集成的工具,而工具与 Eclipse 无缝集成的关键是插件。Eclipse 还包括插件开发环境(PDE),PDE 主要针对那些希望扩展 Eclipse 的编程人员而设定的。这也正是 Eclipse 最具魅力的地方。通过不断地集成各种插件,Eclipse 的功能也在不断地扩展,以便支持各种不同的应用。

Eclipse 虽然是针对 Java 语言而设计开发的,但是其用途并不局限于 Java 语言,通过安装不同的插件 Eclipse 还可以支持诸如 C/C++、PHP、COBOL 等编程语言。

Eclipse 利用 Java 语言编写而成,所以 Eclipse 可以支持跨平台操作,但是需要 SWT (Standard Widget Toolkit)的支持,不过这已经不是什么大问题了,因为 SWT 已经被移植到许多常见的平台上,例如 Windows、Linux、XOS、Solaris 等操作系统。

3.4 Eclipse 的使用

3.4.1 下载和安装 Eclipse

打开浏览器,在浏览器窗口输入"http://www.eclipse.org/downloads/",然后按回车键,即可打开下载页面,如图 3.6 所示。

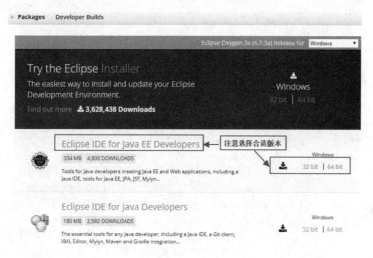

图 3.6

Eclipse 有很多不同的版本可供选择,这里推荐大家下载 Java EE 版,这样学习后面Java EE 知识的时候就不用再重新下载新版软件。另外,还要注意选择与操作系统及 JRE 匹配的版本,比如笔者的操作系统为 64 位的,JDK 也是 64 位的,这就需要选择"64bit"的链接,即可进入如图 3.7 所示的界面。

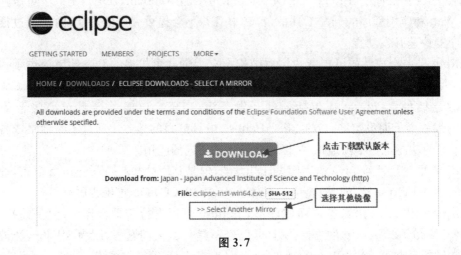

图 3.7

下载结束后,在下载目录里有"eclipse-jee-oxygen-3a-win32-x86_64.zip"文件,这就是用户下载的支持 64 位系统的 Java EE 版的 Eclipse 工具。将这个归档文件解压到指定目录,如笔者将这个文件解压到"D:\Java\"目录下。至此,Eclipse 下载安装工作已经结束。

3.4.2 运行 Eclipse

打开前面 Eclipse 的安装目录"D:\Java\eclipse",可以看到该目录下的内容如图 3.8 所示。

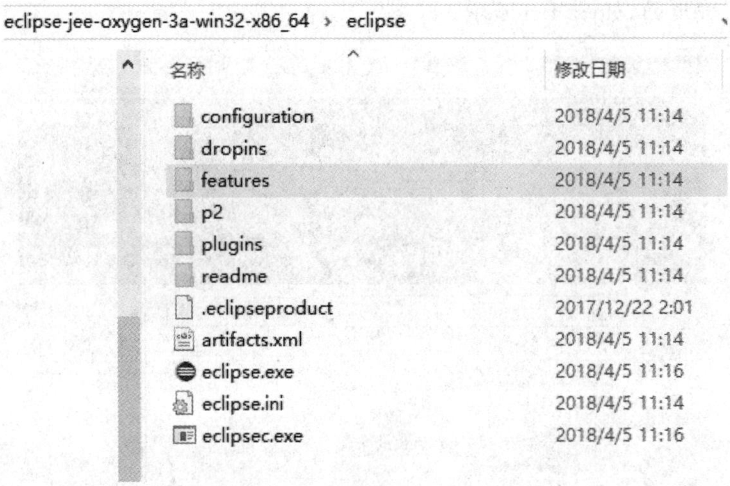

图 3.8

在图 3.8 中,双击"eclipse.exe"即可启动 Eclipse。如果首次启动 Eclipse,Eclipse 会提

第 3 章 Java 语言开发环境

示用户选择一个工作空间（workspace），如图 3.9 所示。工作空间对应的其实就是一个目录，用于存储 Eclipse 工程（project）。

图 3.9

设置好工作空间后，进入 Eclipse 欢迎界面，关闭欢迎界面窗口，正式进入 Eclipse 工作台界面，如图 3.10、图 3.11 所示。

图 3.10

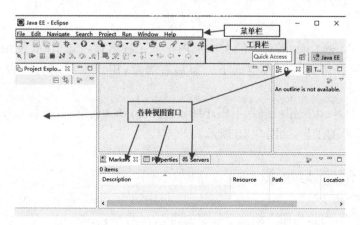

图 3.11

3.4.3 创建工程(project)

使用 Eclipse 开发 Java 程序前,首先要创建一个工程(project),或者叫创建一个项目。下面将利用 Eclipse 创建一个名叫 Demo 的工程,具体步骤如下:

第一步,选择菜单 File/New/Java Project,打开新建工程向导(New Java Project)对话框,如图 3.12 所示。

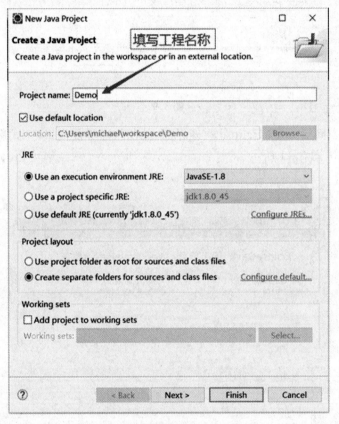

图 3.12

第二步,在 Project name 对应的文本框内输入工程名称,Location 使用默认路径。默认的 Location 是在指定的工作空间下。如果有需要,用户也可以为工程单独指定一个路径。

第三步,单击 Next 按钮可进入工程详细设置界面,作为初学者,可以直接单击 Finish 按钮来创建一个简单的工程,如图 3.13 所示。

3.4.4 创建 Java 类

工程创建好后,可以按照下面几个步骤创建 Java 程序:

第一步,选择菜单"File/New/Class",即可打开 New Java Class 向导。

第二步,在"Name"对应的文本框中输入类名"Hello"。

第三步,勾选"public static void main(String[] args)",同时创建 main 方法。
第四步,单击"Finish"按钮生成"HelloWorld.java"源码模板,如图 3.14 所示。

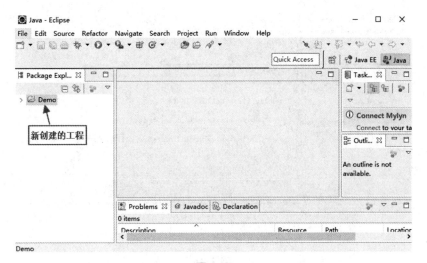

图 3.13

图 3.14

3.4.5　编写运行 Java 程序

首先编辑前面创建的 HelloWorld.java 类,以便向控制台输出一个字符串

"HelloWorld!"。编辑好源码后,选择菜单"Run/Run As/Java Application",运行 HelloWorld,如图 3.15 所示。

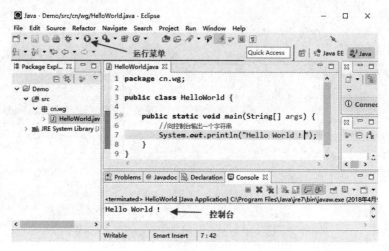

图 3.15

3.5 本章小结

1. JDK 的全称是 Java Development Kit,Java 开发工具包。
2. JRE 的全称是 Java Runtime Environment。
3. JVM 的全称是 Java Virtual Machine。
4. 操作系统会在 Path 环境变量所对应的目录下搜索命令或者可执行程序。
5. Eclipse 是一个免费、开源、跨平台的优秀 IDE。

习 题

1. 建立一个总结文档,分章节记录以后学习实践过程中的一些关键的操作过程和技巧、问题的解决方法、总结等,以便以后查阅。
2. 练习 JDK 的安装、编译并执行 HelleWorld 或自己编写的应用程序。
3. 下载安装 Eclipse,尝试创建工程、建立程序,编译、运行程序。

第 4 章　Java 语言基础

本章重点介绍 Java 的各种基本数据类型以及运算符的概念和应用,这是后续章节学习语句结构的基础。初学编程语言的读者一定要认真理解并掌握这些概念,只有在基本概念清晰的前提下,才能更好地学习后面的知识。

4.1　标识符和关键字

4.1.1　标点符号与空白

在 Java 编程语言中,分号(;)表示一个语句的结束,一条语句可占多行。

Java 编译器会忽略语句与语句之间的空白,我们在编写源程序时可以在语句与语句之间适当地加一些空行或者空格缩进,以增强源程序的可读性。通常软件企业都会有严格的代码规范,对如何空行有明确的约定。

注意:若这里特别提醒读者,编写 Java 源程序时,在输入所有标点符号时,输入法都必须在英文半角状态下。

4.1.2　标识符

在 Java 编程语言中,为了标识区分程序中的类、方法、变量、参数、包等源程序组成元素,在源程序中会给这些组成元素取合适的名字,我们称这些名字为标识符。标识符的命名必须遵循以下语法规则:

① 标识符是由字母、下划线(_)、数字和美元符号($)构成的字符序列。
② 标识符必须以字母、下划线或者美元符号($)开头。
③ 标识符不能是关键字和保留关键字。
④ 标识符不能是 true、false 和 null。
⑤ 标识符可以是任意长度,区分大小写。

例如,Actor、$ money、_age、radius 是合法的标识符,而 2a、a-b 和 true 是非法的标识符,不符合 Java 的语法规则,编译器在编译阶段会报错。

4.1.3　关键字

关键字对 Java 技术编译器有特殊的含义,它们可标识数据类型名或程序构造(construct)名。Java 语言中的关键字如表 4.1 所示。

表 4.1　Java 中的关键字

abstract	volatile	boolean	break	byte
case	catch	char	class	while
continue	default	do	double	else
void	extends	final	finally	float
for	goto	if	implements	import
instanceof	int	interface	long	try
new	package	private	protected	public
return	strictfp	short	static	super
switch	synchronized	this	throw	throws
transient				

注意：若 true、false 和 null 为小写，IDE 一般也对其高亮显示，但是严格地讲，它们不是关键字，而是字面常量，就像字面值 100 一样。

4.2　变　量

4.2.1　变量的简介

在程序的执行过程中，其值能被改变的量称为变量，变量的使用是程序设计中一个十分重要的环节。在程序的运行过程中，空间内的值是变化的，这个内存空间就被称为变量。为了便于操作，这个空间取名为变量名。变量的命名必须是合法的标识符。内存空间内的值就是变量值，在声明变量时可以没有赋值，也可以直接给变量赋值。

下面代码示例 4.1 中，第 4 行代码的作用是在内存空间里开辟一个空间，存入整型数据 10；第 7 行代码是将该内存空间里的值修改为 12。可以通过第 5 行、第 8 行两个打印语句输出的结果看到变量值被修改前后的不同。

```
1. //代码示例4.1
2. public static void main(String[] args){
3.     //在内存空间里开辟一个空间,存入整型数据10
4.     int age  =   10;
5.     System.out.println("age 值为:" + age);
6.     //将该内存空间的数据改为 12
7.     age  =   12;
8.     System.out.println("age 值为:" + age);
9. }
```

4.2.2 变量的声明与初始化

Java 是强类型语言,变量在声明时就必须指定变量所能存储的数据类型。变量声明的语法形式为

变量类型 变量名;

下面是声明变量的示例代码:

int age;
float price;
double radius;

我们还可以用一行代码同时声明多个相同类型的变量,多个变量之间用逗号隔开。例如:

int a, b, c;   //将变量 a、b、c 指定为 int 型

注意:这里我们只是声明了变量,如果要在程序里作为局部变量使用,就必须先对变量进行初始化,否则编译时会报错。

变量声明后首次赋值被称为变量初始化,下面我们将变量 a 的值初始化为 18。示例代码如下:

a = 18;   //将 a 的值初始化为 18

变量的初始化也可以与声明同步进行,有时我们将这个过程称为变量的定义。例如,下面我们声明一个 int 型变量 year,同时将其初始化为 2016。

int year = 2016;   //声明变量 year,同时将其值初始化为 2016

我们还可以同时定义多个相同类型的变量,示例代码如下:

int count1 = 20, count2 = 30;   //多个变量之间用逗号隔开

4.2.3 给变量赋值

前面我们已经多次用到变量赋值,这里我们将进一步阐述变量赋值的概念,以帮助读者深入理解变量赋值。变量必须先声明,然后才可以赋值,变量赋值的语法格式如下:

变量类型 变量名 = 表达式;

"="为赋值号,初学编程的读者一定要注意,这不是数学里的等号。赋值号左侧是变量名,右侧是表达式,左侧不可以是表达式。整个语句要表达的语法含义是将右侧表达式的值存入左侧变量对应的内存空间中。

```
1. //代码示例 4.2
2. public static void main(String[] args) {
3.   int sum = 0;
4.   int a = 23;
5.   sum = a + 12; //将表达式 a + 12 的值赋给变量 sum
6.   System.out.println("sum 的值为:" + sum);
7. }
```

在代码示例4.2中,第3、4行分别定义了两个变量sum和a,第5行将表达式a+12的值赋给变量sum,第6行执行输出语句,从控制台输出的结果可以看出,变量sum的值变成了35,运行结果如图4.1所示。

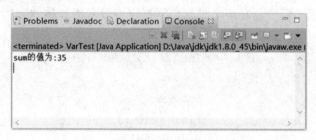

图4.1 运行结果

说明:① 赋值语句可以看成一个表达式给另一个变量赋值,下面是示例代码:

```
int t = sum = 8 + 7;
```

这里是将sum=8+7的结果赋给t,相当于将表达式8+7的值赋给变量sum,然后再将变量sum的值赋给变量t。

② 还可以将一个值同时赋给3个变量,假设已经声明了3个int型变量x、y、z,下面代码将int型值8同时赋给这3个变量:

```
x = y = z = 8;
```

相当于下面这三行代码:

```
x = 8;
y = 8;
z = 8;
```

4.3 常　　量

4.3.1 常量的定义

在程序运行过程中一直不会改变的量称为常量,通常也被称为"final 变量"。常量在整个程序中只能被赋值一次。在为所有的对象共享值时,常量是非常有用的。下面是定义常量的语法形式:

```
final 数据类型 常量名称 = 值;
```

① 下面是常量定义的示例代码,定义一个常量PI,用来表示圆周率:

```
final double PI = 3.1415926;
```

② 也可以分成下面两个语句写:

```
final double PI;
PI = 3.1415926;
```

final是Java声明常量的关键字,常量只能被赋值一次,不像变量可以多次重新赋值,通常常量的声明和赋值在一个语句中完成。

③ 下面代码中,试图给 MAX_AGE 二次赋值,这在语法上是不允许的,编译会报错。
```
final int MAX_AGE = 120;
MAX_AGE = 130;  //不能再次给常量赋值
```
注意:常量的命名习惯,所有的字母都是大写,如果常量名是由多个单词构成,单词与单词之间用下划线(_)隔开。

4.3.2 使用常量的优点

我们来看下面这段示例代码,先用键盘输入一个整数,再判断输入的整数是否符合实际情况。

```
1. //代码示例 4.3
2. import java.util.Scanner;

4. public class ConstTest{
5.   public static void main(String[] args){
6.     final int MAX_AGE = 30;
7.     System.out.println("请输入您的年龄:");
8.     Scanner scan = new Scanner(System.in);
9.     int age = scan.nextInt();
10.    if(age>MAX_AGE){
11.      System.out.println("你的年龄超过标准规定的" + MAX_AGE + "岁!");
12.    }
13.  }
14. }
```

根据示例代码 4.3,可以总结出使用常量具有如下优点:
① 常量名通常是有具体含义的,源码的可读性强。
② 如果必须要给常量换一个值,只需要在源码中常量定义的位置修改一次就可以。

4.3.3 直接量

所谓直接量,是指在源码中直接出现的常量值。对于数值型的直接数,有时我们也称它为直接量。

以下两行代码分别定义了一个 int 型的变量和一个 int 型的常量,其中赋值语句右侧的 80 和 100 都是 int 型的直接量。

```
int age = 80;
final int MAX_AGE = 100;
```

不同类型的直接数的表示形式会有所差异,我们会在后续关于数据类型的知识点中再详细讲解具体内容。

4.4 基本数据类型

4.4.1 数据类型体系

Java 编程语言规定了 8 个基本数据类型,如表 4.2 所示。

表 4.2　Java 的基本数据类型

类型名/关键字	存储空间	取值范围	默认值
byte	1 字节	$-2^7(-128) \sim 2^7-1(127)$	0
short	2 字节	$-2^{15}(-32768) \sim 2^{15}-1(32767)$	0
int	4 字节	$-2^{31} \sim 2^{31}-1$	0
long	8 字节	$-2^{63} \sim 2^{63}-1$	0L
float	4 字节	$-3.4028235E+38 \sim 3.4028235E+38$	0.0f
double	8 字节	$-1.7976931348623157E+308 \sim 1.7976931348623157E+308$	0.0
char	2 字节	'\u0000'~'\uFFFF'	'\u0000'
boolean	1 字节	true 或者 false	false

4.2.2 整数类型

在 Java 编程语言中有 4 种整数类型,关键字分别是 byte、short、int 和 long。整数类型的数值可以使用十进制、八进制和十六进制三种表示形式。

1. 十进制

十进制就是我们通常使用的数值表示方法,如 20、123、-120。需要注意的是,除了数值 0,十进制整数是不能以 0 开头的。

2. 八进制

八进制的整数都是以 0 开头,如 0120 是一个八进制的整数,转化成十进制为 80。

3. 十六进制

十六进制的整数都是以 0x 或者 0X 开头,如 0x120 是一个十六进制的整数,转化成十进制为 288。

不同类型整数变量的定义如下:

```
1. //代码示例 4.4
2. public static void main(String[] args) {
3. byte age = 88;
```

```
4. short year = 2016;
5. int count = 668972;
6. long value = 988879908;
7. long maxValue = 9888799080L;
8. }
```

从代码示例4.4中可以看出,第3、4、5、6行赋值号右侧的88、2016、668972、988879908这4个直接数都是int型。

int型的直接数可以赋给byte、short、int、long型的变量,但要注意区分不同类型的取值范围。比如9888799080,从形式上看是int型,而实际上它已经超出了int型数值的取值范围,如果在源码中给int型变量赋值这样一个直接数,编译器会报错,只能用取值范围更大的类型来表示这个数。

比int型取值范围更大的整数只有long型,Java规定long型直接数必须以L或者l结尾。代码示例4.4中的第7行,由于9888799080超出了int型范围,所以在9888799080后面加了一个L。

注意:由于小写的"l"容易与阿拉伯数字"1"混淆,所以通常我们推荐在long型直接数结尾使用大写的"L"。

4种整数类型的存储长度和值范围如表4.1所示,这是Java编程语言规范定义的,它不依赖于具体的操作系统。

4.2.3 浮点型

浮点型用于表示带有小数的数值。在Java语言中,浮点型包含两种具体类型,分别是单精度浮点型(float)和双精度浮点型(double)。存储长度和取值范围见表4.1。

若使用单精度浮点型直接数,必须在结尾加上f或者F;若使用双精度浮点型直接数,结尾可以加上d或者D,也可不加后缀(d或者D)。下面代码示例4.5中,分别使用了几种不同形式的浮点型直接数。

```
1.//代码示例4.5
2.public static void main(String[] args) {
3.float price = 3.45f;//float型直接数,结尾必须加上f或者F
4. double pi1 = 3.1415d;//double型直接数,可在结尾加上d或者D
5.double pi2 = 3.1415; //double型直接数,可省略后缀
6.}
```

4.3.4 字符型

1. Char 型

字符类型(char)用于存储单个字符,占用 16 位(2 字节)的内存空间。在定义字符型变量时,要以单引号表示,如'a'表示一个字符。而"a"则表示一个字符串,虽然也是一个字符,但是由于使用了双引号,就表示字符串,而不是字符。使用 char 关键字可定义字符变量。声明字符型变量的示例代码如下:

```
char X ='a';
```

由于字符 a 在 ASCII 表中的排序位置是 97, char 型直接数是用单引号包含起来的单个字符。

注意:用双引号包含起来的字符叫字符串,而字符是用单引号包含起来的单个字符,所以"F"是字符串,'F'是字符。

2. Unicode 码和 ASCII 码

计算机内存中使用的是二进制,字符在计算系统中使用 0 和 1 构成的序列来表示,把字符表示成计算机内部的二进制序列的过程被称为编码(Encoding)。通俗地讲,编码就是给每个字符设置一个编号,存储一个字符就相当于存储一个编号值。

ASCII 码是最早出现的计算机编码方式,用 8 位二进制序列来存储一个字符编码,最高位为符号位,因此它能表示的编码值范围是 0~127,也就是说 ASCII 码最多只能表示 128 个字符。

随着计算机的发展和普及,ASCII 码有很大的局限性,后来出现了各种各样的编码方式,其中最有代表性的是 Unicode 编码。它是由 Unicode 协会创立的一种编码方案,起初 Unicode 被设计成 16 位的字符编码,最多能表示 65536 个字符,但是仍然不足以表示全世界所有字符,后来 Unicode 编码扩展到能表示 1112064 个字符,这几乎能表示世界上所有的字符。

Java 语言内部支持 Unicode 编码,包括扩展的编码。本书只考虑 16 位的 Unicode 编码,因此 Java 里一个字符占 2 字节的内存空间。至于 Unicode 的扩展编码,已经超出本书的讨论范围,有兴趣深入了解的读者可查阅 Unicode 编码的相关资料。

Unicode 编码值的写法是以\u开头加上 4 个十六进制的数字表示,能表示的范围是'\u0000'到'\uFFFF'。Unicode 完全兼容 ASCII 码,编码值'\u0000'到'\u007F'对应 ASCII 码的 0~127。表 4.3 是常用字符的 Unicode 编码与 ASCII 码的对应关系。

表 4.3 常用字符的编码值

字符	十进制 ASCII 码值	Unicode 值
'0' ~ '9'	48 ~ 57	\u0030 ~ \u0039
'A' ~ 'Z'	65 ~ 90	\u0041 ~ \u005A
'a' ~ 'z'	97 ~ 122	\u0061 ~ \u007A

Java 中字符直接数也可以用 Unicode 码来表示,比如定义一个字符型变量 c,值为大写字母'A',代码如下:

```
          char c = '\u0041';      //字符 A 的 Unicode 码是"\u0041"
          char c = 'A';
```
上面两个语句是等价的,都是将字符 A 赋给字符变量 c。

3. 转义字符

有一些特殊字符,无法直接表示,需要用反斜杠"\"开头,后面跟上一个或者多个其他字符一起来表示一个字符,这种字符被称为转义字符。示例代码如下:

```
          System.out.println("He said "It's  OK"");
```

对于上面这行代码而言,虽然我们要表达的意思是第二个和第三个引号配对,但是作为普通字符,编译器是无法确定这里引号的配对关系,导致编译报错,因此必须写成以下内容才能编译运行:

```
          System.out.println("He said \"It's OK\"");
```

在上句 Java 语句中,这里的第一个和第四个引号已经赋予它们特定的语法含义,而不是作为普通的字符。如果我们希望它作为普通字符去使用就必须进行转义,所以第二个和第三个引号前面加了反斜线对这两个引号进行了转义。Java 中常见的转义字符如表 4.4 所示。

表 4.4 常见转义字符

转义字符	名称	Unicode 码	十进制值
\b	退格	\u0008	8
\t	制表符	\u0009	9
\n	换行符	\u000A	10
\f	换页符	\u000C	12
\r	回车符	\u000D	13
\\	反斜杠	\u005C	92
\'	引号	\u0022	34

4.2.5 布尔型

布尔型又被称为逻辑型,其关键字是 boolean,且只有 true 和 false 两个可选值。其中,true 表示运算中的"真",false 表示"假"。

```
boolean rs = false;     //声明变量 rs 为 boolean 类型,并将其值初始化为 false
```

注意:① boolean 型与整型不能相互转换,这一点不像 C 语言,可以用整型来表示真假。

② 虽然一般 IDE 都会将 true 和 false 高亮显示,但是严格来说,它们不是关键字,只是两个 boolean 型的直接量。

4.5 运算符与表达式

4.5.1 算术运算符

Java 中的算术运算主要包括加(+)、减(-)、乘(*)、除(/)、求余(%),表 4.5 给出每种算术运算的运算符、操作、示例及结果。

表 4.5 算术运算符

运算符	操作	示例	结果
+	加	12.3 + 3	15.3
-	减	5 - 2.1	3.9
*	乘	5 * 2.1	10.5
/	除	7/2	3
%	求余	12%10	2

表中"+""-"还可以用来表示数值的正、负号,如+5(正五)、-6(负六)。

初学编程的读者要注意,这里的"*"相当于数学中的乘号(×);用"/"进行除法运算时,如果两个操作数都是整数,则是取整运算。

代码示例 4.6 展示了上面各种运算符的使用方法:

```
1.  //代码示例 4.6
2.  public class OperatorTest {
3.
4.    public static void main(String[] args) {
5.      int a = 15;
6.      int b = 6;
7.      float c = 4.0f;
8.      System.out.println("a+b 结果为:" + (a+b));
9.      System.out.println("a-b 结果为:" + (a-b));
10.     System.out.println("a*b 的结果为:" + (a*b));
11.     //除,两个操作数都为整数,取整
12.     System.out.println("a/b 的结果为:" + (a/b));
13.     //除,有一个操作数为浮点数
14.     System.out.println("a/c 的结果为:" + (a/c));
15.     //求余运算
16.     System.out.println("a%b 的结果为:" + (a%b));
```

```
17.        System.out.println("a%c的结果为:" + (a%c));
18.    }
19. }
```

代码示例4.6的运行结果如图4.2所示。

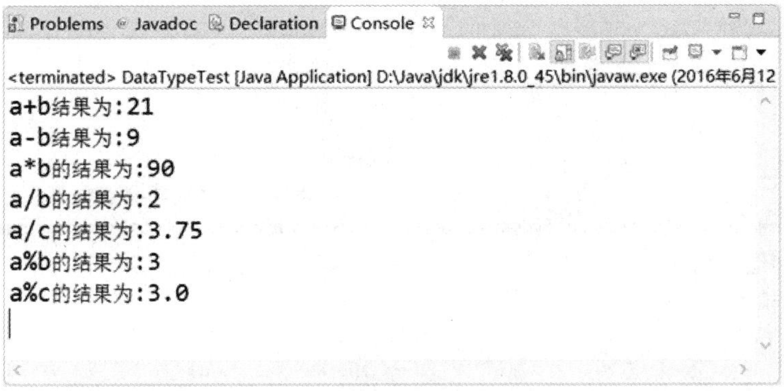

图4.2

4.5.2 自增和自减运算符

自增运算符(++)和自减运算符(--)都是单目运算符,只有一个操作数,操作数必须是数值类型变量。运算符既可以位于操作数的左侧,也可以位于操作数的右侧,位于操作数左侧称之为前缀式;位于操作数右侧称之为后缀式。

1. 前缀式

操作数先自增或者自减,再参与表达式运算,示例代码如下:

```
int a = 3;
int sum = ++a + 3; //a的值先从3自增到4,然后再与3相加
System.out.println("sum值为:" + sum);
```

以上代码的运行结果如图4.3所示。

图4.3

2. 后缀式

操作数先参与表达式运算,再自增或者自减,示例代码如下:

```
int a = 3;
int sum = a++ + 3;  //a先参与表达式运算,然后再从3自增到4
System.out.println("sum 值为:" + sum);
System.out.println("a 的值为:" + a);
```

以上代码的运行结果如图 4.4 所示。

图 4.4

4.5.3 关系运算符

关系运算符也叫比较运算符,用于变量、表达式之间进行比较运算。比较运算符的运算结果为 boolean 型。如果比较结果为 true,说明比较关系成立,否则为 false。所有比较运算符通常作为判断的依据用在条件语句中,比较运算符共有 6 个,如表 4.6 所示,假设 a 为整型变量且值为 5。

表 4.6 关系运算符

运算符	作　　用	示例(a 值为5)	结　　果
>	左边是否大于右边	a > 0	true
<	左边是否小于右边	a < 0	false
>=	左边是否大于等于右边	a >= 0	true
<=	左边是否小于等于右边	a <= 0	false
==	左边是否等于右边	a == 0	false
!=	左边是否不等于右边	a != 0	true

4.5.4 逻辑运算符

逻辑运算的结果是 boolean 类型,关系运算表达式可以被逻辑运算符组合在一起形成

更加复杂的表达式。Java 的逻辑运算符包括 &&(&)、||(|)、!,逻辑运算符的操作数必须是 boolean 型数据。在逻辑运算符中除了"!"是一元运算符之外,其他都是二元运算符。逻辑运算符的含义及使用方法见表 4.7。

表 4.7 逻辑运算符

运算符	操作	用 法	结合方式
&& 和 &	逻辑与	exp1 && exp2	自左向右
||	逻辑或	exp1 || exp2	自左向右
!	逻辑非	! exp	自右向左

不同 boolean 型数值的操作数之间进行逻辑运算会得到不同的结果,表 4.8 给出了各种可能的组合及其运算结果。

表 4.8 使用逻辑运算符

exp1	exp2	exp1 && exp2	exp1 || exp2	! exp1
true	true	true	true	false
true	false	false	true	false
false	false	false	false	true
false	true	false	true	true

运算符"&&"和"&"都表示逻辑与,但是它们的运算过程是有差别的。如果用"&&"运算符连接两个表达式,Java 虚拟机计算出左边表达式值为 false,这时计算机已经能确定整个表达式的运算结果为 false,就不会去计算"&&"右侧表达式的值,这种现象称为"短路运算"。如果"&"连接两个表达式,其左右两侧的表达式始终会被计算。

① 运算符"||"和"|"都表示逻辑或,当运算符"||"连接两个表达式时,运算过程中也有"短路运算"的规则,一旦通过左侧表达式能确定整个表达式值为 true,就不会去计算右侧表达式的值。

② 如果"|"连接两个表达式,其左右两侧的表达式始终会被计算,短路运算有利于节省计算机运算次数,提升程序执行效率。

下面来看一段示例代码:

```
1. //代码示例 4.7
2. public static void main(String[] args) {
3. int a = 4;
4. int b = 3;
5. boolean rs = a<b && ++b==a;
6. System.out.println("rs 值为:" + rs);
7. System.out.println("b 的值为:" + b);
8. }
```

代码示例 4.7 中第 5 行,"&&"左侧表达式的值为 false,所以计算机不用再去计算其右侧表达式的值,就能确定整个表达式的值为 false。也就是说 ++b 这个操作不会被执行。最终执行结果如图 4.5 所示,rs 的值为 false,b 的值依然为 3。

图 4.5

4.5.5 复合运算符

我们在前面学习变量赋值时已经知道赋值号"="的语法含义,赋值号还可以与算术运算符组合形成复合运算符。比如,想要实现将变量 a 的值加 1 再赋给变量 a,就可以使用如下语句:

$$a = a + 1;$$

如果用复合运算符就可以写成下面这样:

$$a += 1;$$

这里"+="就是将加号与赋值号组合的复合运算符,组成复合运算符的两个运算符之间没有空格,其他常见的复合运算符及其使用方法如表 4.9 所示。

表 4.9 复合运算符

操作符	名称	示例语句	等价语句
+=	加法赋值操作符	a+=3	a = a + 3
-=	减法赋值操作符	a-=3	a = a - 3
*=	乘法赋值操作符	a*=3	a = a * 3
/=	除法赋值操作符	a/=3	a = a/3
%=	求余赋值操作符	a%=3	a = a%3

4.5.6 三目运算符

Java 只有一个三目运算符,其语法格式如下:

表达式 1? 表达式 2:表达式 3

表达式 1 的运算结果必须是 boolean 型数值,如果表达式 1 的值为 true,则整个表达式的值取表达式 2 的值,否则取表达式 3 的值。例如,我们从键盘获取两个整数,然后将较大的整数输出到控制台上,具体代码如下:

1. //代码示例 4.8
2. public static void main(String[] args){
3. Scanner scan = new Scanner(System.in);
4. System.out.println("请输入一个整数:");
5. int a = scan.nextInt();
6. System.out.println("请再输入一个整数:");
7. int b = scan.nextInt();
8. int Max = a>b? a:b;
9. System.out.println("输入的两个整数较大值为:" + Max);
10. }

在代码示例 4.8 中,从键盘获取了 a、b 两个整数,第 8 行使用了三目运算符,如果 a>b 则整个表达式的值取变量 a 的值,否则取变量 b 的值。运行结果如图 4.6 所示。

图 4.6

三目运算符的效果相当于后面的 if…else…语句,但是在很多场合使用三目运算符会更加简洁、明了。

4.5.7 位运算

位运算是对操作数的二进制形式进行运算操作,本书只要求大家了解常见位运算的概念。

1. "按位与"运算

"按位与"运算的运算符为"&",是双目运算符。它的运算法则是将两个操作数的二进制对应位分别进行与运算。如果对应位都为 1,结果则为 1,否则结果为 0。

2. "按位或"运算

"按位或"运算的运算符为"|",是双目运算符。它的运算法则是将两个操作数的二进制对应位分别进行或运算。如果对应位其中有一个为 1,结果则为 1,否则结果为 0。

3. "按位取反"运算

"按位取反"运算的运算符为"~",是单目运算符。它的运算法则是将操作数二进制的每一位都取反,也就是 0 变成 1,1 变成 0。

4. "按位异或"运算

"按位异或"运算的运算符是"^",是双目运算符。它的运算法则是将两个操作数对应位进行比较,如果对应位其中一个为0,另一个为1,结果则为1,否则为0。

5. 移位运算

Java 中移位运算有以下三种:

① 左移位,其运算符为"<<"。
② 右移位,其运算符为">>"。
③ 无符号右移动,其运算符为">>>"。

左移位,就是将运算符右侧操作数的二进制形式向左移动指定位数;右移位,就是将运算符左侧操作数的二进制形式向右移动指定位数,被移出的位直接抛弃;如果原始操作数的最高位是0,左侧空出来的位就全部补0;如果原始操作数的最高位是1,左侧空出来的位就全部补1。

Java 还有一种移位运算,叫"无符号右移"。它的运算法则是不管原始操作数最高位是0还是1,将操作数右移指定位数,左侧空出来的位全部补0。

图4.7展示了一个 byte 型变量右移一位的操作,将右边移出的一位抛弃,由于原始操作数最高位是0,所以右侧空出的一位补0。

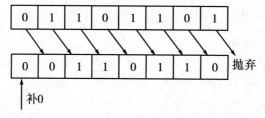

图 4.7

实际上,左移一位相当于乘以2,右移一位相当于除以2(正常情况下可以,超限后会丢失数据),具体代码如下:

```
1. //代码示例4.9
2. public static void main(String[] args) {
3. int a = 8<<1;
4. int b = 8>>1;
5. int c = -8>>>1;
6. //左移一位
7. System.out.println("a:" + a);
8. //右移一位
9. System.out.println("b:" + b);
10. //无符号右移一位
11. System.out.println("c:" + c);
12. }
```

在代码示例4.9中,第3行将数值8左移一位后赋给a,相当于将8乘以2后的结果赋给 a，第 4 行将 8 右移动一位后赋给 b，相当于将 8 除以 2 后的结果赋给 b。执行结果如图 4.8 所示。

图 4.8

4.6 运算符的优先级

运算符的优先级是指在表达式运算过程中，运算符与操作数结合运算的先后顺序。如果在运算过程中恰有两个运算符的优先级相同，则按先左后右的顺序结合。表 4.10 列出了 Java 中常见运算符的优先级关系。

表 4.10 常见运算符优先级关系

优先级	分 类 描 述	运 算 符
1	括号	()
2	正负号	+、-
3	单目运算	++、--、!
4	乘除	*、/、%
5	加减	+、-
6	移位运算	>>、>>>、<<
7	比较大小	>、<、>=、<=
8	比较是否相等	==、!=
9	按位与运算	&
10	按位异或运算	^
11	按位或运算	|
12	逻辑与运算	&&
13	逻辑或运算	||
14	三目运算符	?:
15	赋值运算符	==

在实际开发过程中，如果不能确定优先级次序，可以用括号来限定优先级次序，以免产生错误的运算顺序。

4.7 基本数据类型转换

4.7.1 自动类型转换

从低精度类型向高精度类型转换,系统会自动进行,这种类型的转换被称为自动类型转换。下面是数值类型按精度从低到高的排序:

$$byte \to short \to int \to long \to float \to double$$

若我们使用 int 型变量给 float 型变量赋值,这时 int 型会自动转换成 float 型,具体代码如下:

```
1. // 代码示例 4.10
2. public static void main(String[] args) {
3.    int m = 22;
4.    float p = m; //int 型自动转型为 float 型
5.    System.out.println("p 的值为:" + p);
6. }
```

代码示例 4.10 的运行结果如图 4.9 所示。

图 4.9

4.7.2 强制类型转换

高精度类型的变量不能直接给低精度类型的变量赋值,因为高精度类型变量不能自动转换成低精度类型。如果必须赋值,那就要采用强制类型转换。强制类型转换的语法格式为

高精度类型变量 =(高精度类型关键字)低精度类型数据

在代码示例 4.11 中,第 4、5、6 行都是从高精度向低精度转换的操作,必须进行强制类型转换,否则编译会报错。

```
1. //代码示例 4.11
2. public static void main(String[] args) {
3.         float f = 12.34f;
4.         int a = (int)35.18;//double 型强转成 int 型
5.         long b = (long)3.14f;//float 型直接数强转成 long 型
6.         int i = (int)f;//float 型变量强转成 int 型
7.     System.out.println("a 的值:" + a);
8. System.out.println("b 的值:" + b);
9. System.out.println("i 的值:" + i);
10. }
```

代码示例 4.11 运行结果如图 4.10 所示,我们从输出结果不难发现数据的精度有丢失。

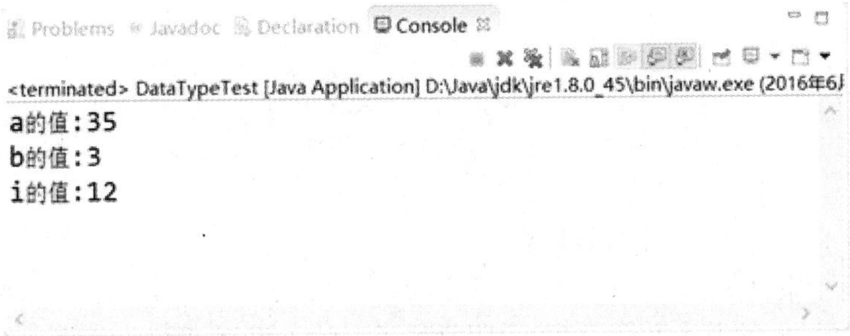

图 4.10

注意:可以将 int 型数值直接赋值给 byte、short 型变量,但是数值的范围不能超过 byte 和 short 型变量的取值范围;如果超过其取值范围,就必须要进行强制类型转换。

4.7.3　数值类型与 char 型字符的转换

char 型数据可以转换成任意一种数值类型,数值类型也可以转成 char 型。

当 char 型字符转成数值类型时,将这个字符的 Unicode 码转成相应的数值类型,只要 Unicode 值没有超过目标类型的取值范围,char 型字符就可以直接给数值类型进行变量赋值,此时是自动类型转换。如果超过目标类型取值范围就必须进行强制类型转换,例如:

　　　　　byte b1 = 'c';　　//没有超过 byte 型的取值范围
　　　　　byte b2 = (byte)'\u0FFF';　　//超过了 byte 型的取值范围

整数类型(byte、short、int、long)给 char 型赋值,只要不超过 char 型 Unicode 码取值范围,就可以直接赋值,属于自动类型转换,否则必须进行强制类型转换。代码如下:

　　　　　char c1 = 0x0FFF;　　//没超过 char 型 Unicode 码的取值范围
　　　　　char c2 = (char)0X1FFFF;　　//超过了 char 型 Unicode 码的取值范围

浮点型转变成 char 型必须进行强制类型转换,本质上是先将浮点型转换成 int 型,再将 int 型转换成 char 型。例如:

　　　　　char c3 = (char)3.24f;

虽然以上代码中的浮点数值没有超过 char 型 Unicode 的取值范围,依然要强制类型转换。

4.8 本章小结

1. 关键字不能用作标识符。
2. Java 标识符对大小写是敏感的,区分大小写。
3. 定义常量需使用关键字 final。
4. Java 具有 8 种基本数据类型。
5. 低精度向高精度转型,可自动自动转型。
6. 高精度向低精度转型,需强制转型。

习 题

1. 简述什么是关键字,什么是标识符。
2. 定义一个整型常量。
3. 简述 Java 中的基本数据类型,说明每种类型的关键字、所占字节数。

第5章 控 制 结 构

通过前面几章的学习,我们已经掌握了 Java 编程语言的基本知识。本章我们要学习如何用 Java 编程语言表达更加复杂的逻辑结构,尤其要掌握构成复杂逻辑的三大基本控制,即结构顺序、选择、循环的语法规则。

另外,在本章的学习过程中,读者要增加上机操作频率。通过各种案例的实战编程拓展思维,提高学习编程的自信,达到举一反三、灵活应用的目的。

5.1 语 句

5.1.1 什么是语句的概念

语句是 Java 程序的最小执行单元,每个语句都是以英文的分号";"结尾。单个分号也是一个语句,称为空语句。在代码示例 5.1 中,第 3、4、5 行一共 3 个语句,其中第 4 行是一个空语句。

```
1. // 代码示例 5.1
2. public static void main(String[] args) {
3.     int a = 3;
4.     float p = 2.4f;
5. }
```

5.1.2 复合语句

像其他编程语言一样,Java 也有复合语句。复合语句被称为块语句(Block Statement),是包含在一对大括号"{…}"中间的语句序列。复合语句虽然由多个语句构成,但是在语法上可以看成一个整体,当成一个单语句,不过复合语句结尾多数不需要分号";"。

复合语句内还可以包含其他复合语句,这种情况叫嵌套复合语句。

```
1. //代码示例 5.2
2. public class BlockStatement {
3.     public static void main(String[] args) {
4.         int i = 3, j = 4;
5.         {
6.             int f = i + j;
7.             System.out.println("f = " + f);
8.         }
9.         System.out.println("i = " + i);
10.        System.out.println("f = " + f); //无法访问局部变量 f
11.     }
12. }
```

在上面代码示例 5.2 中,第 5~8 行是一个复合语句。

这里我们要注意的是,不要在复合语句外试图去访问在复合语句内定义的变量,因为在复合语句内定义的变量的有效范围只在复合语句内,这种的变量叫局部变量,后面章节中还会进一步介绍局部变量。

代码示例 5.2 中,在复合语句内定义了一个变量 f,第 10 行(复合语句外)试图将变量 f 值打印出来,如果去掉这行代码前的注释,编译会报错,因为 f 是局部变量,无法在它的作用范围外被访问。

5.2 顺 序 结 构

顺序结构是最简单、最基本的语句结构,程序执行过程按照源码中语句的顺序,自上而下逐个语句执行。我们在前面章节的学习过程中接触到代码示例基本都是顺序结构。以下两行代码即是顺序结构。

```
//顺序结构
int age = 20;
System.out.println(age);
```

5.3 条件语句

进行编程活动时,需要经常根据条件表达式的值,来执行不同的语句块,为了解决这一类问题,就需要用到选择结构。常见的选择结构分为单分支选择结构、双分支选择结构和多分支选择结构三类。

5.3.1 if条件语句

if条件语句是一个重要的编程语句,用于告诉程序在某个条件成立的情况下执行某段语句,而在另一种情况下执行另外的语句。使用if条件语句,可选择是否要执行紧跟在条件之后的那个语句。关键字if之后是作为条件的"布尔表达式",如果该表达式返回的结果为true,则执行其后的语句;若为false,则不执行if条件之后的语句。if条件语句可分为简单的if条件语句、if...else语句和if...else...if多分支语句。

1. 简单的if条件语句

单分支选择结构(见图5.1)可以根据指定表达式的当前值,选择是否执行指定的操作。单分支语句是简单的if语句,语法格式如下:

```
if(表达式){
    //子句,复合语句
}
```

如果子句是一个单语句,外围的大括号可以省去,语法格式如下:

```
if(表达式)
    子句;
```

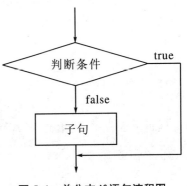

图5.1 单分支if语句流程图

简单if语句的知识要点如下:

① if是Java语言的关键字,表示if语句的开始。

② if后边的表达式必须为合法的关系运算,即表达式的值必须是boolean类型,不能用数值代替。

③ 在表达式的结果为true时,执行子句的操作。子句是由一条或多条语句组成的复合语句,如果子句由一条以上的语句组成,必须用大括号把这一组语句括起来。

注意:虽然包裹子句的大括号有时可以省去,但很多企业代码规范里约定所有if语句的子句都要加上大括号包裹。这是因为开发过程中由于需求的变化,当单语句子句变成多语句子句时,有的开发人员忘记加上大括号,这样编译虽然不报错,但会导致逻辑上的错误。

接下来,我们一起尝试完成这样一个功能,先从键盘输入一个年份,再用程序判断这个年份是否为闰年,如果是闰年则在控制台上输出一行提示信息说明输入的年份是闰年。

解决上面这个问题前,我们先思考下面几个小问题:

① 如何从键盘获取一个整数？——查阅前面章节。
② 如何判断一个整数能否被另一个整数整除？——两整数相除，余数为0。
③ 什么样的年份是闰年？——查阅关于闰年的资料。
④ if 语句的语法规则。

如果读者已经掌握了以上知识点，就能轻松看懂下面笔者给出的参考示例代码5.3。

```java
1. //代码示例5.3
2. import java.util.Scanner;
3.
4. public class IfStatement {
5.     public static void main(String[] args) {
6.         Scanner scan = new Scanner(System.in);
7.         System.out.println("请输入一个年份:");
8.         int year = scan.nextInt();//获得从键盘输入的年份
9.         boolean isLeapYear = (year%4==0 && year%100!=0) || year/400==0;
10.        if(isLeapYear){
11.            //如果是闰年则执行下面的语句
12.            System.out.println("您输入的年份" + year + "是闰年!");
13.        }
14.    }
15. }
```

运行上面程序，键盘输入"2016"，执行结果如图5.2所示。

图 5.2

2. if…else 语句

双分支选择结构（if…else…）是条件语句中最常用的一种形式，它会针对某种条件有选择的作出处理。通常表现为"如果满足某种条件，就进行某种处理，否则就进行另外一种处理"。

if…else…语句流程图如图5.3所示。

双分支选择结构的语法格式如下：

```
if(表达式){
  //子句 1
}else{
  //子句 2
}
```

双分支语 if 语句的知识要点：

① 表达式的值必须是 boolean 类型,若表达的值为 true 时,则执行子句 1;若表达的值为 false 时,则执行子句 2。

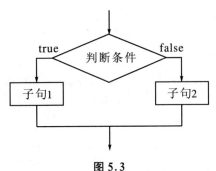

图 5.3

② 如果子句只有一个单语句,包裹的大括号可以省去,否则大括号不可省略。即便从语法角度,在大括号可以省略的场景,我们依然强烈建议子句用大括号包裹起来。这样一方面有利于增强源程序的可读性,另一方面子句从单语句改成多语句时,不容易出现逻辑错误。

③ 不能出现两个子句都执行,也不能出现两个子句都不执行。

在示例代码 5.4 中,从键盘输入考试成绩,如果小于 60 在控制台输出不及格的提示信息,否则输出考试及格的提示信息。

```
1.  // 代码示例 5.4
2.  import java.util.Scanner;
3.  public class IfElseStatement {
4.      public static void main(String[] args) {
5.          Scanner scan = new Scanner(System.in);
6.          System.out.println("请输入分数:");
7.          int score = scan.nextInt();
8.          if(score<60){
9.            System.out.println("不及格!");
10.         }else{
11.           System.out.println("及格!");
12.         }
13.         //if 语句执行结束,接着执行
14.         System.out.println("after if statement");
15.     }
16. }
```

执行结果如图 5.4 所示。

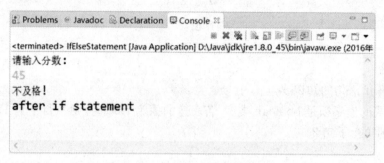

图 5.4

3. if...else if 多分支语句

在实际编程活动中,不仅会遇到单分支、双分支选择的问题,还会遇到多分支选择的问题。例如,示例代码 5.4 解决的是判断分数的及格与不及格,假设需要对及格的成绩再划分成良好、优秀,甚至更细的等级,那么这个问题怎么解决呢?

(1) 先来了解下 if 语句的嵌套

我们知道,在复合语句中可以包含任何其他语句,也就是说前面提到的 if 语句的子句中也可以包含另一个 if 语句。这种语法现象被称为 if 语句的嵌套,在 if...else...语句的 else 后面子句中嵌套另一个 if...else...语句。语法格式如下:

```
if(表达式 1){
    //子句 1
}else{
    //嵌套一个 if 语句
    if(表达式 2){
        //子句 2
    }else{
        //子句 3
    }
}
```

执行过程为:如果表达式 1 的值为 true,则执行子句 1;如果表达式 1 的值为 false,则执行嵌套的 if 语句,此时如果表示 2 的值为 true 则执行子句 2,否则执行子句 3。嵌套的 if 语句,相当于将一个分支变成了两个分支,整个语句相当于 3 个分支。

子句 3 中还可以再嵌套一个 if 语句,就成了多层嵌套的 if 语句。

需要提醒大家,在使用嵌套的 if 语句时,要特别注意 if 与 else 的匹配问题。如果程序中有多个 if 和 else 时,当没有大括号指定匹配关系时,系统默认 else 与它前面最近的且没有与其他 else 配对的 if 配对。例如,在下面这种语句中,else 是与第二个 if 配对的。

```
if(表达式 1)
    if(表达式 2)
        子句 1;
    else
        子句 2;
```

如果在有嵌套的 if 语句中加了大括号,由于大括号限定了嵌套的 if 语句是处于外层 if 语句的内部语句,所以 else 与第一个 if 配对,即

```
if(表达式 1){
    if(表达式 2)
        子句 1;
}else
    子句 2;
```

(2) 多分支的 if 语句

前面已了解了嵌套 if 语句,如果将外层 if 语句 else 后面子句的括号去掉,就成了如下语法形式,这种形式被称为多分支 if 语句,也就是说多分支 if 语句是嵌套 if 语句的一种特殊情况:

```
if(表达式 1){
    //子句 1
}else if(表达式 2){
    //子句 2
} ……
else{
    //子句 n
}
```

下面代码示例 5.5 中,将输入的分数按分数的高低评定一下对应的等级,约定 60~70 分等级为及格,70~80 分等级为良好,80 分以上等级为优秀。

```
1.  // 代码示例 5.5
2.  import java.util.Scanner;
3.  public class MultiBranchIfStatement {
4.      public static void main(String[] args) {
5.          Scanner scan = new Scanner(System.in);
6.          System.out.println("请输入分数:");
7.          int score = scan.nextInt();
8.          if(score<60){
9.              System.out.println("不及格!");
10.         }else if(score<=70){
11.             System.out.println("及格!");
12.         }else if(score<=80){
13.             System.out.println("良好!");
14.         }else{
15.             System.out.println("优秀!");
16.         }
17.         //if 语句执行结束,接着执行
18.         System.out.println("after if statement");
19.     }
20. }
```

"输入一个分数:77",程序的执行结果如图 5.5 所示。

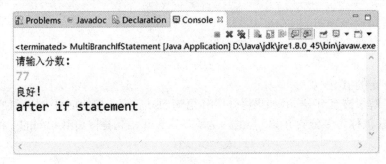

图 5.5

5.3.2 switch 多分支语句

上面介绍的 if 语句是从两个语句块中选择一块语句执行的,但是每个 if 只能出现两个分支,对于多分支的情况,只能用嵌套的 if 语句来处理。而 switch 语句是多分支选择语句,在某些情况下,用 switch 语句代替嵌套的 if 语句处理多分支问题,可以简化程序,使程序结构更加清晰、明了。switch 语句的语法格式如下:

```
switch(表达式)
{
    case 值 1:子句 1;break;
    case 值 2:子句 2;break;
    ……
    case 值 n:子句 n;break;
    default:子句 m;break;
}
```

switch 语句的知识要点如下:

① switch 是关键字,表示 switch 语句的开始。

② switch 语句中的表达式值的类型只能是整型(byte/short/int)、字符、枚举、字符串(JDK 7.0 以上版本)。

③ case 后面的值 1、值 2……值 n 的类型必须与 switch 后面括号里的表达式值的类型一致,各个 case 后面的常量值不能相同。

④ switch 语句的功能是把表达式返回的值与每个 case 子句中的值比较,如果匹配成功,则执行该 case 后面的子句。

⑤ case 后面的子句和 if 后面的子句相似,既可以是一条语句,也可以是多条语句。不同的是当子句为多条语句时,不用大括号。

⑥ break 语句的作用是执行完一个 case 分支后,使程序跳出该 switch 语句,即终止 switch 语句的执行。如果这个分支最后没有执行到 break 语句,则继续执行下一个 case 语句,直至遇到 break 语句,或遇到标志 switch 语句结束的大括号。

⑦ 当表达式的值与任何一个 case 语句中的值都不匹配时,则执行 default 语句,default 语句可以出现在任何一个 case 分支的前面或者后面。

下面用switch语句来解决代码示例5.5中的问题。该程序应该有5种不同的输出,分别显示优秀、良好、及格、不及格和输入错误。具体代码如下:

```java
1.  //代码示例5.6
2.  import java.util.Scanner;
3.
4.  public class SwitchStatement{
5.      public static void main(String[] args){
6.          Scanner scan = new Scanner(System.in);
7.          System.out.println("请输入分数:");
8.          int score = scan.nextInt();
9.          if(score>=0 && score<=100){
10.             switch(score/10){
11.             case 6:System.out.println("及格");break;
12.             case 7:System.out.println("良好");break;
13.             case 8:;
14.             case 9:;
15.             case 10:System.out.println("优秀");break;
16.             default:System.out.println("不及格");break;
17.             }
18.         }else{
19.             System.out.println("输入错误!");
20.         }
21.     }
22. }
```

在代码示例5.6中,第9行的if用来判断输入的分数是否在正确的范围(0～100)内。如果分数在正确范围内,则可通过switch语句区分不同的等级。在switch后面的表达式中我们将分数除以10取整,第13、14、15行语句用来确定分数在80～100内都属于"优秀"。输入一个整数分数80,程序运行结果如图5.6所示。

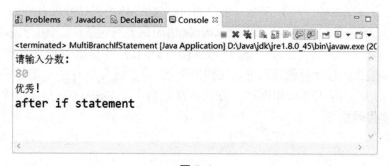

图5.6

if 语句与 switch 语句都可以用于处理选择结构的程序,但它们的使用环境不同。单分支结构的选择结构一般使用 if 语句,双分支结构一般使用 if…else…语句,多分支结构一般使用嵌套的 if 语句和 switch 语句。对于需要计算多个表达式值,并根据计算的结果值执行不同的操作时,一般用 if…else if…语句;对于只需要计算一个表达式值,并根据这个表达式的结果选择执行某个操作,一般用 switch 语句。

5.4 循环结构

在编程活动中,有时需要重复执行程序中一个或多个语句,这时就需要用循环结构。比如:假设需要在控制台输出 1 万个字符串"Hello world!",显然在源码里写 1 万个输出语句是不合适的,需要通过循环控制结构来实现。

循环结构是由循环语句来实现的,Java 语句的循环结构共有三种,即 while 语句、do…while 语句和 for 语句。

5.4.1 while 语句

while 语句的一般语法格式如下:
```
while(条件表达式){
    循环体;
}
```

while 语句的知识要点如下:
① while 是 Java 语言的关键字,表示 while 语句的开始。
② while 后面括号内的表达式值必须为 boolean 类型。
③ while 语句的执行,每次先判断条件表达式的值为真或假,如果为真则执行循环体,如果为假则退出循环。
④ 循环体可以是一条语句,也可以是多条语句;如果是一条语句,包裹循环体的大括号可以省去。
⑤ while 语句是先判定条件,再执行循环体。

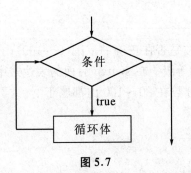

图 5.7

思考这样一个问题,计算 $1+2+3+\cdots+100$ 这 100 个整数的和并输出。这个问题我们可以这样思考,假设在内存里有一个变量 sum 用于存放这个和,初始时 sum 为 0,然后用循环的方式不断地将 1,2,3,…,100 这 100 个整数累加到 sum 上。具体代码如下:

```
1.  // 代码示例 5.7
2.  public class WhileStatement{
3.      public static void main(String[] args){
4.          int sum = 0;
5.          int i = 1;
6.          while(i<= 100){
7.              sum = sum + i;
8.              i++;
9.          }
10.         System.out.println("1+2+3+…+100 的和为:" + sum);
11.     }
12. }
```

代码示例 5.7 的程序执行输出的结果如图 5.8 所示。

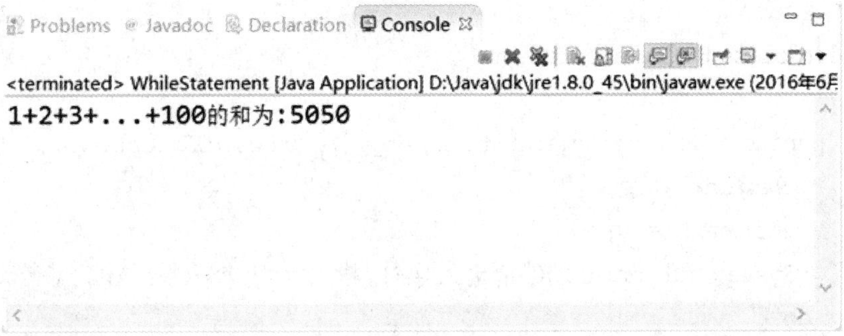

图 5.8

注意：根据笔者的经验，常常有初学者将 while 循环写成如下形式：
　　while(判断条件);{
　　　　//循环体
　　}

上面这个形式的代码在编译阶段可能没有错，但是执行得不到预期的结果，甚至会出现死循环。while()后面的分号是多余的，这样，循环体就是这个分号构成的空语句，没有执行任何具体逻辑，如果判断条件一直为 true，就会导致程序一直处于死循环状态。

5.4.2　do…while 语句

do…while 语句与 while 循环语句有些差异，不管判断条件是否为 true，它的循环体都会先被执行一次，语法格式如下：

　　　　　　　do{
　　　　　　　　循环体
　　　　　　　}while(判断条件表达式);

do…while…循环流程图如图 5.9 所示。

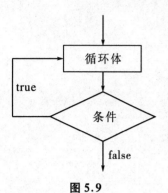

图 5.9

do…while 语句的知识要点如下：

① do…while 语句的执行过程：先执行循环体，再判断循环条件，如为 true 则重复执行循环体，如为 false 则退出循环。

② do…while 语句的循环体如果只有一条单语句，包裹循环体的大括号可以省去，通常我们不建议大家将大括号省去。

③ do…while 循环的循环体至少执行一次。

下面代码示例 5.8 中，先从键盘获取一个字符，将这个字符的 ASCII 打印出来，如果这个字符是"＃"号，则任务结束，否则将继续从键盘获取字符。另外，通过 count 变量来统计获取字符的数量。

```java
1.  // 代码示例 5.8
2.  import java.io.IOException;
3.
4.  public class DoWhileStatement {
5.
6.      public static void main(String arg[]) throws IOException {
7.          char ch;
8.          int count = 0;
9.          System.out.println("请输入字符,输入#结束任务:");
10.         do {
11.             ch = (char) System.in.read();
12.             System.out.println("字符" + ch + "的ASCII 码为:" + (int) ch);
13.             //跳过2字节,在第10章节学习我们会详细了解
14.             System.in.skip(2);
15.             count = count + 1;
16.         } while (ch! = '#');
17.         System.out.println("共输入:" + count + "个字符");
18.     }
19. }
```

在代码示例 5.8 中,我们输入一个字符"d",一个字符"♯",然后程序的运行结果如图 5.10 所示。

图 5.10

5.4.3 for 语句

for 语句是 Java 里最常用的循环语句,其语法格式如下:
$$\text{for(表达式 1;表达式 2;表达式 3)\{}$$
$$\text{循环体;}$$
$$\}$$

for 循环语句流程如图 5.11 所示。

for 循环的知识要点如下:

① 在 for 语句中,表达式 1 是 for 循环的初始化部分,它一般用来初始化一个或者多个变量,在整个循环过程中只执行一次;表达式 2 的值的类型必须为布尔类型,作为判断循环执行的条件;表达式 3 控制调节循环变量的变化。

② 表达式之间用分号分隔。

③ 循环体可以是一条语句,也可以是多条语句,当多条语句时用大括号括起来。

④ 上述三个表达式中的每个式子允许并列多个表达式,之间用逗号隔开,也允许省略上述的三个表达式,但分号不能省略。

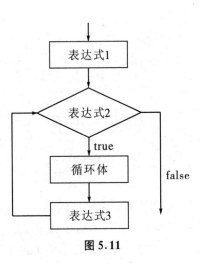

图 5.11

for 循环的执行过程如下:

① 计算表达式 1 的值。

② 再判断表达式 2 的值是否为 true,若为 true 执行③,若为 false 执行步骤⑤。

③ 执行循环体。

④ 计算表达式 3 的值,并转去执行步骤②。

⑤ 结束循环。

接下来,我们将演示如何使用 for 循环计算 $1+2+3+\cdots+100$ 的和。具体代码如下:

```
1. // 代码示例 5.9
2. public class ForStatement {
3.
4.     public static void main(String[] args) {
5.         int sum = 0;
6.         for(int i = 1; i <= 100; i++){
7.             sum = sum + i;
8.         }
9.         System.out.println("sum 的值为:" + sum);
10.     }
11.
12. }
```

在代码示例 5.9 中,第 5 行定义了一个变量 sum,用于存放累加值,在 for 语句内初始一个变量 i,随着循环的执行,i 的值从 1 逐渐自增到 100,循环体每执行一次,将自增后的 i 累加到变量 sum,运行输出的结果如图 5.12 所示。

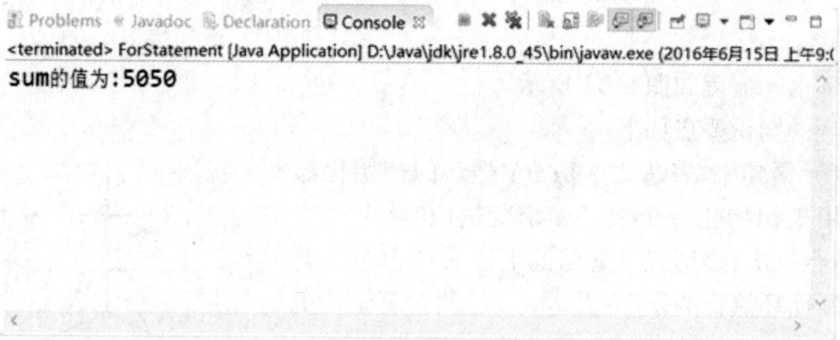

```
sum的值为:5050
```

图 5.12

5.4.4 循环嵌套

所谓的循环嵌套指的是在一个循环的循环体内又包含了另一个循环,然后例如:
```
for(表达式 1;表达式 2;表达式 3){
    //for 循环的循环体,嵌套了一个 while 循环
    while(表达式 4){
        //循环体
    )
}
```

在编程活动中,有时我们会遇到这种需求,需要重复执行某一项任务,而这项任务在每次执行过程中又要重复执行另一项任务。这种问题就比较适合用嵌套的循环语句来解决。

思考这样一个问题:在控制台打印一个由星号构成的矩形,行数和列数从键盘获取。解决这个问题思路是:先用一个循环控制输出的行数,再在这个循环体内嵌入另一个循环,然后通过这个循环输出某一行上的星号。参考代码如下:

```java
1. //代码示例 5.10
2. import java.util.Scanner;
3.
4. public class NextForStatement {
5.     public static void main(String[] args) {
6.         Scanner scan = new Scanner(System.in);
7.         System.out.println("请输入行数:");
8.         int rows = scan.nextInt();
9.         System.out.println("请输入列数:");
10.        int cols = scan.nextInt();
11.        for(int i = 0;i<rows;i++){
12.           //输出行上的 * 号
13.           for(int j = 0;j<cols;j++){
14.              System.out.print(" * ");
15.           }
16.           //换行
17.           System.out.println();
18.        }
19.     }
20. }
```

输入行数和列数,运行结果如图 5.13 所示。

图 5.13

5.4.5 break 和 continue

Java 中可以使用 break 和 continue 两个循环跳转语句来进一步控制循环。这两个语句的一般格式如下:

① break [label];用来从循环语句中跳出,结束循环。
② continue [lable];跳过循环体的当次循环剩余语句,开始执行下一次循环。
这两个语句都可以带标签也可以不带标签,标签是出现在一条语句之前的标识符,标签后面要跟上一个冒号(:),定义格式如下:

$$label:statement;$$

1. break

break 语句有两种形式,即不带标签和带标签。在循环语句中不带标签的 break 语句的作用是最内层的循环语句,而带标号的 break 语句的作用是从标签指定的语句块中跳出。

在下面的代码示例 5.11 中,首先设置一个数组 array,以及要查找的指定数据 search,并设置数组中的元素和指定数据的值;然后循环访问数组中的元素,当数组中的元素与指定的数据相同时则结束循环。

```
1. // 代码示例 5.11
2. public class BreakStatement {
3.     public static void main(String[] args) {
4.         // 定义一维数组
5.         int[] array = { 10, 78, 57, 89, 37, 64, 5, 23, 45, 76 };
6.         int e = 5; // 指定数据初始化
7.         int i = 0; // 数组下标初始化
8.         boolean flag = false; // 搜索标记初始化
9.         // 遍历数组的所有元素
10.        for (; i < array.length; i++)
11.        {
12.            // 如果找到元素
13.            if (array[i] == e)
14.            {
15.                flag = true;
16.                break; // 结束循环
17.            }
18.        }
19.
20.        if (flag == true){
21.            System.out.println("找到 " + e + " 的下标为:" + i);
22.        }else{
23.            System.out.println("没找到!");
24.        }
25.    }
26. }
```

代码示例 5.11 的运行结果如图 5.14 所示。

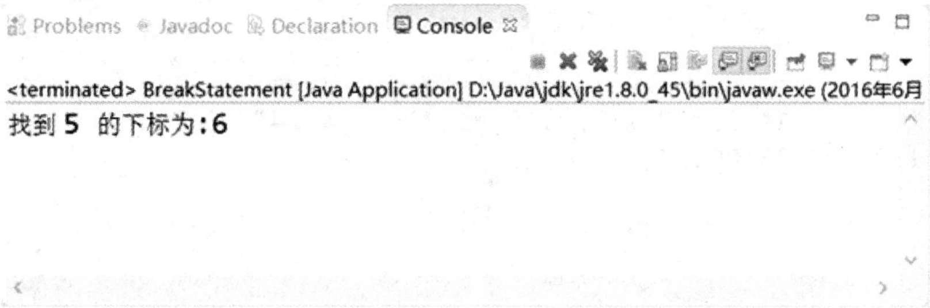

```
Problems  Javadoc  Declaration  Console
<terminated> BreakStatement [Java Application] D:\Java\jdk\jre1.8.0_45\bin\javaw.exe (2016年6月
找到 5 的下标为:6
```

图 5.14

2. continue 语句

continue 语句必须用于循环结构中。它也有两种形式，即不带标签和带标签。不带标签的 continue 语句的作用是结束最内层所执行的当前循环，并开始执行最内层的下一次循环；带标签的 continue 语句的作用是结束当前循环，并去执行标签所处的循环。

下面我们编写代码，找出 2～100 之间的所有素数。首先需要设置一个变量 i(从 2 到 100 内的任意数据)，再让 i 被 j(j 从 2 到 i-1 的任意值)除，若 i 能被 j 之中的任何一个数整除，则提前改变 i 的值进入下一次循环。

```
1. //代码示例 5.12
2. public class ContinueStatement {
3.
4.     public static void main(String arg[]) {
5.         int i, j;
6.         loop:
7.         for (i = 2; i <= 100; i++) {
8.             for (j = 2; j < i; j++){
9.                 if ((i % j) == 0)
10.                    continue loop;
11.            }
12.            if (j >= i){
13.                System.out.print(i + ",");
14.            }
15.        }
16.    }
17. }
```

代码示例 5.12 的运行结果如图 5.15 所示。

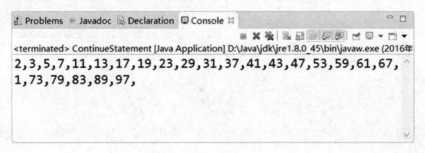

图 5.15

5.5 本 章 小 结

1. if 语句的子句如果只有一个单语句,大括号可以省去,一般建议 if 子句始终保留大括号。
2. if 语句可以嵌套另一个 if 语句。
3. while 循环的循环体有可能不执行。
4. do…while…循环的循环体至少会执行一次。
5. 循环体内可以嵌套另一个循环语句。
6. break 用于结束循环。
7. continue 用于结束当次循环。

习 题

1. 编写程序,从键盘获取一个整数,判断它是奇数还是偶数。
2. 编写程序,在控制台输出由星号"＊"构成的等腰三角形。
3. 假设有 100 元,现在买牙膏、牙刷、毛巾,单价分别是 3 元、5 元、7 元,要求每样东西都要买,并且尽量花完 100 元,也就是说剩下的钱必须少于 3 元。编程计算出所有符合要求的购买方案。

第6章 方 法

通过本章内容的学习,需要大家掌握方法的定义、调用,理解方法的嵌套调用、重载。在实际开发中,大家需要将重复使用的功能逻辑封装成方法,达到代码复用和模块化的目的。

6.1 需要重复使用的代码

在之前的章节学习中,曾经写过这样一段代码,计算1~100之间所有整数的和并将结果打印到控制台上。

【例6.1】 计算1~50之间所有整数的和以及20~70之间所有整数的和,并将结果打印到控制台。

```
1.  //代码示例6.1
2.  //计算100以内整数的和
3.  int sum = 0;
4.  for(int i=1;i<=100;i++){
5.      sum = sum + i;
6.  }
7.  System.out.println("sum=" + sum);
8.  //计算50以内整数的和
9.  sum = 0;
10. for(int i=1;i<=50;i++){
11.     sum = sum + i;
12. }
13. System.out.println("sum=" + sum);
14. //计算20~70之间整数的和
15. sum = 0;
16. for(int i=20;i<=70;i++){
17.     sum = sum + i;
18. }
19. System.out.println("sum=" + sum);
```

仔细阅读上面的三段代码,我们不难发现它们在逻辑上非常相似,如果有几十处甚至成百上千的场合需要使用类似的逻辑代码,那将会产生大量的重复代码。如果把这个功能封装成方法,在需要的场合调用一下,就不需要编写大量重复逻辑的代码。

【例6.2】 将例6.1中的代码封装成方法。

```
1. //代码示例6.2
2. public static int sum(int m,int n){
3.     int sum = 0;
4.     for(int i = m;i<=n;i++){
5.       sum = sum + i;
6.     }
7.     return sum;
8. }
```

下面是方法调用的代码,每调用一次只需写一行代码,这样使代码更加简洁。

```
1. public static void main(String[] args){
2.     System.out.println(sum(1,100));//调用方法
3.     System.out.println(sum(1,50));
4.     System.out.println(sum(20,70));
5. }
```

6.2　方法的定义

方法定义的语法形式如下:

　　　　　　修饰符 返回值类型 方法名(参数列表){
　　　　　　　//方法体
　　　　　　}

在例6.2中,定义了方法,其中第2行中的 public static 是修饰符,int 是返回值类型,sum 是方法名,小括号内的 m、n 是参数。

6.2.1　修饰符

在例6.2中,public static 是修饰符,其中 public 表示这个方法的访问权限是公开的,static 表示这个方法是一个静态方法。

6.2.2 返回值类型

方法可以有一个返回值,在代码示例 6.2 中,int 是声明方法的返回值类型,表示这个方法必须返回一个整型数据。有些方法只是完成某个功能操作,不需要返回数据,比如常用的系统方法 System.out.println(""),这类方法的返回值类型应该声明为 void。

6.2.3 方法名

方法名属于标识符,所以方法命名需要符合标识符的语法规则。Java 代码格式规范对方法命名也有相应的规定,一般方法名应该是一个动词或者动词短语,首字母小写,后面每个单词的首字母大写。

6.2.4 参数列表

方法名后面小括号内是方法的参数列表,参数列表是用来声明方法参数的类型、顺序和个数,方法参数的数量可以是零到多个,如果有多个参数,参数间用逗号隔开。方法定义时声明的参数没有具体值,被称为形式参数。

6.2.5 return 关键字

return 关键字有两个作用,一是给方法返回一个值,二是结束方法体的逻辑。声明了具体返回值类型的方法,方法体执行过程中必须要执行一次 return,return 后面可以是变量、常量、表达式,执行 return 后方法体逻辑立刻结束。

如果返回值类型是 void,方法体内可以不包含 return,也可以直接通过"return;"结束方法,一般很少这样去使用。

【例 6.3】 方法的使用。

```
1. //代码示例 6.3
2. //无需返回值
3. public static void printHello(){
4.     for(int i = 0;i<8;i++){
5.         System.out.println("Hello world");
6.     }
7. }
8. //return 只用来结束方法
9. public static void printWelcome(){
10.     for(int i = 0;i<100;i++){
11.         System.out.println("Welcome");
```

```
12.     if(i/8 == 3){
13.         //执行到 return,方法结束,没有返回值
14.         return;
15.     }
16.   }
17. }
```

6.3 方法的调用

6.3.1 方法调用基本操作

定义方法时确定了方法能做什么。如果要使用已经定义好的方法,必须采用规定的方式,也就是调用方法。而调用方法就是去执行方法中的代码,具体语法形式如下:

方法名(实参列表);

根据方法是否有返回值,方法调用主要有两方面的用途。

① 如果方法有返回值,通常把方法调用当做一个值去处理。可以调用自定义的方法,也可以调用系统提供的方法。比如下面我们调用系统提供的方法,这里使用到的 Math 类在 6.7 节中有详细介绍:

```
int m = Math.max(12,78);
//调用 Math.max(12,78),将返回值赋给变量 m
System.out.println(Math.max(12,78));
//将 Math.max(12,78)的返回值打印到控制台
```

② 如果方法返回值类型为 void,方法调用必须是一条独立的语句。例如例 6.3 中定义的方法 printHello 的调用,只是向控制台输出 8 行"Hello world",不需要返回值。

【例 6.4】 方法的调用。

```
1. // 代码示例 6.4
2. public static void main(String[] args) {
3.     //调用有返回值的方法
4.     int m = Math.max(23, 12);
5.     System.out.println("较大的值是:" + m);
6.
```

7.　　//调用无返回值的方法
8.　　printHello();
9. }

程序运行结果如图 6.1 所示。

图 6.1

在例 6.4 中,第 4 行调用一个有返回值的方法,第 8 行调用一个无返回值的方法。

6.3.2　方法的嵌套调用

如果一个被调用方法 m1 在方法体执行到某一行时,又去调用另一个方法 m2,m2 还可以再去调用其他方法,这叫方法的嵌套调用。

【例 6.5】 方法的嵌套调用。

```
1. // 代码示例 6.5
2. public class NestingCall {
3.
4.     public static void main(String[] args) {
5.         int x = 23;
6.         int y = 19;
7.         int z = 21;
8.         int m = maxAge(x,y,z);
9.         System.out.println("最大年龄值是:" + m);
10.    }
11.
12.    //返回三个整数中最大的
```

```
13.    public static int maxAge(int x, int y, int z){
14.        int t = biggerAge(x,y);
15.        return biggerAge(t,z);
16.    }
17.
18.    // 返回两个整数中较大的
19.    public static int biggerAge(int a, int b){
20.        if(a>b){
21.            return a;
22.        }
23.        return b;
24.    }
25. }
```

代码示例 6.5 运行结果如图 6.2 所示。

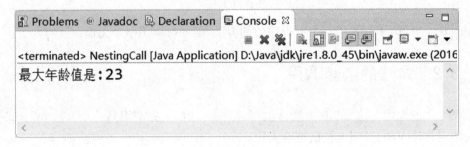

图 6.2

例 6.5 是方法嵌套调用的实例，main 方法执行到第 8 行时调用 maxAge 方法，maxAge 执行到第 14 行时又去调用 biggerAge 方法。

6.3.3 方法调用栈

我们在 6.3.2 节中了解了什么是方法的嵌套调用。在代码示例 6.5 中，maxAge 方法执行到第 14 行时又去调用 biggerAge 方法，此时 maxAge 方法还没有执行完，等 biggerAge 方法执行完，maxAge 方法后续逻辑还要接着执行。大家可能会想到这样一个问题：biggerAge 方法执行完，计算机怎么知道接着执行 maxAge 方法的哪一行代码？

实际上是这样的，main 方法需要调用其他方法时，在内存空间里会开辟一个栈结构的存储空间，叫方法调用栈。如图 6.3 所示，main 方法执行到调用点 1 的时候要去调用 maxAge 方法，这时系统将调用点 1 的位置 push（压栈）到方法调用栈中；maxAge 方法执行到调用点 2 的时候将调用点位置再 push 到方法调用栈中；当 biggerAge 方法执行完，从方法调用栈 pop 出调用点 2 的位置信息，从这个位置接着执行 maxAge 方法；maxAge 方法执行完后再从方法调用栈中 pop 出方法调用点 1 的位置，main 方法接着调用点 1 执行，方法调用栈空间全部释放。

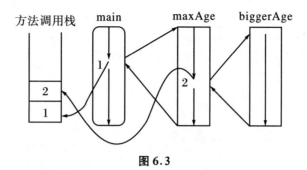

图 6.3

补充知识:什么是栈(Stack)?

栈作为一种数据结构,是一种只能在一端进行插入和删除操作的特殊线性表。它按照先进后出的原则存储数据,先进入的数据被压入栈底,最后的数据在栈顶,需要读数据的时候从栈顶开始弹出数据(最后一个数据被第一个读出来)。允许进行插入和删除操作的一端称为栈顶(Top),另一端为栈底(Bottom);栈底固定,而栈顶浮动;栈中元素个数为零时称为空栈。插入称为进栈(PUSH),删除则称为出栈(POP)。

6.4 参 数 传 递

6.4.1 给方法传参

方法定义时,数据会以形式参数声明在方法的参数列表中,调用方法时再给每个形式参数传入一个具体值,这个具体值被称为实际参数。

【例 6.6】 给方法中的形式参传值。

```
1. // 代码示例 6.6
2. public class CallTest{
3.
4.     public static void main(String[] args){
5.         int x = 7;
6.         int y = 11;
7.         //调用 max 方法,将实参 x、y 的值传给形参 a、b
8.         int r = max(x,y);
9.         System.out.println(x + "和" + y +"相比较,较大的是:"+ r);
10.     }
11.
12.     public static int max(int a,int b){
13.         int rs = 0;
```

```
14.     if(a>b){
15.         rs = a;
16.     }else{
17.         rs = b;
18.     }
19.     return rs;
20.     //max 方法执行完,返回调用点
21. }
```

6.4.2 理解值传递

给方法传参时,实参如果是变量,不是直接量,是将实参变量的值复制一份给形参。无论形参在方法中是否改变,实参变量的值都不受影响,这就是我们说的值传递。

【例 6.7】 方法的值传递。

```
1.  // 代码示例 6.7
2.  public class PassValueTest{
3.      public static void main(String[] args){
4.          int a = 7;
5.          int b = 11;
6.          //这里只是将实参 a、b 的值复制给形参 a、b
7.          swap(a,b);
8.          System.out.println("a = " + a + ",b = " + b);
9.      }
10.     public static void swap(int a, int b){
11.         int t = a;
12.         a = b;
13.         b = t;
14.     }
15. }
```

代码示例 6.7 运行结果如图 6.4 所示。

在例 6.7 中,第 10 行定义了一个方法 swap,这个方法的实现的功能是将两个形参的值进行交换。第 7 行调用了 swap 方法,传入 a、b 两个实参变量,程序执行后我们会发现第 8 行打印出 a 的值依然是 7,b 的值依然是 11,实参变量 a、b 并没有发生交换。

这个程序执行的结果往往使初学者感到迷惑,这里我们要分清 main 方法里定义的变量 a、b 与方法形参 a、b,它们只是名字相同,属于不同作用范围的同名变量。调用 swap 时,将

实参 a、b 的值复制(赋值)给了形参 a、b,swap 执行过程中只是交换了两个形参的值,实参 a、b 的值未受影响。

图 6.4

6.5 局部变量

在前面章节的学习过程中,我们已经初步知道变量必须初始化后才能使用,并且变量是有特定的作用范围。

在方法内定义的变量都是局部变量,方法的参数实际上也是局部变量。局部变量的作用范围是从定义该变量的位置开始,直到包含它的语句块结束为止。可以在同一个方法的不同语句块内定义同名变量,但是不能在同一个语句块或者嵌套的语句块内定义同名变量。

【例 6.8】 局部变量的作用范围。

```
1. //代码示例 6.8
2. public static void m1(){
3.     int m = 0;
4.     int n = 0;
5.     for(int i = 1;i <= 50;i++){
6.         m = m + i;
7.     }
8.     for(int i = 1;i<45;i++){
9.         n = n + i
10.    }
11. }
12. public static void m2(){
13.    int i = 1;
14.    int s = 0;
15.    for(int i = 1;i<50;i++){
16.        s = s + i;
17.    }
18. }
```

在代码示例 6.8 中,第 5 行的 for 循环与第 8 行的 for 循环是两个完全独立非嵌套的语句块,所以允许分别在这两个语句块内定义同名变量 i。

在 m2 方法中,由于第 13 行定义的变量 i 与第 15 行定义的变量 i 的作用范围嵌套重叠,所以会有语法错误。

6.6 方法的重载

在前面代码示例 6.6 中,我们定义了一个方法 max(int a, int b)。这方法只能比较两个整数的大小,将较大的数值返回。但是,如果要比较两个 double 型数据,甚至比较 3 个 int 型数据,怎么办呢?

可以这样去解决,定义另外一个同名方法,但是参数类型为 double。这样调用 max 方法时,Java 虚拟机会根据传入参数的类型、数量、顺序自动选择参数匹配的同名方法执行。我们称这个语法现象为方法重载。

【例 6.9】 方法的重载。

```
1.  // 代码示例 6.9
2.  public class OverLoadTest{
3.    public static void main(String[] args){
4.      System.out.println("Max value:" + max(5,7));
5.      System.out.println("Max value:" + max(3.7,8.4));
6.      System.out.println("Max value:" + max(5,7,6));
7.    }
8.    public static int max(int a,int b){
9.      if(a>b){
10.       return a;
11.     }else{
12.       return b;
13.     }
14.   }
15.   public static int max(double a,double b){
16.     if(a>b){
17.       return a;
18.     }else{
19.       return b;
20.     }
21.   }
22.   public static int max(int a,int b,int c){
23.     return max(max(a,b),c);
24.   }
25. }
```

在例 6.9 中,定义了三个同名方法 max,它们的参数列表各不相同。第 4、5、6 三行分别调用了三个不同的 max 方法。

什么样的方法之间才构成重载呢?

① 在同一个类里。

② 方法名相同。

③ 参数列表不同,参数类型、数量或者顺序有一项不同。

注意:返回值类型不是构成重载的条件,虚拟机不能根据返回值类型来区分具体该调用哪个方法,比如下面这两个方法之间是不能构成重载的。

```
public static int printMaxAge(int a, int b){…}
public static void printMaxAge(int a, int b){…}
```

6.7 Math 类的常用方法

Java 的标准 API 给我们提供一组用于数学运算的方法,这些方法被包含在一个叫 Math 的类中,主要涉及的数学运算有三角函数、指数运算、对数运算、平方根等。此外,还提供了 PI、E 几个常用的数学常量。

Math 里包含的方法和常量调用的语法形式如下:

```
Math.方法名
Math.常量名
```

6.7.1 三角函数

Math 中主要包含如下三角函数运算的相关方法:

① public static double sin(double a) 返回三角正弦。

② public static double cos(double a) 返回角的三角余弦。

③ public static double tan(double a) 返回角的三角正切。

④ public static double asin(double a) 返回一个值的反正弦。

⑤ public static double acos(double a) 返回一个值的反余弦。

⑥ public static double atan(double a) 返回一个值的反正切。

⑦ public static double toRadians(double angdeg) 将角度转换为弧度。

⑧ public static double toDegrees(double angrad) 将弧度转换为角度。

【例 6.10】 三角函数的使用。

```
1.  // 代码示例 6.10
2.  public class MathTrigonometric {
3.
4.      public static void main(String[] args) {
```

```
5.         //打印 90 度的正弦值
6.         System.out.println("90 度的正弦:" + Math.sin(Math.PI/2));
7.         System.out.println("0 度的余弦:" + Math.cos(0));
8.     System.out.println("120 度的弧度是:" + Math.toRadians(120));
9. System.out.println("π/2 的角度值:" + Math.toDegrees(Math.PI/2));
10.    }
11. }
```

代码示例 6.10 运行结果如图 6.5 所示。

```
90度的正弦:1.0
0度的余弦:1.0
120度的弧度是:2.0943951023931953
π/2的角度值:90.0
```

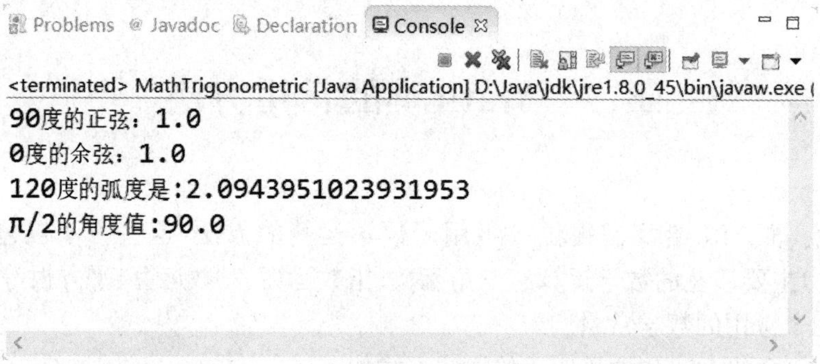

图 6.5

6.7.2 指数运算

① public static double exp(double a) 用于计算 e 的 a 次方。
② public static double log(double a) 用于计算自然对数。
③ public static double log10(double a) 用于计算底数为 10 的对数。
④ public static double sqrt(double a) 用于计算一个数的平方根。
⑤ public static double cbrt(double a) 用于计算一个数的立方根。
⑥ public static double pow(double a, double b) 用于计算 a 的 b 次方。

【例 6.11】 指数函数的使用。

```
1. // 代码示例 6.11
2. public class MathExp {
3.     public static void main(String[] args) {
4.         System.out.println("e 的平方值为:" + Math.exp(2));
5.         System.out.println("以 e 为底 2 的对数为:" + Math.log(2));
6.         System.out.println("以 10 为底 2 的对数为:" + Math.log10(2));
7.         System.out.println("3 的平方根为:" + Math.sqrt(3));
8.         System.out.println("27 的立方根为:" + Math.cbrt(27));
```

```
9.         System.out.println("3 的 4 次方为:" + Math.pow(3, 4));
10.    }
11. }
```

代码示例 6.11 运行结果如图 6.6 所示。

图 6.6

6.7.3 取整运算

① public static double ceil(double a) 返回大于等于 a 的最小整数。
② public static double floor(double a) 返回小于等于参数 a 的最大整数。
③ public static double rint(double a) 返回与参数 a 最接近的整数,若两个都为整数且同样接近,则结果去偶数。
④ public static int round(float a) 将参数 a 加上 0.5 后返回与其最近的整数。
⑤ public static long round(double a) 将参数加上 0.5 后返回与参数最接近的长整型整数。

【例 6.12】 取整函数的使用。

```
1. //代码示例 6.12
2. public class MathInteger {
3.    public static void main(String[] args) {
4.        System.out.println("比 5.1 大的最小整数:" + Math.ceil(5.1));
5.        System.out.println("比 5.9 小的最大整数:" + Math.floor(5.9));
6.        System.out.println("3.8 经 rint 方法取整:" + Math.rint(3.8));
7.        System.out.println("3.5 经 rint 方法取整:" + Math.rint(3.5));
8.        System.out.println("3.3 经 round 方法取整:" + Math.round(3.3));
9.        System.out.println("3.5 经 round 方法取整:" + Math.round(3.5));
10.    }
11. }
```

代码示例6.12运行结果如图6.7所示。

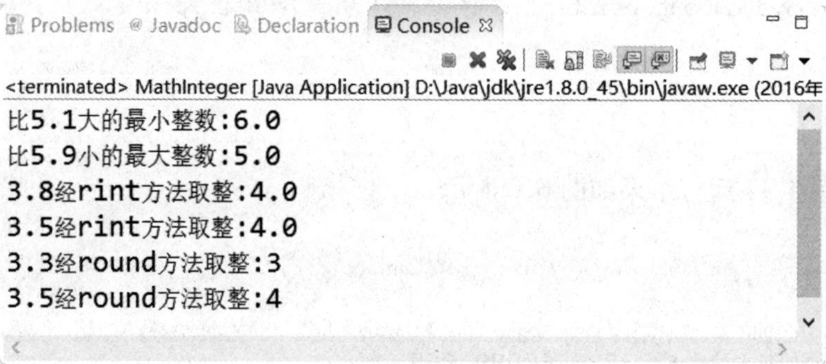

```
<terminated> MathInteger [Java Application] D:\Java\jdk\jre1.8.0_45\bin\javaw.exe (2016年
比5.1大的最小整数:6.0
比5.9小的最大整数:5.0
3.8经rint方法取整:4.0
3.5经rint方法取整:4.0
3.3经round方法取整:3
3.5经round方法取整:4
```

图6.7

6.7.4 取最大值、最小值、绝对值

public static double max(double a,double b)
public static int min(int a,int b)
public static long min(long a, long b)
public static float min(float a, float b)
public static double min(double a, double b)
public static int abs(int a)
public static long abs(long a)
public static float abs(float a)
public static double abs(double a)

【例6.13】 最大值、最小值和绝对值函数的使用。

```
1. //代码示例6.13
2. //import java.util.Scanner;
3. public class MathMaxMin {
4.     public static void main(String[] args) {
5.         Scanner scan = new Scanner(System.in);
6.         System.out.println("请输入一个整数:");
7.         int a = scan.nextInt();
8.         System.out.println("请再输入一个整数");
9.         int b = scan.nextInt();
10.        int max = Math.max(a, b);
11.        System.out.println("输入的两个数,较大的是:" + max);
12.        System.out.println("这个较大数的绝对值为:" + Math.abs(max));
13.    }
14. }
```

代码示例 6.13 运行结果如图 6.8 所示。

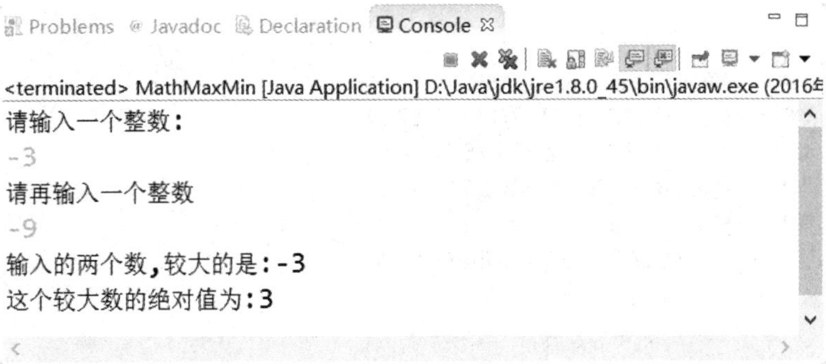

```
<terminated> MathMaxMin [Java Application] D:\Java\jdk\jre1.8.0_45\bin\javaw.exe (2016
请输入一个整数：
-3
请再输入一个整数
-9
输入的两个数,较大的是:-3
这个较大数的绝对值为:3
```

图 6.8

6.7.5 随机数

Math 包含了一个用于生成随机数的方法 Math.random()，这个方法默认生成大于 0.0 并且小于 1.0 的 double 型随机数。虽然 Math.random()方法只能返回 0~1 之间的一个值，但是我们可以对其稍作处理，就可以产生任意范围内的随机数。如下是两个经过处理的表达式：

(int)(Math.random() * n)　　//获得大于等于 0 并且小于 n 的整数
m + (int)(Math.random() * n)　　//获得大于等于 m 并且小于(m+n)的整数

【例 6.14】 随机函数的使用。

```
1. // 代码示例 6.14
2. public class MathRandom {
3.
4.    public static void main(String[] args) {
5.        //产生 5 个 0~1 之间的随机数
6.        for(int i = 0;i<5;i++){
7.            double rd = Math.random();
8.            System.out.println("第"+i+"个随机数:" + rd);
9.        }
10.
11.       //产生 0~100 之间的一个随机整数
12.       int m = (int)(Math.random() * 100);
13.       System.out.println("m 为:" + m);
14.   }
15. }
```

代码示例 6.14 运行结果如图 6.9 所示。

图 6.9

6.8 本 章 小 结

1. 方法有利于提高程序的模块化和代码的复用。
2. 方法可以有返回值，也可以没有返回值。
3. return 一方面的作用是返回值，另一方面的作用是结束方法。
4. 基本数据类型传参数属于值传递，是将实参的值拷贝一份给形参。
5. 方法可以嵌套调用，系统通过方法调用栈记录每次调用点的位置。
6. 返回值类型不是构成方法重载的条件。

习　题

1. 编写一个方法 isLeapYear(int year)，如果传入的 year 是闰年返回 true，否则返回 false。
2. 编写一个方法，返回任意三个整数中值最大的一个。

第 7 章 面向对象基础

通过前面章节的学习,我们已经具备了基础的编程能力。从本章开始,我们将学习更高级的编程知识,那就是面向对象的编程(Object-Oriented Programming,OOP)。面向对象编程的出现,可以说是计算机编程领域的一次重大跨越,有助于我们更加有效地进行软件的开发,使得开发的软件具有很好的可读性、可维护性和可扩展性。

本章学习的主要目标是:理解类和对象的概念以及它们之间的关系,掌握类的定义、对象的创建、属性和方法的访问。

7.1 类和对象的概念

本节我们先抛开编程语言,试图按照人们的思维习惯来阐述什么是对象、什么是类、类和对象是什么关系。

7.1.1 什么是对象

现实世界中所有具体的事物都是对象,如某个人、某台电脑、某本书、某条路、某个杯子、某个组织、某件事、某辆汽车,这些都是人们思维里的对象。

对象的构成主要从两个方面思考,一方面是它的静态特征,叫作对象的属性;另一方面是对象的动态特征,叫作对象的行为或者功能。图 7.1 描述了某辆汽车对象的构成。

在图 7.1 中,品牌、排量、颜色、型号都是对象的属性名,是对象的静态特征。描述对象的这些属性时,必须要有明确具体的属性值,其中,"品牌"属性名对应的"宝马"就是这个属性的具体值,"排量"属性名对应的属性值是"2.0T"。

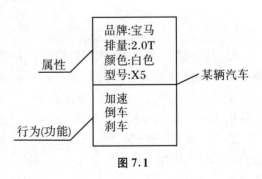

图 7.1

图中描述的加速、倒车、刹车是汽车对象的动态特征,也就是图中描述的行为,通常用来描述一个对象具有什么功能。

7.1.2 什么是类

我们知道了对象是具体的,对象的属性值是具体的,对象的功能行为也是具体的。在现实世界中,常常有多个对象非常相似,它们具有相同的属性、行为,只是属性的具体值不一样。如图 7.2 所示,它描述的是另一个汽车对象。

图 7.2 与图 7.1 中描述的对象具有相同的属性名和功能,只是属性的具体值不一样。在现实世界中,我们通常把具有相同或者相似属性、行为(功能)的对象统称为一类。

类通常是一个抽象的概念,比如人类、动物、汽车,这些词讲的都是类,听到这些词我们想到的是一个群体特征,不是某一个具体事物。它描述群体对象有什么属性和行为,但类的描述不涉及属性的具体值。如图 7.3 所示,它用来描述汽车类。

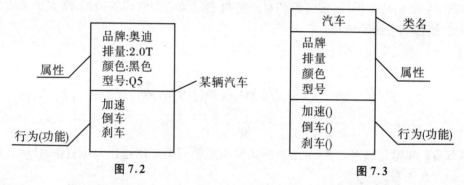

图 7.2　　　　　　　　　图 7.3

在图 7.3 中,把一个矩形分成上、中、下三个区域,这三个区域里的内容分别描述一个类的类名、属性列表、行为(功能)列表,形式上非常接近软件工程领域 UML 图例中的类图。

7.2　类 的 定 义

通过前面章节的学习,我们已经非常清楚 Java 语言的 8 种基本数据类型。然而实际开发中,所要编写的程序涉及的数据千变万化,远不止这 8 种数据类型所能表达。任何编程语言也不可能预先规定好所有的数据类型。因此,Java 语言规定了一种自定义类型的机制,允许根据实际需要在基本数据类型的基础上自定义数据类型。

自定义类型其实就是用 Java 编程语言的方式描述 7.1 节中阐述的类,包括类名、属性、行为(功能)。属性用成员变量表示,行为(功能)则是用成员方法来表示的。下面是 Java 定义类的一般形式,[ ]号包含部分表示可选内容。

```
[public]class 类名{
    访问权限修饰符　变量类型　　成员变量名[ = 默认初始值];
    访问权限修饰符　返回值类型　成员方法名(参数列表){
        //成员方法方法体
    }
}
```

【例 7.1】 用 Java 语言规范描述 7.1 节中用图例描述的汽车类。

```
1.  //代码示例 7.1
2.  public class Car{
3.
4.      public String brand;//品牌
5.      public double displacement;//排量
6.      public String color;//颜色
7.      public String modelnumber;//型号
8.
9.      public void accelerate(){
10.         System.out.println("加速…");
11.     }
12.
13.     public void brake(){
14.         System.out.println("刹车…");
15.     }
16.
17.     public void back(){
18.         System.out.println("倒车…");
19.     }
20. }
```

在例 7.1 中,第 2 行 class 是定义类的关键词,Car 是类名,public 是关键字,表示 Car 这个类是一个公有类,在任何地方都可以访问到,大多数情况下类都定义成 public;第 4、5、6、7 是定义成员变量,这几行中,public 表示成员变量的访问权限是公开的,我们暂时将成员变量都定义成 public,其他访问权限在后面探讨;第 9 行是定义一个成员方法,public 关键字表示这个方法是一个公开的方法,在任何地方都能被访问。

关于类的定义我们还需要掌握以下几个要点:

① 一个 Java 源文件中可以定义多个类,但是只能有一个类被定义成 public,文件名必须与 public 类相同。

② 实际开发中,一般要求大家一个源文件里只定义一个类,有利于代码管理。

③ 类名是标识符,所以类名的命名需要符合标识符的语法规则。

④ 成员变量和成员方法的定义不分先后。

⑤ 类的命名习惯:构成类名的每个单词首字母大写。

Java 语言把非基本类型以外的所有数据类型都称为引用类型,所以例 7.1 中定义的 Car 也是一个引用类型。

7.3 对象创建与构造函数

7.3.1 创建对象

类只是一个抽象的概念,定义一个类相当于画了一个蓝图,而对象则是基于这个蓝图的一个具体产物。对于 Java 来讲,基于已经定义好的一个类创建对象的语法非常简单,以下是创建对象的语法形式:

new 类名();

这里的 new 是创建对象的关键字,为例 7.1 中定义的 Car 类型创建一个对象的语句:

new Car();

此时大家可能有些疑惑,此处的 Car(),似乎是在调用一个方法。这就是下一节要讲的构造方法。

7.3.2 构造函数(构造方法)

Java 中每一个类都有构造方法,方法名与类名必须相同,并且没有返回值,在对象创建时被调用。构造方法必须通过关键字 new 来调用,构造方法也称构造器(Constructor)。

构造方法主要有两个方面的作用,一是创建对象,二是做一些初始化操作。构造方法除了必须用 new 来调用,还有以下一些特征:

① 构造方法的名称必须与所属类的类名相同。
② 定义构造方法时无需指定返回值类型,void 也不需要。
③ 即使没有显式的在类中定义构造方法,类也有一个默认的无参数的构造方法。一旦显式的定义了构造方法,默认无参的构造方法即会失效。
④ 构造方法可以重载。

【例 7.2】 构造方法的使用。

```
1. //代码示例 7.2
2. public class Book {
3.     public double price;
4.     public String name;
5.     public Book(){
6.         //初始化工作
7.         System.out.println("Book 类的无参构造方法");
8.     }
9.     public Book(double p){
```

```
10.        //初始化工作,设置 price 成员变量的初始值
11.        price = p;
12.        System.out.println("Book 类的有参构造方法");
13.    }
14.    public static void main(String[] args){
15.        new Book();
16.        new Book(34.50);
17.    }
18. }
```

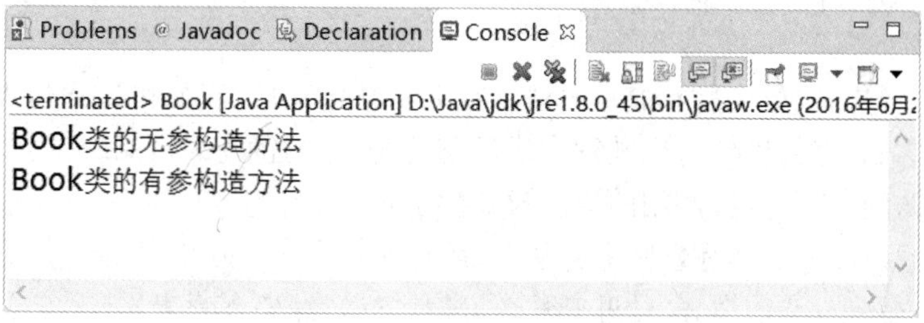

```
Book 类的无参构造方法
Book 类的有参构造方法
```

图 7.4

例 7.2 定义了一个 Book 类,包含两个显式定义的构造函数,和一个 main 方法,main 方法的第 15、16 行分别调用了这两个构造函数。两个构造函数里分别向控制台输出一句话,图 7.4 是 main 执行后控制台输出的结果,根据这个结果可以容易看出两个构造函数分别被执行了。

7.4 引用变量与对象的访问

7.4.1 引用与引用变量

初学 Java,我们可能不太理解什么是引用。在 Java 中,我们知道对象存储在内存里某个地方,引用则是用来表示这个对象存储位置的信息,引用变量是用来存储这个位置信息的内存空间,也就是说对象和引用变量是处于不同的内存空间。

Book 是我们自定义的类型,声明 Book 类型的引用变量的语法如下:

Book bk;

这里还没有给引用变量 bk 赋值,可以用 new 调用 Book 类的构造函数,将返回的对象的引用赋给 bk,代码如下:

bk = new Book();

注意:只能将与引用变量具有相同类型的对象的引用赋给该引用变量;虽然定义构造函数不需要指定返回值类型,但是构造函数执行会返回所创建对象的引用。还可以将声

明引用类变量、创建对象以及将对象引用赋给引用变量,这几项工作通过如下一条语句来表达:

Book bk2 = new Book();

也可以将一个引用变量的值赋给另一个同类型的引用变量,代码如下:

Book bk3 = bk2;

此时,引用变量 bk3、bk2 的值相同,也就是说 bk3、bk2 引用的是同一个对象。同样也可以改变引用变量的指向,让它引用新的对象,示例代码如下:

bk2 = new Book(); //bk2 引用新的 Book 对象

注意:通常习惯上说对象 bk,而 bk 其实是一个引用变量,这样说潜在的意思是"引用变量 bk 所引用的对象",有时还称 bk 为对象名。

7.4.2 访问对象的成员

对象的成员包括成员变量和成员方法。在对象被创建后,我们可以通过点号(.)操作符来访问和调用它们,点号操作符也被称为成员访问符,它的优先级较高。

成员变量访问、成员方法调用的语法形式如下:

对象引用变量名.成员变量名

对象引用变量名.成员方法名(实参列表)

成员变量可以参与表达式的运算,也可以被重新赋值。

【例 7.3】 访问对象的成员。

```
1. //代码示例 7.3
2. public class CarTest {
3.     public static void main(String[] args) {
4.         Car cr = new Car();
5.         //访问成员变量
6.         System.out.println("车的排量是:" + cr.displacement);
7.         cr.displacement = 2.0;
8.         System.out.println("车的排量是:" + cr.displacement);
9.         //调用成员方法
10.        cr.accelerate();
11.        cr.brake();
12.        cr.back();
13.    }
14. }
```

在例 7.3 中,第 6 行输出成员变量的值,第 7 行重新给成员变量赋值,第 10、11、12 行是调用对象 cr 的成员方法。程序运行结果如图 7.5 所示。

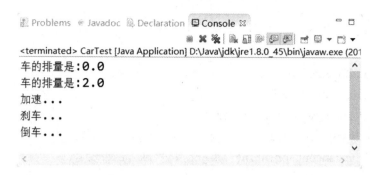

图 7.5

7.4.3　null 值

null 值是一个直接量,用于对任何一个引用类型变量进行赋值。当一个变量的值为 null,表示这个引用变量没有引用任何对象。例如:

$$\text{Car cr = null;}$$

这行代码声明了一个 Car 型的引用变量,并将其值初始化为 null,表示 cr 未引用任何对象。

需要注意的是,在 Java 程序的执行过程中,如果试图通过一个值为 null 的引用变量去访问对象的成员,系统会报一个 NullPointerException(空指针异常)的错误,程序中断。因此,在实际开发中,我们要尽可能避免空指针异常的发生。

7.5　对象的初始化

对象初始化主要指的是对象创建过程中对成员变量的初始化。

定义类时可以给类的成员变量指定一个初始值,在建一个新对象时,新对象对应的属性的初始值就是在类定义的时候指定的值。

定义类时如果未指定成员变量的初始值,创建对象时,系统会给对象成员变量一个默认初始值。如果成员变量是数值类型(byte、short、int、long、float、double)默认初始值为 0,逻辑类型(boolean)默认初始值为 false,字符类型(char)的默认初始值为 '\u0000',所有引用类型的默认初始值都为 null。

在代码示例 7.4 中,age 成员变量设置了默认初始值,weight 成员变量没有设置初始值,引用类型的成员变量 name 也没有设置初始值,main 方法中创建了一个 Monkey 对象 mk,然后分别向控制台输出了 mk 对象的 3 个成员变量,程序运行结果如图 7.6 所示。

【例 7.4】　对象的初始化。

```
1. // 代码示例 7.4
2. public class Monkey{
3.     public int age = 1;
4.     public double weight;
5.     public String name;
6.     public static void main(String[] args) {
7.         Monkey mk = new Monkey();
8.         System.out.println("age:" + mk.age);
9.         System.out.println("weight:" + mk.weight);
10.        System.out.println("name:" + mk.name);
11.    }
12. }
```

图 7.6

我们还可以在类的构造函数中指定对象成员变量的初始值,如代码示例 7.5 所示,在构造函数内初始化成员变量的值,这个初始值是在调用构造函数时通过参数传入。

【例 7.5】 使用有参的构造函数。

```
1. //代码示例 7.5
2. public class Student{
3.     int age;
4.     String name;
5.     public Student(int a, String m){
6.         age = a;
7.         name = m;
8.     }
9.     public static void main(String[] gers){
10.        Student st = new Student(17,"Jack");
11.        System.out.println("age:" + st.age);
12.        System.out.println("name:" + st.name);
13.    }
14. }
```

程序运行结果如图 7.7 所示。

图 7.7

7.6 包

在实际项目开发中,一个项目可能包含很多个类,这些类来源于不同的开发者。定义类名时,可能会重名,在这种情况下,如果所有类全部放在同一个空间里就会产生冲突,同时也不方便管理查询。因此,Java 提供了包的机制,为类的定义提供命名空间,使得类的管理更加方便。

7.6.1 声明包

定义一个类时,可以使用关键字 package 声明类属于哪个包,声明包的语法形式如下:

package pk1[.pk2.pk3.pk4…];

包具有层次关系,类似操作系统里文件夹的层次关系,一个包里可以包含多个子包。pk1 是最外层的包,内部包 pk2、pk3、pk4 等各个层次之间用点号(.)隔开,它们一起构成了包名,最后以分号结尾。下面代码示例 7.6 是声明包的示例代码。

【例 7.6】 包的声明。

```
1. // 代码示例 7.6
2. package cn.com.morefly.demo;
3. //包的声明
4. public class Hello {
5.     public static void main(String[] args) {
6.         System.out.println("hello package!");
7.     }
8. }
```

包结构在操作系统里具体的表现形式就是文件夹,但是对于 Java 虚拟机来说,这不是普通的系统文件夹,而是 Java 的包。例 7.6 中声明的包结构在操作系统里的文件夹结构如图 7.8 所示。

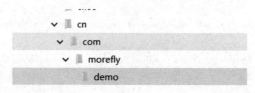

图 7.8

注意:① 声明包的语句必须位于类源文件的第一句,前面只能有注释。
② 在同一个包空间里不能定义两个同名类。
③ 包名是类名的一部分,Hello 的完整类名是 cn.com.morefly.demo.Hello。
④ 如果没有声明包,表示类就位于默认包下。

7.6.2 包的命名

包的命名需要注意以下几点:
① 包名属于标识符,因此包名的命名必须符合标识符的语法规则。
② Java 代码规范要求包名所有单词的字母都为小写。
③ 包名必须唯一,为了保证包名的唯一性,通常包名的命名是:域名倒序 + 项目名称 + 项目子包,如图 7.9 所示。

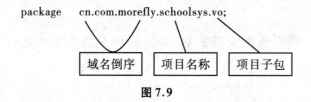

图 7.9

7.6.3 JDK 常用包

JDK 提供了大量的类库,这些类被组织在不同的包中,下面介绍一些常用包。
① java.lang 包:Java 的核心类库,包含了运行 Java 程序必不可少的系统类,如基本数据类型、基本数学函数、字符串处理、线程、异常处理类等,系统缺省加载这个包。
② java.io 包:Java 语言的标准输入/输出类库,如基本输入/输出流、文件输入/输出、过滤输入/输出流等。
③ java.util 包:包含如处理时间的 date 类,处理变成数组的 Vector 类,以及 stack 和 HashTable 类。
④ java.awt 包:构建图形用户界面(GUI)的类库,低级绘图操作 Graphics 类,图形界面组件和布局管理如 Checkbox 类、Container 类、LayoutManger 接口等,以及界面用户交互控制和事件响应,如 Event 类。
⑤ java.awt.image 包:处理和操纵来自于网上的图片的 Java 工具类库。

⑥ java.net 包:实现网络功能的类库有 Socket 类、ServerSocket 类。
⑦ java.corba 包和 java.corba.orb 包。
⑧ java.lang.reflect 包:提供用于反射对象的工具。
⑨ java.util.zip 包:实现文件压缩功能。
⑩ java.awt.datatransfer 包:处理数据传输的工具类,包括剪贴板、字符串发送器等。
⑪ java.sql 包:实现 JDBC 的类库。
⑫ java.rmi:提供远程连接与载入的支持。
⑬ java.security:提供安全性方面的有关支持。

7.6.4 导入包

在一个类里可以直接访问与当前类在同一个包里的类,如果需访问其他包里的类,就必须进行导包,或者使用全类名访问其他包里的类。导入包的关键字是 import,导包的语法形式如下:

```
import 全类名;
```

导包的语句必须位于包声明和类声明之间,一个类中可以有多个 import 语句。在下面代码示例 7.7 中,Date 是系统库 java.util 包里的类,需要导包后才能使用,第 4 行即是导包的代码。

【例 7.7】 Date 类的使用。

```
1. //代码示例 7.7
2. package cn.com.morefly.demo;
3. //导包
4. import java.util.Date;
5.
6. public class TimeShow {
7.     public static void main(String[] args) {
8.         System.out.println(new Date());
9.     }
10. }
```

还可以结合星号(*)通配符一次将一个包中的类全部导入,比如下面代码,将 java.util 包中所有类全部导入。

```
import java.util.*;
```

注意:在实际开发中一般用到哪个类就导入哪个类,不推荐大家使用通配符批量导入。

在默认情况下,系统库 java.lang 包中的类自动被导入,不需要我们显式导入。也就是说在任何类里,java.lang 包里的所有类都可以直接使用。

尽量不要导入两个同名类;当前类的类名不能与被导入的类同名,这会有命名冲突,程序无法编译。

7.7 本章小结

① 类是抽象的概念,是具有共同属性和行为对象的统称。
② 现实世界的对象是具体的事物。
③ 构造函数用于创建对象和执行初始化操作。
④ 值为 null 引用变量未引用任何对象。
⑤ 包有利于更好地组织管理 Java 的类。
⑥ package 语句必须位于类源码的第一句。

7.8 习 题

1. 设计一个 Dog 类,有名字、颜色、年龄等属性,定义构造方法来初始化类的这些属性,定义方法输出 Dog 信息。编写应用程序使用 Dog 类。
2. 定义并测试一个代表员工的 Employee 类,员工属性包括编号、姓名、基本薪水和薪水增长额,还包括计算增长后的工资总额。
3. 编写并测试一个代表地址的 Address 类,地址信息由国家、省份、城市、街道和邮编组成,并可以返回完整的地址信息。

第8章 数 组

我们已经学习了基本数据类型,通过简单变量表示一个数据。在实际编程中,需要经常处理具有相同类型的一批有序数据。例如,处理100个学生的考试成绩,这时使用简单变量就很不方便,需要定义100个变量。

为了更高效、有条理地解决这类问题,Java等高级语言都提供了一种叫数组(Array)的数据结构,数组可以有序存储一组类型相同的数据。数组是引用类型。

8.1 一 维 数 组

数组可以用一个变量名来表示一组数据,其中每个数据称为数组元素,各元素通过下标来区分。如果用一个下标就能确定数组中的不同元素,这种数组称为一维数组,否则称为多维数组。

8.1.1 声明数组

在使用数组之前,需要先声明一个引用数组的变量。以下是声明数组变量的语法形式:
　　　　　　　　① 数据类型[] 数组名
　　　　　　　　② 数据类型 数组名[]

上面这两种形式都可以用来声明数组类型的引用变量,下面代码示例8.1中第3行和第4行分别以这两种不同形式声明了数组:

【例8.1】 数组的声明方式。

```
1. //代码示例8.1
2. public static void main(String[] args){
3.     double[] score;
4.     double score2[];
5. score = new double[20];
6.     Score2 = new double[20];
7. }
```

8.1.2　创建一维数组

声明数组只是创建了一个对数组的引用,此时数组还没有被创建,还不能给它分配任何元素。需要使用 new 关键字创建一个数组,然后把它赋给一个已经声明过的数组类型的引用变量。语法形式如下:

数组名 = new 数组类型[数组长度];

这里需要和 8.1.1 节保持统一,所以改成数组名。

示例代码 8.2 中第 4 行,创建一个 double 型的数组,数组长度是 20。创建的数组类型应与声明数组类型引用变量的类型一致。数组长度是指数组里能存放元素的数量,数组一旦被创建,长度即被确定下来,不能再改变。

【例 8.2】 创建数组对象。

```
1. //代码示例 8.2
2. public static void main(String[] args){
3.     double[]score;
4.     score = new double[20];
5.     int[] ages = new int[10];
6. }
```

我们也可以将声明数组类型引用变量和创建数组合成一步完成。在示例代码 8.2 中第 5 行,我们声明了一个整型数组引用变量 ages,同时也创建了一个整型数组赋给了这个变量。

8.1.3　数组的长度和默认值

通过 8.1.2 节学习,我们知道数组一旦被创建,它的长度就固定下来了。那如果有一个数组类型的变量,我们如何知道这个数组的长度呢?Java 给我们提供了一个非常便捷的获取数组长度的方式,语法形式如下:

arrayVar.length

这里 arrayVar 表示数组引用变量,length 表示数组长度。

当数组被创建后,它的每个元素会被赋一个初始值,数值型的基本类型默认值为 0,char 型的默认值为'\u0000',boolean 型的默认值为 false。

8.1.4　访问数组的元素

数组的元素是有序的,每个元素都有唯一的索引编号,这个编号称为数组下标。数组下标值的起始值为 0,结束值为数组的长度减 1,即 length-1。可通过 arrayVar[index] 形式访问数组里的元素,每个元素可以看成一个变量,可以单独赋值,参与表达式运算。

【例8.3】 数组元素的使用。

```
1. //代码示例8.3
2. public static void main(String[] args){
3.     int[] score = new score[10];
4.     score[0] = 80;//给数组元素赋值
5.     score[score.length-1] = 78;
6.     int sum = score[0] + score[9];
7.     Sytem.out.println(sum);
8. }
```

注意：访问数组元素时，下标值大小不能超过最大下标值(arrayVar.length-1)，否则运行时会报数组越界的错误。

【例8.4】 数组访问越界。

```
1. //代码示例8.4
2. public static void main(String[] args){
3.     int[] score = new score[10];
4. //最大下标值为9,这里运行时会报错
5.     Sytem.out.println(score[10]);
6. }
Exception in thread "main" java.lang.ArrayIndexOutOfBoundsException：
```

例8.4中的第5行，程序执行到这一行会报数组访问越界的异常。

8.1.5 数组的初始化

创建数组后，数组元素都有一个默认初始值。实际应用中需要给数组元素指定初始值。Java提供了一个便捷的定义并初始化数组的语法形式：

　　数据类型[] arrayName = {elementValue1,elementValue2,elementValue3};

【例8.5】 数组的初始化。

```
1. //代码示例8.5
2. public static void main(String[] args){
3.     //创建同时初始化
4.     int[] scoreA = {67,89,75,63,77};
5.
6.     //先创建后初始化
7.     int[] scoreB = new int[5];
```

```
8.     scoreB[0] = 67;
9.     scoreB[1] = 89;
10.    scoreB[2] = 75;
11.    scoreB[3] = 63;
12.    scoreB[4] = 77;
13. }
```

如代码示例 8.5 中第 4 行,这条语句创建了一个整型数组,并初始化了 5 个元素,这个数组的长度取决于在{…}中初始化元素的数量。第 7～12 行,是先创建了一个数组,然后对数组里的元素逐个进行初始化。

注意:代码示例 8.5 中,第 4 行的初始化语法中,不需要使用 new 关键字;另外,使用这个语法形式必须是声明、创建、初始化在一个语句中,不能像下面代码这样分步,这是有语法错误的,编译器会报错。如:

```
int[] scoreA;
scoreA = {67,89,75,63,77};
```

8.1.6 数组遍历

数组的遍历就是依次访问数组的每一个元素。由于数组的长度是确定的,数组里的每一个元素类型也是一致的,并且元素的下标是有序的,所以可以通过循环来遍历数组的元素。

【例 8.6】 数组的遍历。

```
1. //代码示例 8.6
2. public static void main(String[] args){
3.     //定义并初始化一个数组
4.     int[] score = {67,89,75,63,77};
5.     //将数组里每个元素打印到控制台
6.     for(int i = 0;i<score.length;i++){
7.         System.out.println("score[" + i + "] = >" + score[i]);
8.     }
9. }
```

在代码示例 8.6 中,先定义了一个整型数组,然后通过 for 循环来遍历数组里的每一个元素,第 6 行 for 循环初始了一个变量 i,i 的初始值为 0,恰好与数组的起始下标值相同。每循环一次 i 的值都会自增 1,以 i 值作为数组下标可以依次访问到数组里的每一个元素,从而达到遍历数组元素的目的。

从 JDK 5.0 开始,Java 提供一个被称为 foreach 的循环语句,这个新的循环语句专门用于用户数组、集合的遍历,语法结构简单,使用方便。语法形式如下:

```
for(elementType element:arrayVar){
    //循环体
}
```

循环每执行一次,变量 element 获取数组里的一个元素,直到将数组里所有元素遍历完,循环结束。如在代码示例 8.7 中,第 6 行 for 循环,每循环一次,变量 e 获取数组 score 中的一个元素。

【例 8.7】 Foreach 循环遍历数组。

```
1. //代码示例 8.7
2. public static void main (String[] args){
3.     //定义并初始化一个数组
4.     int[] score = {67,89,75,63,77};
5.     //将数组里每个元素打印到控制台
6.     for(int e : score){
7.         System.out.print (e + ",");
8.     }
9. }
```

8.1.7 对象数组

数组既可以存储基本数据类型,也可以存储对象(引用类型值),存储对象的数组称为对象数组。例如,创建一个可存储 10 个 String 类型对象的数组:

```
String[] strs = new String[10];
```

对象数组被创建后,每个元素同样也被赋予一个初始值,对象数组元素的默认值为 null。可以通过如下代码初始化对象数组 strs:

```
for(int i = 0;i<strs.length;i++){
    strs[i] = "hello " + i;
}
```

对象数组也可以在创建的同时进行初始化:

```
String[] strs = {"hello0","hello1","hello2",new String()};
```

注意:存储在对象数组里的元素是对象的引用,不是对象本身,如图 8.1 所示。

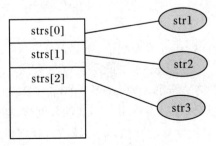

图 8.1

8.2 二维数组

8.2.1 理解二维数组

Java 编程语言并没有像其他语言那样提供真正意义上的二维数组。由于 Java 数组的元素可以是任意类型，所以一个数组的元素也可以是数组类型。Java 二维数组实际上是一个一维数组，只是这个一维数组的元素类型又是一个一维数组。

8.2.2 二维数组的声明与创建

声明二维数组的语法有如下三种形式：

① dataType[][] arrayName
② dataType arrayName[][]
③ dataType[] arrayName[]

下面是声明一个 int 型二维数组的三种形式：

int[][] arr1;
int arr2[][];
int[] arr3[];

虽然三种形式都可以声明一个二维数组，但是一般情况下使用第一种语法形式，不推荐使用第二、第三种形式。

二维数组的创建与一维数组的创建很相似：

arr1 = new int[4][5];

这里创建了一个 int 型 4 行 5 列（new int[4][5]）的二维数组，如图 8.2 所示。

	[0]	[1]	[2]	[3]	[4]
[0]	0	0	0	0	0
[1]	0	0	0	0	0
[2]	0	0	0	0	0
[3]	0	0	0	0	0

图 8.2

可以通过行和列两个下标访问数组元素及赋值，例如：

arr1[2][3] = 9;

将 9 赋给二维数组 arr1 第 2 行第 3 列（arr1[2][3] = 9;）的元素，如图 8.3 所示，这里行列的索引值从 0 开始。也可以像一维数组一样，声明、创建、初始化数组同时进行：

int[][] arr = {{1,3},{2,7},{6,4}};

这里声明创建了一个 3 行 2 列（int[][] arr = {{1,3},{2,7},{6,4}};）的 int 型数组，

并同时对数组进行了初始化,如图 8.4 所示。

	[0]	[1]	[2]	[3]	[4]
[0]	0	0	0	0	0
[1]	0	0	9	0	0
[2]	0	0	0	0	0
[3]	0	0	0	0	0

图 8.3

	[0]	[1]
[0]	1	3
[1]	2	7
[2]	6	4

图 8.4

8.2.3 二维数组的长度

二维数组本质上是一个一维数组。它的长度是包含一维数组的个数,也就是这个二维数组的行数。

例如:二维数组

$$int[][] \quad ar = new \ int[3][4];$$

二维数组 ar 中包含有 3 个一维数组 ar[0]、ar[1]、ar[2],每个一维数组包含 4 个元素。即二维数组的长度 ar.length 值为 3;包含的一维数组长度为:ar[0].length、ar[1].length 和 ar[2].length 的值都为 4。

8.2.4 不规则二维数组

二维数组本质上是一个一维数组,每个元素也是一个独立的一维数组。如果二维数组包含的一维数组的长度不一致,这种二维数组称为不规则二维数组。也被称为锯齿二维数组。

不规则数组的创建和初始化有两种不同的方式:

```
int[][] trArray = {
    {11, 2, 4},
    {1, 22,},
    {2, 13, 4, 56}
};
```

或者

int[][] trArray = new int[3][]; //这里 3 表示创建二维数组的长度,必须事先声明

第一种方式,声明数组并同时初始化,每行对应的一维数组的长度都不一样。

第二种方式,创建了一个 int 型二维数组,没有指定列数。这实际是创建了一个一维数组,一维数组的每个元素也被指明成一个 int 型一维数组,但是只是一个空引用 null,可以通过下面代码创建这个二维数组包含的一维数组。

```
trArray[0] = new int[3];
trArray[1] = new int[2];
trArray[2] = new int[4];
```

然后可以通过下面的形式给二维数组元素赋值。

```
                        trArray[0][2] = 11;
                        trArray[2][1] = 12;
```

8.2.5　二维数组的遍历

在遍历二维数组时,可以把二维数组看成一维数组。通过 for 循环遍历一维数组,每循环一次获得一个元素(这个元素是一维数组),也就是二维数组的一行,这时候再嵌套一个 for 循环对当前遍历到的行进行遍历操作。

【例 8.8】 二维数组的遍历。

```
1. //代码示例 8.8
2. public static void main(String[] args) {
3.     int[][] arr = {{23,1,22,11},{1,32,2,4},{11,2,6,25},{2,13,4,6}};
4.     for(int i = 0;i<arr.length;i++){
5.         //获得某一行,遍历这一行上的元素
6.         for(int j = 0;j<arr[i].length;j++){
7.             System.out.print(arr[i][j] + ",");
8.         }
9.         //换行
10.        System.out.println();
11.    }
12. }
```

程序运行结果如图 8.5 所示。

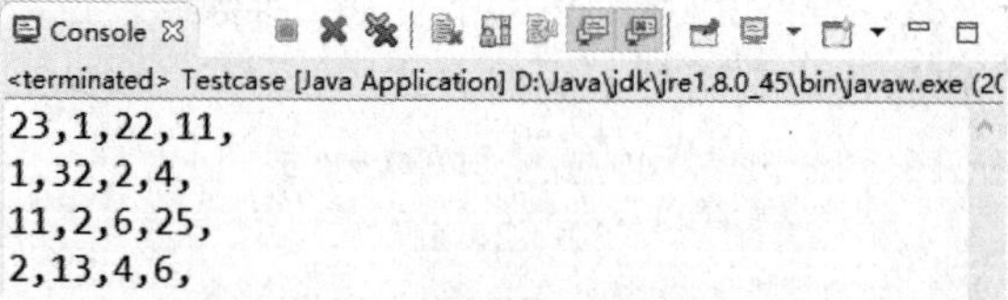

```
23,1,22,11,
1,32,2,4,
11,2,6,25,
2,13,4,6,
```

图 8.5

代码示例 8.8 中,定义一个 int 型二维数组 arr,然后遍历 arr 并将每一个元素都打印到控制台。

上面二维数组的遍历,也可以使用 foreach 循环来处理,更加简洁,如下面代码:

```
1. for(int[] row:arr){
2.     for(int e:row){
3.         System.out.print(e + ",");
4.     }
5.     System.out.println();
6. }
```

8.3 多维数组

通过二维数组的学习,可知二维数组是由一个一维数组的数组构成的,从而对于三维数组,也可以认为是由一个二维数组的数组构成。

实际上,在 Java 中,可以创建 n 维数组,n 可以是任意正整数。

下面来创建一个三维数组存储成绩,存储的是:3 个班级,每个班级 4 个学生,每个学生 5 门课的成绩。

```
double[][][] scores = {
    {{66,73,66,81,88},{78,59,88,67,79},{77,78,63,60,91},{66,72,83,65,79}},
    {{77,59,92,78,72},{67,88,94,65,73},{88,59,87,65,93},{68,76,65,87,82}},
    {{78,64,84,78,86},{67,88,67,90,66},{76,67,88,69,58},{61,66,87,76,65}}
};
```

从这个数组取一个元素 scores[2][3][4],表示的是第 3 行(班级)、第 4 列(学生)、第 5 门课的成绩 65。

三维数组的遍历与二维数组类似,只是多嵌套一层循环,如果遍历过程中不需要知道元素的下标,使用 foreach 循环遍历代码更简洁,下面为遍历 scores 数组。

```
1.  for(int i = 0;i<scores.length;i++){
2.      for(int j = 0;j<scores[i].length;j++){
3.          for(int k = 0;k<scores[i][j].length;k++){
4.              //处理当前元素
5.              System.out.print(scores[i][j][k]);
6.          }
7.      }
8.  }
```

在实际应用中,一般数组维度不会超过三维,对于多维数组只要求大家掌握到三维数组的创建、遍历即可,举一反三能理解多维数组的构成原理就可以了。

8.4 数组类型参数和返回值

8.4.1 将数组传给方法

方法可以传递基本类型数据,也可以给方法传递数组类型的数据。下面代码是定义了一个方法,功能是将 int 型一维数组元素打印到控制台。

```
1. public static void printArray(int[] arr){
2.     for(int i = 0;i<arr.length;i++){
3.         System.out.print(arr[i]+",");
4.     }
5. }
```

此时,方法 printArray 的形式参数为一维数组。

可以在 main 方法里调用上面方法,将一个 int 型的一维数组的元素打印到控制台,如下面代码:

```
int[] ages = new int[]{33,23,28,19,22};
printArray(ages);
```

也可以直接调用 printArray 方法,传入一个匿名数组

```
printArray(new int[]{22,18,33,45,21});
```

方法传参时,对于基本类型,传给形参的是实参的值;引用类型传给形参的是对象的引用。数组是引用类型,所以对于数组类型参数,参数值是数组的引用,也就是说传给形参的是数组对象的引用,因而实参变量与形参变量引用的是同一个数组对象。在方法中如果改变了这个数组,改变的其实就是实参和形参所引用的数组对象。

【例 8.9】 数组作为形参,实现参数传递。

```
1. // 代码示例8.9
2. public class ArrayTypeParam {
3.     public static void main(String[] args) {
4.         int m = 1;
5.         int[] array = new int[10];
6.         setElement(m,array);
7.         System.out.println("m 的值为:" + m);
8.         System.out.println("array[0]的值为:" + array[0]);
9.     }
10.
```

```
11.      public static void setElement(int e, int[] arr){
12.        e = 120;  //给 e 重新赋值
13.        arr[0] = e;  //给数组元素重新赋值
14.      }
15. }
```

程序运行结果如图 8.6 所示。

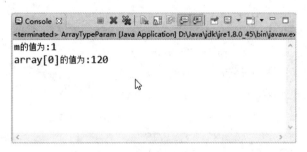

图 8.6

从程序中可以看出,实参 m 的值传给了形参 e;数组 array 传给了形参 arr。从图 8.6 输出结果可以看出实参 m 的值没有发生改变,而实参数组 array 的元素 array[0]的值则由初始值 0 变成了 120。m 是基本类型,是将它的值复制一份给了形参,所以在方法中改变形参的值不会影响到实参 m;array 和 arr 虽然是两个独立的变量,但是它们引用的是同一个数组对象,所以通过 arr 对数组的操作会传导给 array,引用类型的参数传递如图 8.7 所示。

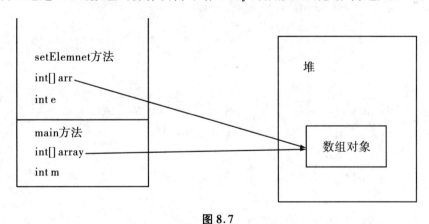

图 8.7

8.4.2 可变长参数列表

在学习方法时,可知方法在定义时,它的参数数量、类型、顺序就被确定下来了,在调用和运行时是不可改变的。

从 JDK 5.0 开始,Java 引入可变长参数的概念,可以把类型相同、个数可变的参数传递给方法。定义可变长参数方法的语法形式如下:

```
修饰符 返回值类型 方法名(参数类型...参数名){
    //方法体
}
```

定义方法声明参数时,指定参数类型后面紧跟三个连续的点号(...)。

注意:一个方法只能指定一个可变长参数,且该参数必须是参数列表的最后一个参数。在方法体内,Java 将可变长参数看成是一个数组。

【例 8.10】 可变参数方法的定义和调用。

```
1.  // 代码示例 8.10
2.  public class VarArgsMethod {
3.      public static void main(String[] args) {
4.          // 这里传入方法的参数个数是可变的
5.          printMaxAge(22, 34, 18, 45, 25, 33);
6.          // 也可以给可变长参数传入一个对应类型的数组
7.          int[] ages = {32,22,35,21,19};
8.          printMaxAge(ages);
9.      }
10.
11.     //定义一个包含可变参数的方法
12.     public static void printMaxAge(int...ages){
13.         //ages 可以看成是一个 int 型一维数组
14.         if(ages == null || ages.length == 0){
15.             System.out.println("无参数传入");
16.             return;//结束方法
17.         }
18.
19.         int age = ages[0];
20.         for(int i = 1;i<ages.length;i++){
21.             if(ages[i]>age){
22.                 age = ages[i];
23.             }
24.         }
25.         System.out.println("最大的 age 值是:" + age);
26.     }
27. }
```

从例 8.10 可以看出,可以给方法可变长参数传入多个同一类型的参数,如代码示例 8.10 中的第 5 行;也可以传入一个响应类型的数组,如代码示例 8.10 中的第 8 行。

8.4.3　main方法的参数

Java程序的入口方法main方法声明了一个String[]类型的参数,这个参数也可以声明为可变长参数String...args。Main方法参数的用途是供虚拟机执行main方法时传入参数,也就是为了方便我们使用命令行执行Java程序时,可以同时给这个Java程序main方法传入参数。

【例8.11】　给main方法传入参数。

```
1. // 代码示例8.11
2. public class ArgsForMainMethod {
3.     public static void main(String[] args) {
4.         System.out.println("您传入了" + args.length + "个参数!");
5.         for(int i = 0;i<args.length;i++){
6.             System.out.print(args[i] + ",");
7.         }
8.     }
9. }
```

在命令行窗口编译后,可以通过Java命令执行这段程序,具体语法形式如下:

　　　　　　　　　Java 类名 参数1 参数2 参数3

每个参数之间用空格隔开。

此时,输入3个参数分别是11,23,45。执行结果如图8.8所示。

图8.8

从执行结果可知,程序执行时从命令行给main方法传入了3个参数。在IDE开发工具Eclipse里,也可以给main方法配置执行参数。具体配置方法为:在main方法所在类的编辑窗口右键单击,在快捷菜单中选择"Run As"→"Run Configrations",弹出窗口,在窗口中配置参数(11 23 45),如图8.9所示,设置完成后,即可在eclipse中运行程序。

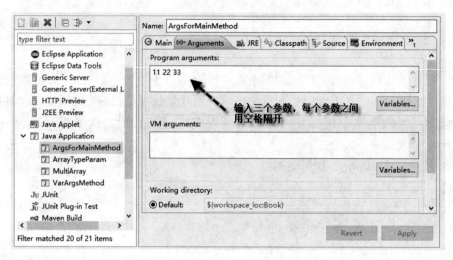

图 8.9

8.4.4 从方法中返回数组

方法可以返回多种数据类型,当然也可以返回数组类型。

【例 8.12】 返回值为数组类型的方法。

```
1. //代码示例 8.12
2. public static int[] copyArray(int[] arr){
3.     int[] newArray = new int[arr.length];
4.     for(int i = 0;i<arr.length;i++){
5.         newArray[i] = arr[i];
6.     }
7.     return newArray;
8. }
```

注意:返回的是数组对象的引用。

在例 8.12 中,方法 copyArray 是将传入的 int 型数组的元素拷贝到另一个新创建的数组中,然后将这个新创建的数组返回。

8.5 数 组 排 序

排序是计算机编程活动经常要遇到的一个普通任务,在编程领域已经开发出很多种不同的排序算法,本节介绍两种常见的排序算法即选择排序和冒泡排序。例如,整型数组 ages:

```
int[] ages = {3, 8, 5,11, 17 ,1};
```

下面分别使用这两种排序算法对数组 ages 按升序进行排序。

8.5.1 选择排序

选择排序的思路是:从数组中找出值最小的元素与下标为 0 的元素进行交换,再从剩下的元素里找出次最小的元素与下标为 1 的元素交换,依次类推,直到只剩下最后一个元素结束。

如何从数组里找出最小的元素,并且与下标为 0 的元素交换呢? 可以将下标为 0 的元素值赋给临时变量 currMin,元素的下标值(0)赋值给临时变量 currIndex,然后使用变量 currMin 分别与剩下的元素进行比较;如果有小于变量 currMin 的元素,就将该元素的值赋给 currMin,该元素的下标值赋给 currInex;最后如果 currIndex 的值不为 0,将下标为 0 的元素值与下标为 currIndex 的值进行交换:

```
1. int currMin = ages[0];
2. int currIndex = 0;
3. for(int i = 1; i<ages.length; i++){
4.     if(ages[i]<currMin){
5.         currMin = ages[i];
6.         currIndex = i;
7.     }
8. }
9. //将下标为 0 的元素与数组里值最小的元素进行交换
10. if(currIndex ! = 0){ //如下标为 0 的元素最小就不用交换
11.     ages[currIndex] = ages[0];
12.     ages[0] = currMin;
13. }
```

现在只找出了数组中的最小元素,还要继续从剩下的元素中找出它们之中最小的元素,直到剩下最后一个元素。

【例 8.13】 完整的选择排序算法。

```
1. //代码示例 8.13
2. public class ArraySort {
3.     public static void main(String[] args) {
4.         int[] ages = {3, 8, 5, 11, 17, 1};
5.         ArraySort.selectionSort(ages);
6.         //输出排序后数组的元素
7.         System.out.println(java.util.Arrays.toString(ages));
8.     }
9.     //选择排序
```

```
10.   public static void selectionSort(int[] arr){
11.       for(int i = 0;i<arr.length-1;i++){
12.           //当前最小元素值
13.           int currMin = arr[i];
14.           //当前最小元素下标
15.           int currIndex = i;
16.           for(int j = i+1;j<arr.length;j++){
17.               if(arr[j]<currMin){
18.                   currMin = arr[j];
19.                   currIndex = j;
20.               }
21.           }
22.           //如果currMin就是最小元素,就不用交换
23.           if(currIndex != i){
24.               arr[currIndex] = arr[i];
25.               arr[i] = currMin;
26.           }
27.       }
28.   }
29. }
```

依照选择排序的思想,在例8.13中,方法 selectionSort 的内层 for 循环负责在剩下的元素中找到最小元素 arr[currIndex],外层 for 循环负责控制查找最小元素这项任务的次数 i。

8.5.2 冒泡排序

冒泡排序的思路是:从下标为0的元素开始,依次将数组里相邻的两个元素进行比较,如果前面的元素比后面的元素大,则两个元素交换位置,这样将最大元素移到数组最后,如图8.10所示。

图 8.10

相邻元素比较的核心代码如下:

```
1. for(int i = 0;i<ages.length-1;i++){
2.     if(ages[i]>ages[i+1]){
3.         int t = ages[i];
4.         ages[i] = ages[i+1];
5.         ages[i+1] = t;
6.     }
7. }
```

依次类推,对数组里剩下的元素也进行这样的操作,从而逐步将值大的元素排到数组后面,将值小的元素排大数组前面。经过第1遍5次相邻元素比较后,数组元素排序情况如图8.11所示。

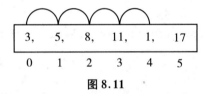

图 8.11

第2遍比较是对下标0～4的元素进行同样的操作,比较完成后,数组元素排序情况如图8.12所示。

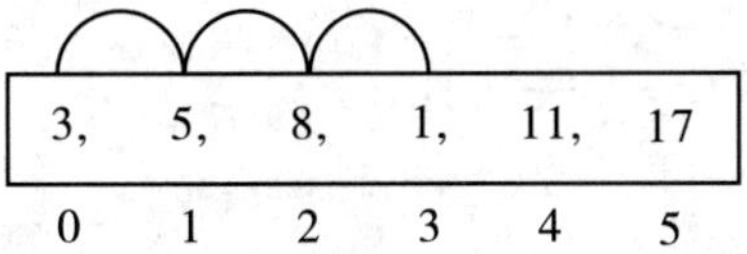

图 8.12

第3遍比较是对下标0～3的元素进行同样的操作,比较完成后,数组元素排序情况如图8.13所示。

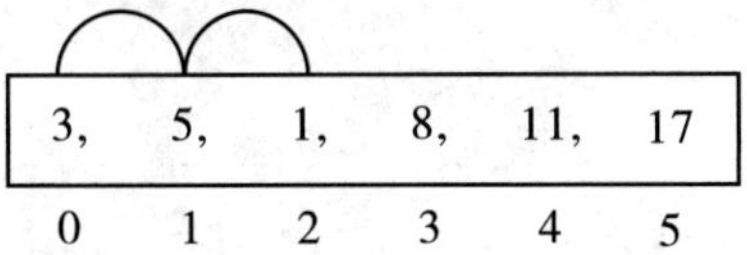

图 8.13

第4遍比较是对下标0～2的元素进行同样的操作,比较完成后,数组元素排序情况如图8.14所示。

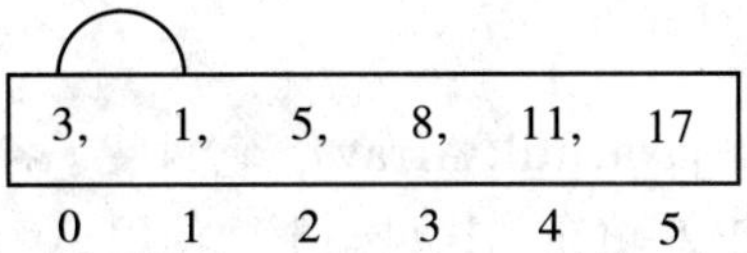

图 8.14

最后再对下标为0和1的两个元素进行比较,如果下标为0的元素比下标为1的元素值大,则交换它们的值,排序结束如图 8.15 所示。

1,	3,	5,	8,	11,	17
0	1	2	3	4	5

图 8.15

【例 8.14】 冒泡排序算法的完整实现。

```
1. //代码示例 8.14
2. public class ArraySort {
3.     public static void main(String[] args) {
4.         int[] ages =   {3, 8, 5,11, 17 ,1};
5.         bubbleSort(ages);
6.         //输出排序后数组的元素
7.         System.out.println(java.util.Arrays.toString(ages));
8.     }
9.     // 冒泡排序
10.public static void bubbleSort(int[] arr){
11.     for(int i = 0;i<arr.length-1;i++){
12.         for(int j = 0;j<arr.length-1-i;j++){
13.             if(arr[j]>arr[j+1]){
14.                 int t = arr[j];
15.                 arr[j] = arr[j+1];
16.                 arr[j+1] = t;
17.             }
18.         }
19.     }
20. }
21.}
```

8.6 Arrays 类

Java 库提供了一个工具类 java.util.Arrays。它封装了各种与数组相关的静态方法,用于对数组元素的排序、查找、比较、填充和拷贝。下面使用 Arrays 做几个常用的操作:

```
1.  import java.util.Arrays;
2.  public class ArraysTest {
3.      public static void main(String[] args) {
4.          //用二分查找法在一个 int 型数组里查找指定元素,返回该元素索引
5.          int[] list = {22,3,4,12,22,11,9,77,4};
6.          int index = Arrays.binarySearch(list, 22);
7.          System.out.println("list 数组中元素 22 的索引是:" + index);
8.
9.          //给 list 数组重新排序
10.         Arrays.sort(list);
11.         //将 list 数组元素连接成一个字符串返回
12.         System.out.println("list 被排序后:" + Arrays.toString(list));
13.
14.         int[] list1 = new int[4];
15.         int[] list2 = new int[4];
16.         //将数组 list1 元素值全部填充为 5
17.         Arrays.fill(list1, 5);
18.         System.out.println("list1 被填充后:" + Arrays.toString(list1));
19.         //将数组 list2 下标 1~2 之间的元素填充为 3
20.         Arrays.fill(list2,1,2,3);
21.         System.out.println("list2 被填充后:" + Arrays.toString(list2));
22.
23.         //将数组指定下标范围的元素复制到一个新数组里返回
24.         int[] newArray = Arrays.copyOfRange(list, 2, 6);
25.         System.out.println("拷贝获得的新数组:" + Arrays.toString(newArray));
26.     }
27. }
```

上面的代码执行结果如图 8.16 所示。

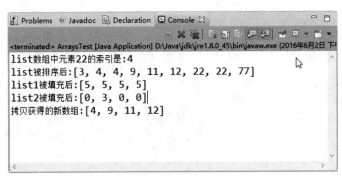

图 8.16

这里我们只列举了 Arrays 类几个常用的方法,其他方法读者可参阅 API 文档。

8.7 本章小结

1. 数组属于引用类型,所以数组本身存储在堆内存里。
2. 声明数组类型变量,不会创建数组对象。
3. 数组只有被创建后才可以对数组对象进行操作。
4. 数组被创建后,每个元素都会被赋予默认初始值。
5. 所有数组对象都有一个 length 属性,表示数组的长度。
6. 访问数组元素,下标不能超过数组下标的取值范围,否则运行时会报错。
7. 二维数组实际上是元素是一维数组的数组。

8.8 习 题

1. 编写一个程序,找出 100 以内的所有素数并放在一个整型数组中,然后依次输出(每行 5 个)。
2. 声明一个 int 型的数组,循环接收 8 个学生的成绩,计算这 8 个学生的总分及平均分、最高分和最低分。
3. 现给出如下两个数组:
数组 A:"1,7,9,11,13,15,17,19"
数组 B:"2,4,6,8,10"
两个数组合并为数组 C,按升序排列。

第 9 章 字 符 串

字符串是由字符组成的字符序列,在 Java 语言中,将字符串作为对象来处理,可以通过 java.lang 包中的 String 类来创建字符串对象。本章将更加详细地介绍字符串。

9.1 创建字符串

9.1.1 声明字符串类型变量

Java 的字符串是引用类型,对应的类是 java.lang.String,声明字符串类型变量格式如下:
   String str = null;//初始值为 null,表示 str 未引用任何字符串对象
或者
   String str;//未被初始化,不能使用

9.1.2 字符串常量

字符串常量,一旦被定义,内容就不可改变。字符串常量值的表示方式是用双引号包含的一组字符序列。例如,"123""www.baidu.com""h123"都是字符串。也可以将一个字符串常量赋给一个字符串变量,例如:
$$\text{String str1 = "hello";}$$

9.1.3 空串

当字符串常量值不包含任何字符,即双引号内不包含任何字符时,这样的字符串被称为空串,例如:
$$\text{String str2 = "";}$$
此时 str2 的初始值是一个空串。
注意:空串与 null 值是不一样的。null 值表示引用变量未引用任何字符串对象,空串表示这个字符串对象包含的字符数量为空。

9.1.4 通过构造函数创建字符串对象

字符串是 Java 语言的引用类型,所以每个字符串都是 String 类型的对象,可以像创建其他类型对象一样,通过构造方法来创建字符串对象。String 类提供了丰富多样的构造方法,下面我们介绍几个常用的构造方法。

1. String() 方法

创建一个空串对象,例如:

$$String\ s1\ =\ new\ String();$$

2. String(String s) 方法

通过一个字符串创建一个新的字符串,例如:

String s2 = new String("hello");//通过字符串常量创建新的字符串
String s3 = new String(s2);

3. String(char a[]) 方法

通过一个字符数组类创建一个字符串对象,例如:

$$char[]\ s4\ =\ \{'h','e','l','l','o'\};$$

4. String(byte[] buf) 方法

通过字节数组创建一个字符串对象,例如:

byte[] contents = {119,119,119,46,98,97,105,100,117,46,99,111,109}
String s5 = new String(contents);

9.2 获取字符串长度

字符串类有一个 length() 方法,它返回当前字符串对象包含的字符数量,也就是字符串的长度。

【例 9.1】 字符串中 length() 方法的使用。

```
1. // 代码示例9.1
2. public class StringLength {
3.     public static void main(String[] args) {
4.         String str = "Welcome to China!";
5.         System.out.println("字符串 str 的长度是:" + str.length());
6.     }
7. }
```

例9.1程序运行结果如图9.1所示：

图9.1

9.3 连接字符串

连接字符串是字符串操作中的一种,可以对多个字符串进行连接,也可使字符串与其他数据类型进行连接。

1. 使用concat( )方法连接字符串

可以用String的concat()方法将当前字符串与另一个字符串连接成一个新的字符串。例如：

```
String s1 = "Hello";
String s2 = "world";
String s3 = s1.concat(s2);
```

将字符串s1、s2连接构成新的字符串s3,s3的值为"Hello world"。

2. 使用加号连接字符串

由于编程活动中经常会涉及连接字符串的操作,Java提供了另一种更加便捷的方式连接字符串。可以用加号(+)连接两个或者多个字符串。所以上面连接字符串的操作也可以用下面的语句：

```
String s3 = s1 + s2;
```

加号不但能连接两个字符串,还可以将字符串与数字、字符进行连接。当用加号将字符串与非字符串类型数据连接时,非字符串数据先被转成字符串,再进行连接。例如：

```
String s4 = "hi" + 123;
```

相当于

```
String s4 = "hi" + "123";
```

复合运算符(+=)也可以用来连接字符串,例如：

```
String s = "hello";
s += "world";
```

相当于

```
s = s + "world";
```

大家看下面这个语句：

```
String s = "hello" + 22 + 33;
```

这里首先是"hello"与22连接得到"hello22",再拿"hello22"与33连接,最后s的结果是

"hello2233"。如果希望 22 + 33 先进行运算,可以使用括号来改变优先级关系,例如:

$$String\ s = "hello" + (22 + 33);$$

【例 9.2】 字符串连接。

```
1. //代码示例 9.2
2. public class StringConcat {
3.     public static void main(String[] args) {
4.         String s1 = "hello ";
5.         String s2 = "world";
6.         String s3 = s1 + s2;
7.         System.out.println("s1 + s2 的结果是:" + s3);
8.         System.out.println("s1.concat(s2):" + s1.concat(s2));
9.         String s4 = s1 + 123;
10.        System.out.println("s1 + 123 的结果是:" + s4);
11.        String s = "welcome to ";
12.        s + = "China";
13.        System.out.println(s);
14.        int a = 22;
15.        int b = 33;
16.        System.out.println("hello" + a + b);
17.        System.out.println("hello" + (a+b));
18.    }
19. }
```

程序运行结果如图 9.2 所示。

图 9.2

注意:字符串对象一旦被创建,字符串对象包含的字符序列不可被改变。concat() 方法以及 String 类所有其他返回值是 String 的方法,它们返回的都是一个新的字符串对象。在例 9.2 中,s1.concat(s2) 不是将 s2 接到 s1 后面,而是返回了一个新的字符串对象。

9.4　字符串大小写转换与首尾空格清空

方法 toLowerCase()将字符串转成小写,返回一个新字符串,所有字母都是小写;方法 toUpperCase() 将字符串转成大写,返回一个新的字符串,所有字母都是大写。

方法 trim()是将字符串的两端的空白去掉,返回一个新的字符串。空白不仅指空格,包括' '(空格)、'\t'(制表符)、'\f'(换页符)、'\r'(回车符)、'\n'(换行符)。

【例9.3】 字母的大小写转换。

```
1. //代码示例9.3
2. public class StringConvert {
3.     public static void main(String[] args) {
4.         String str1 = "Hello World";
5.         String str2 = "\t Hello World\t";
6.         System.out.println(str1.toLowerCase());
7.         System.out.println(str1.toUpperCase());
8.         System.out.println(str1);
9.         System.out.println("- - - - - - - - - - - - - - - - - - - -");
10.        System.out.println(str2 + "end");
11.        System.out.println(str2.trim() + "end");
12.        System.out.println(str2 + "end");
13.    }
14. }
```

代码示例9.3的运行结果如图9.3所示。

```
hello world
HELLO WORLD
Hello World
--------------------
         Hello World    end
Hello Worldend
         Hello World    end
```

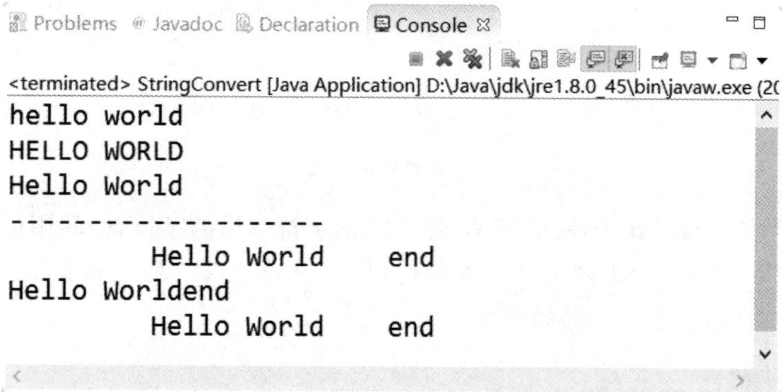

图9.3

结合代码示例9.3及其运行结果,读者很容易就能理解上面讲到的几个方法。

9.5 字符串查找

9.5.1 获取字符串中指定位置的字符

char charAt(int index)方法

说明：返回当前字符串指定位置的字符，其中 index 是指返回的字符在当前字符串中的索引位置，其取值范围为 0～length-1。字符串中字符索引从 0 开始。

【例 9.4】 获取字符串中指定位置的字符。

```
1. //代码示例9.4
2. public class CharAtTest {
3.     public static void main(String[] args) {
4.         String s = "Hello world";
5.         int len = s.length();
6.         for(int i = 0;i<len;i++){
7.             System.out.print(s.charAt(i) + ",");
8.         }
9.     }
10. }
```

程序运行结果如图 9.4 所示。

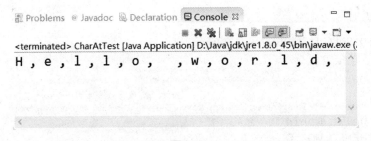

图 9.4

例 9.4 演示了 charAt()方法的使用，逐个输出字符串里的字符，中间用逗号隔开。

注意：给 charAt(int index)方法传参数时，所传递的整数不能超出索引值的取值范围，否则程序运行时会出现索引越界的异常。

9.5.2 查找子字符串

String 类提供了多个查找字符和子字符串的方法，比如：indexOf 方法从左向右查找，lastIndexOf 从右向左查找，如表 9.1 所示。

表 9.1 String 类中有关查找子串的方法

序号	方法名	描述
1	indexOf(int ch)	返回字符串中出现的第一个 ch 的下标,没找到匹配的则返回-1
2	indexOf(int ch,int fromIndex)	从 fromIndex 位置开始查找,返回之后找到的第一个 ch 的下标,没找到匹配的则返回-1
3	indexOf(String s)	返回字符串中出现的第一个 s 的下标,如果没找到匹配的,则返回-1
4	indexOf(String s, int fromIndex)	从 fromIndex 位置开始查找 s,返回之后找到的第一个 s 的下标,没找到匹配的则返回-1
5	lastIndexOf(int ch)	返回字符串中最后一个 ch 的下标,没找到则返回-1
6	lastIndexOf(int ch,int fromIndex)	从 fromIndex 位置开始向前查找 ch,返回找到的第一个 ch 的下标,没找到匹配的则返回-1
7	lastIndexOf(String s)	返回字符串中最后一个子字符串 s 的下标,没有匹配的则返回-1
8	lastIndexOf(String s, int fromIndex)	从 fromIndex 位置向前查找 s,返回找到的第一个 s 的下标,没找到匹配的则返回-1

【例 9.5】 查找字符和子字符串的方法。

```
1.  //代码示例 9.5
2.  public class IndexOfTest {
3.
4.      public static void main(String[] args) {
5.          String str = "Welcome to China!";
6.          System.out.println(str.indexOf('w'));
7.          System.out.println(str.indexOf('e'));
8.          System.out.println(str.indexOf('e',3));
9.          System.out.println(str.indexOf("China"));
10.         System.out.println(str.indexOf("china"));
11.
12.         System.out.println(str.lastIndexOf('W'));
13.         System.out.println(str.lastIndexOf('e'));
14.         System.out.println(str.lastIndexOf("China"));
15.         System.out.println(str.lastIndexOf("China", 5));
16.     }
17.
18. }
```

例 9.5 的运行结果如图 9.5 所示。

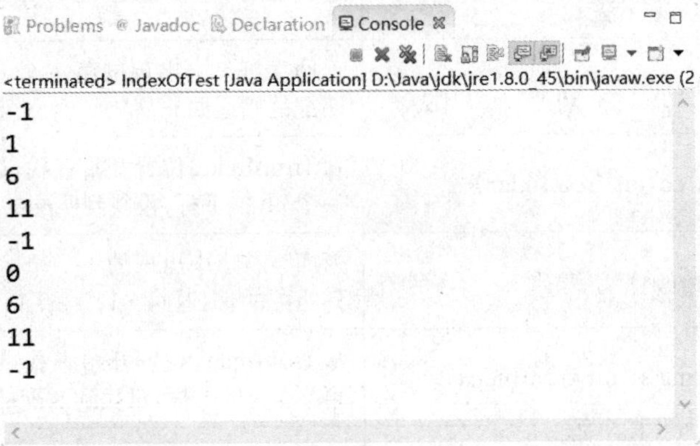

```
<terminated> IndexOfTest [Java Application] D:\Java\jdk\jre1.8.0_45\bin\javaw.exe (2
-1
1
6
11
-1
0
6
11
-1
```

图 9.5

9.6 字符串截取

字符串截取是从当前字符中截取一段字符串，返回的是一个新的字符串。String 类提供的相关方法如表 9.2 所示。

表 9.2 字符串截取方法

序号	方法	描述
1	substring(int beginIndex)	截取从下标位置 beginIndex 到字符串结束返回
2	substring(int beginIndex, int endIndex)	截取从下标 beginIndex 到 endIndex 之间的子字符串，不包含 endIndex 位子的字符

【例 9.6】字符串截取操作。

```
1. //代码示例 9.6
2. public class SubstringTest {
3.
4.     public static void main(String[] args) {
5.         String str = "Welcome to China!";
6.         //从下标为 5 位置开始后面所有的字符
7.         System.out.println(str.substring(5));
8.         //不包含下标为 5 的字符
9.         System.out.println(str.substring(0, 5));
10.    }
11.
12. }
```

例 9.6 的运行结果如图 9.6 所示。

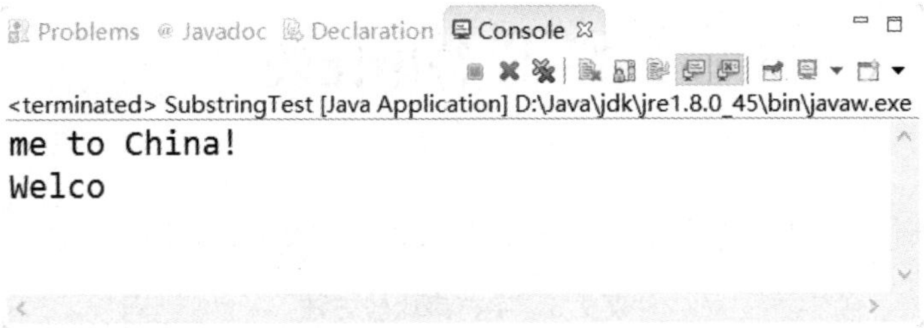

```
me to China!
Welco
```

图 9.6

String 类提供字符串替换的方法 replace、replaceFirst 和 replaceAll，可以将当前字符串中指定的子字符串替换成其他子字符串，返回替换后的新字符串。

【例 9.7】 字符串替换。

```
1. //代码示例 9.7
2. public class ReplaceTest {
3.     public static void main(String[] args) {
4.         String str = "Welcome to China!";
5.         //将字符串中所有小写字符 o 都换成大写字符 O
6.         System.out.println(str.replace('o', 'O'));
7.         System.out.println(str);
8.         //将所有"o"替换成 "OO"
9.         System.out.println(str.replace("o", "OO"));
10.        System.out.println(str);
11.
12.        //将第一个"o"换成"N"
13.        System.out.println(str.replaceFirst("o", "N"));
14.        System.out.println(str);
15.    }
16. }
```

例 9.7 的运行结果如图 9.7 所示。

```
WelcOme tO China!
Welcome to China!
WelcOOme tOO China!
Welcome to China!
WelcNme to China!
```

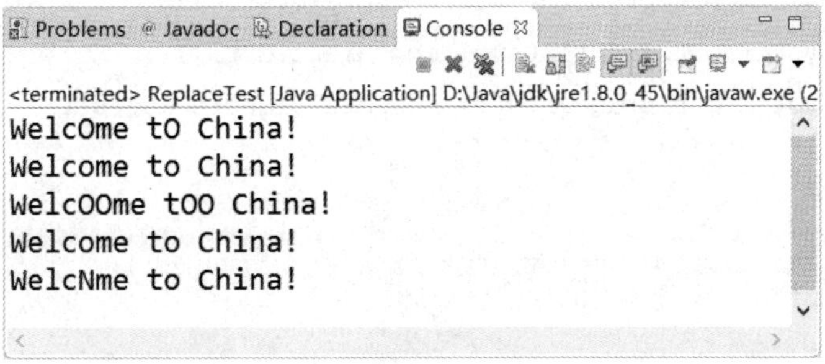

图 9.7

9.7 字符串比较

字符串类 String 提供多个与字符串比较相关的类,如表 9.3 所示。

表 9.3 字符串比较方法

序号	方法	描述
1	equals(String s)	如果字符串内容与 s 一样,返回 true
2	equalsIgnoreCase(String s)	不区分大小写的情况下,如果字符串内容与 s 一样,返回 true,否则返回 false
3	compareTo(String s)	返回一个整数,值为大于 0、等于 0、小于 0,分别用户表示当前字符串大于 s、等于 s、小于 s
4	compareToIgnoreCase(String s)	功能同 compareTo,只是忽略大小写
5	startsWith(String prefix)	判断字符串是否以 prefix 开头,是则返回 true
6	endsWith(String suffix)	判断字符串是否以 suffix 结尾,是则返回 true
7	contains(String s)	判断字符串中是否包含 s

【例 9.8】 字符串比较方法的使用。

```
1. //代码示例9.8
2. public class StringCompare {
3.     public static void main(String[] args) {
4.         String str1 = "Hello world";
5.         String str2 = new String("Hello world");
6.         String str3 = "hello world";
7.         String str4 = "Hello";
8.         System.out.println(str1.equals(str2));
9.         System.out.println(str1.equals(str3));
10.        System.out.println(str1.compareTo(str2));
11.        System.out.println(str1.compareTo(str4));
12.        System.out.println(str1.compareTo(str3));
13.        System.out.println(str1.compareToIgnoreCase(str3));
14.    }
15. }
```

例 9.8 的运行结果如图 9.8 所示。

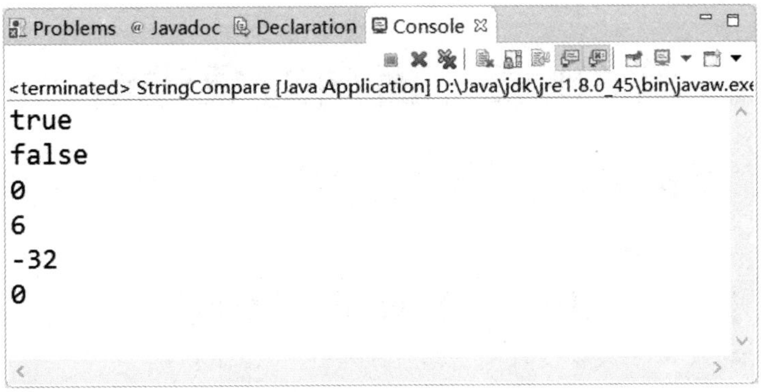

图 9.8

9.8 本章小结

1. 字符串常量一旦创建，内容不能被改变。
2. 字符串是引用类型，所以字符串在内存里是一个对象。
3. String 是类名，是标识符，不是关键字。
4. 可以通过字符串 length()方法获取字符串的长度。
5. concat()方法和加号(+)都可以用来连接字符串。
6. 操作字符串时，注意下标不能越界，否则程序会报错。

9.9 习 题

1. 写一个方法，返回指定字符串的倒序字符串。
2. 写一个方法，判断指定的字符串是否是回文。

第 10 章　面向对象进阶

10.1　Java 内存空间

Java 虚拟机的结构和工作机制是非常复杂的。本节向读者简单介绍虚拟机内存空间的区域结构，有助于读者更加深入理解 Java 程序的运行机制。Java 虚拟机把它所管理的内存分成了若干不同类型区域，每种类型区域都有自己特定的用途。

如图 10.1 所示，Java 虚拟机内存包括堆（Heap）、虚拟机栈（VM Stack）、本地方法栈（Native Method Stack）、方法区（Method Area）、程序计数器（Program Counter Register）。

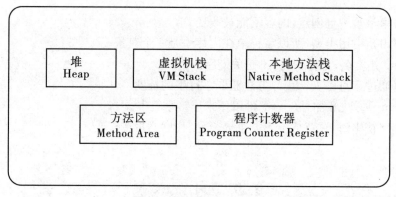

图 10.1

10.1.1　堆

堆是 Java 虚拟机管理的最大一块内存区域，在虚拟机启动时创建，被所有线程共享。堆内存用于存放几乎所有的对象实例，包括数组对象。

Java 虚拟机有一个垃圾回收（Garbage Collected）机制，堆内存是垃圾回收机制管理的主要区域。在 Java 程序运行过程中，虚拟机的垃圾回收机制会根据特定的算法在适当的时机销毁堆内存空间里的对象实例。

关于垃圾回收机制在这里不再详细讨论，读者只要了解堆的作用及垃圾回收的概念即可。

10.1.2 虚拟机栈

在 Java 程序运行过程中，每个线程都有自己独立的虚拟机栈区域。虚拟机栈区域用于存放局部变量、操作数栈、动态链接、方法出口等信息。

局部变量用于存放编译器可以确定的基本数据类型、对象引用（Reference）类型和 returnAddress 类型（指向一条字节码指令的地址：函数返回地址）等数据。对象引用不同于对象本身，对象实例存在堆内存区域，而引用变量存放的数据用于表示对象在堆内存的位置。如果程序请求的栈的深度大于虚拟机所允许的深度，将会抛出 StackOverflowError 的异常。

10.1.3 本地方法栈

本地方法栈区域的作用与虚拟机栈区域的作用类似，不同的是，本地方法区为 Native 的方法服务，而虚拟机栈区域为 Java 的方法服务。在虚拟机的规范中对 Native 方法栈中的方法使用方式和数据结构没有进行强制的规定。具体虚拟机可以有自己的实现，有些虚拟机甚至把虚拟机栈区域和 Native 方法栈区域合二为一。

如果线程请求的栈深度大于虚拟机所允许的深度，将抛出 StackOverflowError 异常；如果虚拟机栈可以动态扩展（当前大部分的 Java 虚拟机都可动态扩展，只不过 Java 虚拟机规范中也允许固定长度的虚拟机栈），当扩展时无法申请到足够的内存时会抛出 OutOfMemoryError 异常。

与虚拟机栈一样，本地方法栈也可能会抛出 StackOverflowError 和 OutOfMemoryError。

10.1.4 方法区

方法区用于存储已经被虚拟机加载的类信息、常量、静态变量、即时编译器编译后的代码等数据。它与堆内存区域一样，是所有线程间共享的内存区域。

Java 虚拟机规范对方法区的限制是比较宽松的。这个区域的内存可以不连续，也可以不实现垃圾回收机制。相对堆内存区域来说，垃圾回收行为在这个区域上比较少出现，但并不代表进入这个区域的数据可以永久存在，这个区域上的回收行为主要表现在对常量池（会在 10.1.5 节中进行详细说明）数据的回收和对类的卸载。

当方法区无法满足内存分配需求时，虚拟机将会抛出 OutOfMemoryError 异常。

10.1.5 关于常量池

常量池（Constant Pool）是方法区的一部分。字节码文件中除了有类的基本描述信息外，还有常量池。字节码文件一般用来存放编译生成的各种字面量和符号引用，这部分内容在类加载后存入运行时方法区的常量池。

运行期的常量池一个重要特征就是动态性，Java 并不要求每一个常量都要在编译期产生。也就是说并非只有字节码文件中预设的常量才进入运行时常量池,程序运行期间也可以动态地将新的常量加入到常量池中。最典型的例子就是字符串类 String,当我们创建 String 对象时,虚拟机会检查常量池里是否有这个字符串,如果有就直接引用这个字符串,没有则会创建一个新的字符串并加入到常量池。

10.1.6 程序计数器

程序计数器的作用可以看作是当前线程执行字节码的行号指针,字节码解释器工作时通过改变这个计数器的值来选取下一条要执行的指令。分支、循环、跳转、异常处理逻辑功能需要靠计数器来完成。

程序计数器区域占内存空间较小,Java 虚拟机规范没有规定该区域的任何 OutOfMemoryError 异常。

10.2 类的生命周期

类的生命周期包括加载、验证、准备、解析、初始化、使用、卸载七个阶段,其中验证、准备、解析三个阶段统称为连接,如图 10.2 所示。

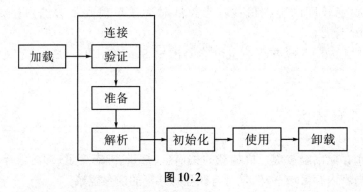

图 10.2

10.2.1 什么是类的加载

虚拟机把描述的字节码 class 文件(也可能是从一个字节流加载)加载到虚拟机的内存,并对字节码进行校验、转换解析和初始化,最终形成可以被虚拟机使用的 Java 类型,这就是虚拟机的类加载机制。

Java 与在编译时需要进行连接的语言不同,Java 类型的加载和连接工作是在运行期间进行的,这样就为 Java 程序提供了较高的灵活性。Java 的动态扩展的特性就是依靠运行期动态加载、连接来实现的。

在后面章节中我们将学习接口类型,一个接口可以有多个不同的实现,Java 虚拟机允许运行时再确定使用哪个具体的实现。

10.2.2 类加载的过程

类的加载过程是指类声明周期的前五个阶段,即加载、验证、准备、解析、初始化。

1. 加载

查找并加载类的二进制数据,通过系统提供的类加载器完成。

2. 验证

验证是连接的第一阶段,目的是为了确保加载的二进制数据符合当前虚拟机的要求,并且不会危害虚拟机自身的安全;之所以要验证,是因为 class 文件不一定是通过 Java 编译器编译而来的,可以是任何途径。

3. 准备

为类的静态变量分配内存,并将其初始化为默认值。

4. 解析

把类中的符号引用转换为直接引用。

5. 初始化

为类的静态变量赋予正确的初始值。

10.2.3 类的初始化时机

只有如下 6 种情况才会导致类的初始化:
① 创建类的实例,也就是使用关键字 new 创建一个对象;
② 访问某个类或接口的静态变量,或者对该静态变量赋值;
③ 调用类的静态方法;
④ 反射(Class.forName("com.lyj.Load"));
⑤ 初始化一个类的子类(会首先初始化子类的父类);
⑥ JVM 启动时标明的启动类,即文件名和类名相同的那个类。

类的初始化步骤如下:
① 如果这个类还没有被加载和链接,那先进行加载和链接。
② 假如这个类存在直接父类,并且这个类还没有被初始化(注意:在一个类加载器中,类只能初始化一次),那就初始化直接父类(不适用于接口)。
③ 加入类中存在初始化语句(如 static 变量和 static 块),就依次执行这些初始化语句。

10.3 static 关键字

static 关键字可以用来修饰成员变量、成员方法、代码块,下面分别来解释这三种情况。

10.3.1 静态成员变量

类成员变量可分为两种:一种是被 static 修饰的变量,叫作类变量;另一种是没有被

static 修饰的变量,叫作实例变量。

1. 静态变量

静态变量在内存中只有一个拷贝(节省内存),JVM 只为静态变量分配一次内存。在加载类的过程中完成静态变量的内存分配,可用类名直接访问,当然也可以通过对象来访问(但是这是不推荐的),它不依赖于具体对象而存在,访问静态变量的语法形式如下:

类名.静态变量或者　对象名.静态变量

2. 实例变量

对于实例变量,每创建一个对象实例,就会为实例变量分配一次内存。实例变量可以在内存中有多个拷贝,互不影响(灵活)。也就是说实例变量依赖于某个具体的对象而存在。所以一般需要在对象之间共享值,或者为了方便访问变量时才会使用 static 静态变量。

【例 10.1】 静态变量和实例变量的使用。

```java
1. // 代码示例 10.1
2. public class StaticTest {
3.     public static int maxAge = 100;
4.     public int age = 33;
5. 
6.     public static void main(String[] args) {
7.         StaticTest st = new StaticTest();
8.         //通过类名访问静态变量
9.         System.out.println(StaticTest.maxAge);
10.        //通过对象名访问静态变量,不推荐
11.        System.out.println(st.maxAge);
12.        System.out.println(st.age);
13.    }
14.
15. }
```

例 10.1 的运行结果如图 10.3 所示。

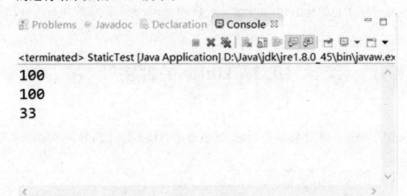

图 10.3

在例 10.1 中，maxAge 为静态变量（类变量），age 为实例变量。

10.3.2 静态方法

被 static 修饰的方法叫作静态方法，静态方法可以通过类名来访问，无需先创建对象，语法形式如下：

类名.方法名（参数列表）；

相对比较独立、不需要依赖对象而存在的功能适合定义成静态方法。Java 语言的 API 里有很多场合都使用了静态方法，比如 Math 类里定义了大量的静态方法。例如：

System.out.println(Math.max(12,34));

调用了 Math 类的静态方法 max()，求最大值。

从学习 Java 语言的第一天开始，我们就知道 Java 程序的入口方法 main( )方法是一个被 static 修饰的方法，也就是说 main( )方法是一个静态方法。main 方法之所以被定义成 static 静态方法，是因为 main 方法直接被虚拟机调用，不依赖于某一个具体对象。

10.3.3 静态代码块

一个类除了包含成员变量、成员方法外，还可以包含被 static 修饰的复合语句块。被 static 修饰的复合语句块称为静态代码块。静态代码块在类里与其类成员的之间不受先后关系约束，在类被加载时仅执行一次，如果一个类里有多个静态代码块，则按其在源码里出现的先后顺序依次执行。

【例 10.2】 静态代码块的使用。

```
1.  //代码示例 10.2
2.  public class StaticBlockTest {
3.
4.      static{
5.          System.out.println("This is static block A");
6.      }
7.
8.      public static void main(String[] args) {
9.          System.out.println("main method of StaticBlockTest");
10.     }
11.
12.     static{
13.         System.out.println("This is static block B");
14.     }
15. }
```

例 10.2 的运行结果如图 10.4 所示。

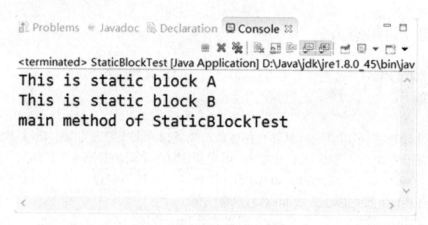

图 10.4

从图 10.4 的运行结果不难看出，两个静态代码块按照在源码里的出现顺序先被执行，然后才执行 main 方法。

注意：① 不能在方法体内定义静态变量和静态代码块；

② 不能在静态方法里直接访问非静态成员。

10.4 变量的作用范围

前面已经学习了局部变量及其作用范围。局部变量作用范围是从变量的定义位置开始，到它所在的复合语句块位置结束，局部变量必须先定义后使用。

成员变量的作用范围是整个类，成员变量的定义位置没有先后限制。但是，如果一个成员变量定义语句中需要访问另一个成员变量，那么被访问的成员变量必须在这个成员变量之前定义，否则编译器会报错。例如：

```
public class D{
    private int i;
    private int j = i + 2;
}
```

由于成员变量 j 定义时需要访问成员变量 i，因此成员变量 i 必须在成员变量 j 之前定义。由于成员变量的作用范围是整个类，当局部变量与成员变量同名时，在局部变量的作用范围内成员变量将会被隐藏。

【例 10.3】 变量的作用范围。

```
//代码示例 10.3
1.  public class Cla {
2.      private int a = 0;
3.      private int b = 0;
4.
5.      public void f(){
6.          int a = 1;
7.          System.out.println("局部变量a:" + a);
8.          System.out.println("成员变量b:" + b);
9.      }
10.
11.     public static void main(String[] args) {
12.         Cla ca = new Cla();
13.         ca.f();
14.     }
15. }
```

例 10.3 运行结果如图 10.5 所示。

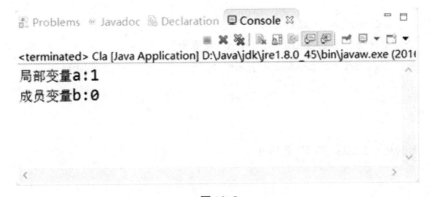

图 10.5

在例 10.3 中,第 6 行定义的局部变量 a 与成员变量 a 同名,成员变量 a 被隐藏,所以第 7 行输出的是局部变量 a 的值。成员变量 b 没有被隐藏,所以第 8 行输出是成员变量 b 的值。

当成员变量被隐藏时,不代表它不能被访问了。关于被隐藏的成员变量的访问将在 10.5 节中对 this 关键字进行详细介绍。

10.5 this 关键字

10.5.1 this 引用

首先来理解下什么是当前对象,所谓的当前对象是指正在执行的非静态方法所属的对象,注意静态方法是全局的,不属于任何对象。

【例 10.4】 使用 this 关键字引用当前对象。

```java
1. //代码示例 10.4
2. public class ThisTest {
3.     private int count = 12;
4.
5.     public static void main(String[] args) {
6.         ThisTest tt = new ThisTest();
7.         tt.printCount();
8.     }
9.
10.    public void printCount(){
11.        System.out.println("count 的值为:" + count);
12.        System.out.println("count 的值为:" + this.count);
13.    }
14. }
```

例 10.4 的运行结果如图 10.6 所示。

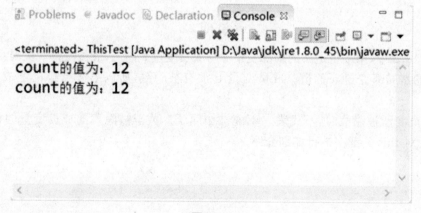

图 10.6

在例 10.4 中,第 7 行对象 tt 调用了 printCount()方法,printCount()执行过程中遇到

的 this 所引用的当前对象,当前对象就是对象 tt。printCount 方法中第 11 行和第 12 行具有同等效果,只是第 11 行在源码中省略了 this 引用,默认表示访问成员变量 count,编译器在编译时还会将 this 引用加上。

10.5.2 用 this 关键字访问被隐藏的成员变量

当局部变量与成员变量(非静态)同名时,在局部变量的作用范围内,成员变量会被隐藏。此时可以通过 this 引用来显式的访问当前对象的成员变量。

【例 10.5】 用 this 关键字访问被隐藏的成员变量。

```
1.  //代码示例 10.5
2.  public class ThisTestTwo {
3.
4.      private int count = 0;
5.
6.      public void setCountA(int count){
7.          this.count = count;
8.      }
9.
10.     public void setCountB(int count){
11.         count = count;
12.     }
13.
14.     public int getCount(){
15.         return count;
16.     }
17.
18.     public static void main(String[] args) {
19.         ThisTestTwo t1 = new ThisTestTwo();
20.         ThisTestTwo t2 = new ThisTestTwo();
21.         t1.setCountA(12);
22.         t2.setCountB(12);
23.         System.out.println("t1 的 count 值:" + t1.getCount());
24.         System.out.println("t1 的 count 值:" + t2.getCount());
25.     }
26.
27. }
```

例 10.5 的程序运行结果如图 10.7 所示。

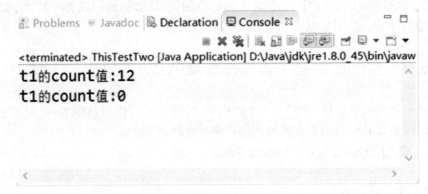

图 10.7

在例 10.5 中，第 4 行的成员变量 count 分别与 setCountA() 和 setCountB() 的参数同名。其中方法 setCountA() 的第 7 行，通过 this 显示的访问成员变量 count，将参数 count 赋给了同名的成员变量 count，修改为方法 setCountB() 的第 11 行，实际上是将 count 的值赋给了参数自己，成员变量没有发生任何改变。

main 方法中创建了 ThisTestTwo 类的两个对象 t1、t2，分别执行 t1.setCountA(12) 和 t2.setCountB(12)，然后分别将 t1、t2 的成员变量 count 打印输出。这时会发现，t1 的成员变量成功地被设置成 t2，t2 的 count 成员变量值未发生改变，仍然是 0。

10.5.3 使用 this 调用重载的构造方法

Java 语言的构造方法可以重载，有时需要在一个构造方法里调用另一个被重载的构造方法，这时需要使用 this 关键字。

【例 10.6】 使用 this 调用重载的构造方法。

```
1. //代码示例 10.6
2. public class Circle {
3.     private double radius;
4.
5.     public Circle(double radius){
6.         this.radius = radius;
7.     }
8.
9.     public Circle(){
10.        //必须位于构造方法的第一句
11.        this(1.0);
12.    }
13. }
```

注意:在构造函数中,使用 this()调用另一个重载的构造函数时,this()必须位于其他可执行语句之前,换句话说就是 this()是当前构造函数的第一句。

10.6 对象比较

我们知道,对象实例存在于虚拟机堆内存区域,引用存在于虚拟机栈区域,引用变量存放的是对象在堆里的位置信息。每个对象在堆内存空间存放位置是唯一的,也就是说如果两个引用变量相等,说明这两个引用变量引用的是同一个对象。如图 10.8 所示,引用变量 str1、str2 同时引用了同一个 String 对象。

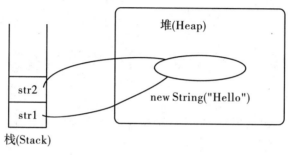

图 10.8

【例 10.7】 判断两个引用变量是否相等。

```
1. //代码示例 10.7
2. public class RefCompare {
3.     public static void main(String[] args) {
4.         String str1 = new String("Hello");
5.         String str2 = str1;
6.         String str3 = new String("Hello");
7.         System.out.println(str1 == str2);
8.         System.out.println(str1 == str3);
9.     }
10. }
```

例 10.7 的运行结果如图 10.9 所示。

从运行结果可以看出,str1 与 str2 引用的是同一个对象,str1 与 str3 引用的不是同一个对象。

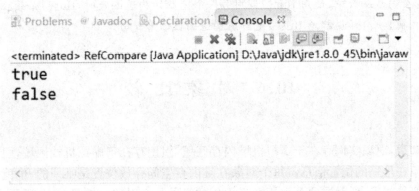

图 10.9

10.7 给方法传递引用类型参数

方法传递基本类型参数叫作值传递。值传递是将实参的值复制一份给形参,方法体内对形参的任何操作都不会影响到实参。

方法传递引用类型的参数叫作引用传递。引用传递是将实参引用变量复制一份给形参(注意不是将对象复制一份)。由于这时候形参和实参都是引用类型且相等,所以它们引用了同一个对象。

【例 10.8】 给方法传递引用类型参数。

```
1. //代码示例 10.8
2. public class Student {
3.     public int age;
4.
5.     public Student(int age){
6.         this.age = age;
7.     }
8.
9.     public static void main(String[] args) {
10.        Student stu = new Student(22);
11.        System.out.println("age of stu: " + stu.age);
12.        changeAge(stu,18);
13.        System.out.println("age of stu: " + stu.age);
14.    }
15.
```

```
16.    public static void changeAge(Student stu,int newAge){
17.        stu.age = newAge;
18.    }
19. }
```

例 10.8 的运行结果如图 10.10 所示

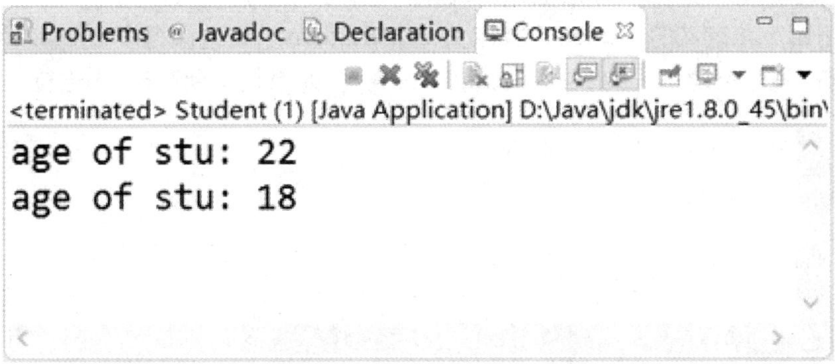

图 10.10

在例 10.8 中,第 11 行打印出对象 stu 的 age 属性值为 22;第 12 行将引用变量 stu 传给了 changeAge()方法,这里是将引用变量 stu 复制了一份给 changeAge 方法;第 13 行打印出对象 stu 的属性 age 的值为 18,可见形参引用的对象与实参引用的是同一个对象,在 changeAge()方法内部对形参引用对象的操作结果会传导给实参。

10.8 本章小结

1. Java 虚拟机把内存划分成堆、虚拟机栈、本地方法栈、方法区和程序计数器等区域。
2. 为了便于理解,有时粗略地说 Java 虚拟机内存包含堆、栈两个区域。
3. 类的声明周期包括加载、连接(验证、准备、解析)、初始化、使用、卸载。
4. 虚拟机根据需要动态加载类。
5. 类一旦被加载,静态代码块就会被执行。
6. 当局部变量与成员变量同名时,在局部变量的作用范围内成员变量会被屏蔽。
7. this 用来引用当前对象,不可以在静态方法中使用 this。
8. 如果两个引用变量相等,说明这两个引用变量引用的是同一个对象。
9. 给方法传递引用类型变量时,是将实参引用变量的值复制一份给形参,不是复制对象。

10.9 习　　题

1. 编写一个学生类，提供 name、age、gender、phone、address、email 成员变量，且为每个成员变量提供 setter、getter 方法。为学生类提供默认的构造器和带所有成员变量的构造器。为学生类提供方法，用于描绘吃、喝、玩、睡等行为。

2. 利用第 1 题定义的 Student 类，定义一个 Student[]数组保存多个 Student 对象作为通讯录数据。程序可通过 name、email、address 查询，如果找不到数据，则进行友好提示。

第 11 章 抽象类及接口

在第 10 章我们学习了继承和多态。本章将主要介绍抽象类和接口。抽象类一般作为公共的父类为子类的扩展提供基础,这里的扩展包括属性上和行为上。而接口一般不考虑属性,只考虑方法,使得子类可以自由地填补或者扩展接口所定义的方法。

11.1 抽 象 类

类是对现实世界中实体的抽象,但我们不能以相同的方法为现实世界中所有的实体做模型,因为大多数现实世界的类太抽象而不能独立存在。

例如,我们熟悉的平面几何图形类,对于圆、矩形、三角形、有规则的多边形及其他具体的图形,可以描述它的形状并根据相应的公式计算出面积。那么任意的几何图形又如何描述呢?它是抽象的,我们只能说它表示一个区域,它有面积。那么面积又如何计算呢,我们不能够给出一个通用的计算面积的方法来,这也是抽象的。在现实生活中,会遇到很多的抽象类,诸如交通工具类、动物类等等。

本节我们将介绍抽象类的定义和实现。

11.1.1 抽象类的定义

一般情况下,抽象类中可以包含一个或多个只有方法声明而没有定义方法体的方法。当遇到这样一些类,类中的某个或某些方法不能提供具体的实现代码时,可将它们定义成抽象类。

在 Java 语言中,当需要定义抽象类时,只要在类说明时用关键字 abstract 修饰即可。

定义抽象类的语法形式如下:

```
[访问限定符] abstract class 类名
{
    //属性说明
    ………
    //抽象方法声明
    ………
    //非抽象方法定义
    ………
}
```

其中,声明抽象方法的一般格式如下:

［访问限定符］ abstract 数据类型 方法名（[参数表]）；

注意：抽象方法只有声明，没有方法体，所以必须以";"号结尾。

有关抽象方法和抽象类说明如下：

① 所谓抽象方法，是指在类中仅仅声明了类的行为，并没有真正实现行为的代码。也就是说抽象方法仅仅是为所有的派生子类定义一个统一的模板，方法具体实现的程序代码交给了各个派生子类来完成，不同的子类可以根据自身的情况以不同的程序代码实现。

② 抽象方法只能存在于抽象类中，一个类中只需要一个方法是抽象的，则这个类就是抽象的。

③ 构造方法、静态（static）方法、最终（final）方法和私有（private）方法不能被声明为抽象的方法。

④ 一个抽象类中可以有一个或多个抽象方法，也可以没有抽象方法。如果没有任何抽象方法，这就意味着要避免由这个类直接创建对象。

⑤ 抽象类只能被继承（派生子类）而不能创建具体对象即不能被实例化。

【例 11.1】 定义平面几何形状 Shape 类。

```
1. //代码示例 11.1
2. public abstract class Shape
3. {
4.     String name;    //声明属性
5. public abstract double getArea(); //抽象方法声明
6. }
```

每个具体的平面几何形状都可以获得名字且都可以计算面积，这里定义一个方法 getArea() 来求面积，但是在具体的形状未确定之前，面积是无法计算的，因为不同形状计算面积的数学公式不同，所以不可能写出通用的方法体来，只能声明为抽象方法。

下边通过派生不同形状的子类来实现抽象类 Shape 的功能。

11.1.2 抽象类的实现

抽象类不能直接实例化，也就是不能用 new 关键字去创建对象。抽象类只能作为父类使用，而由它派生的子类必须实现其所有的抽象方法，才能创建对象。

【例 11.2】 派生一个三角形类 Tritangle，计算三角形的面积。计算面积的数学公式是
$$area = \sqrt{s(s-a)(s-b)(s-c)}$$
其中，a,b,c 表示三角形的三条边；$s = \frac{1}{2}(a+b+c)$。

```
1. //代码示例 11.2
2. public class Tritangle extends Shape    //这是 Shape 的派生子类
3. {
```

```
4.    double sideA,sideB,sideC;    //声明实例变量三角形3条边
5.    public Tritangle() //构造器
6.    {
7.      name = "示例全等三角形";
8.      sideA = 1.0;
9.      sideB = 1.0;
10.     sideC = 1.0;
11.   }
12.   public Tritangle(double sideA,doublesideB,doublesideC)//构造器
13.   {
14.     name = "任意三角形";
15. this.sideA = sideA;
16. this.sideB = sideB;
17. this.sideC = sideC;
18.   }
19. //覆盖抽象方法
20.   public double getArea()
21.   {
22.       double s = 0.5 * (sideA + sideB + sideC);
23.       return Math.sqrt(s * (s - sideA) * (s - sideB) * (s - sideC));//使用数
          学开方方法
24.   }
25. }
```

//下边编写一个测试类 TestTritangle。
//给出任意三角形的3条边为5、6、7,计算该三角形的面积。

```
1. //代码示例11.3
2. public class TestTritangle
3. {
4.    public static void  main(String [ ] args)
5.       {
6. Tritangle t1,t2;
7. t1 = new    Tritangle(5.0,6.0,7.0);//创建对象t1
8. t2 = new    Tritangle();//创建对象t2
9.  System.out.println(t1.name + "的面积 = " + t1.getArea());
10. System.out.println(t2.name + "的面积 = " + t2.getArea());
11.   }
12. }
```

以上编译、运行程序的程序的执行结果如图 11.1 所示。

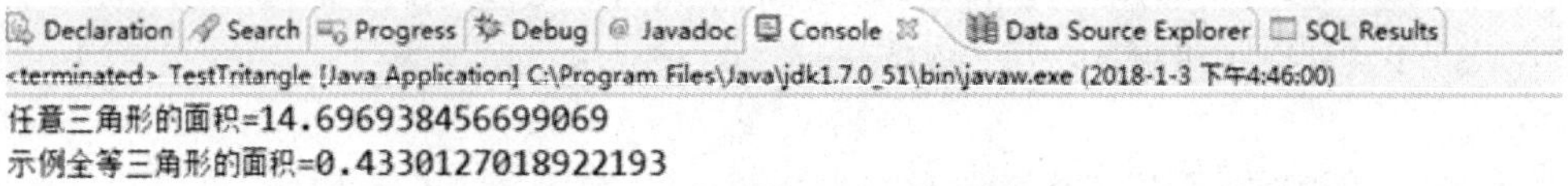

```
<terminated> TestTritangle [Java Application] C:\Program Files\Java\jdk1.7.0_51\bin\javaw.exe (2018-1-3 下午4:46:00)
任意三角形的面积=14.696938456699069
示例全等三角形的面积=0.4330127018922193
```

图 11.1

11.2 内部类、匿名内部类及最终类

内部类和匿名类是特殊形式的类,它们不能形成单独的 Java 源文件,在编译后也不会形成单独的类文件。最终类是以 final 关键字修饰的类,最终类不能被继承。

11.2.1 内部类

内部类(Inner Class)是指被嵌套定义在另外一个类内甚至是一个方法内的类,因此也称为类中类。嵌套内部类的类称为外部类(Outer Class),内部类通常被看成是外部类的一个成员。

【例 11.3】 工厂工人加工正六边形的窨井盖,先将钢板压切为圆形,然后再将其切割为正六边形,求被切割下来的废料面积。

【例题分析】 解决这个问题,只需要计算出圆的面积和正六边形的面积,然后相减即可。当然我们可以将正六边形化作 6 个全等三角形求其面积。下边建立一个圆类,并在圆类内定义内部类处理正六边形,这主要是说明内部类的应用。

```java
1. //代码示例 11.4
2. public class Circle extends Shape  //继承 Shape 类
3. {
4.     double radius;
5.     public Circle()
6.     {
7.         name = "标准圆";
8.         radius = 1.0;
9.     }
10.    public Circle(double radius)
11.    {
12.        name = "一般圆";
13.        this.radius = radius;
14.    }
15.    public double getArea()   //覆盖父类方法
```

```
16.     {
17.         return radius * radius * Math.PI;    //返回圆的面积
18.     }
19.     public double remainArea()
20.     {
21.         Polygon p1 = new Polygon(radius,radius,radius);  //创建内部类对象
22.         return   getArea() - p1.getArea();
23.     }
24.     class Polygon    //定义内部类
25.     {
26.     Tritangle t1;    //声明三角形类对象
27.         Polygon(double a,doubleb,double c)  //内部类构造方法
28.         {
29.         t1 = new Tritangle(a,b,c); //创建三角形对象
30.         }
31.         double getArea()    //内部类方法
32.         {
33.             return t1.getArea() * 6;   //返回正六边形面积
34.         }
35.     }
36. }
```

/* 下边我们给出测试类 TestInnerClass
 * 在测试类中创建 Circle 对象,圆半径为 0.5 米,测试内部类的应用,显示废料面积。
 */

```
1. public class TestInnerClass
2. {
3.     public static void main(String [] args)
4.     {
5.     Circle c1 = new Circle(0.5);
6.     System.out.println("圆的半径为 0.5 米,剩余面积 = " + c1.remainArea());
7.     }
8. }
```

以上编译、运行程序的执行结果如图 11.2 所示。

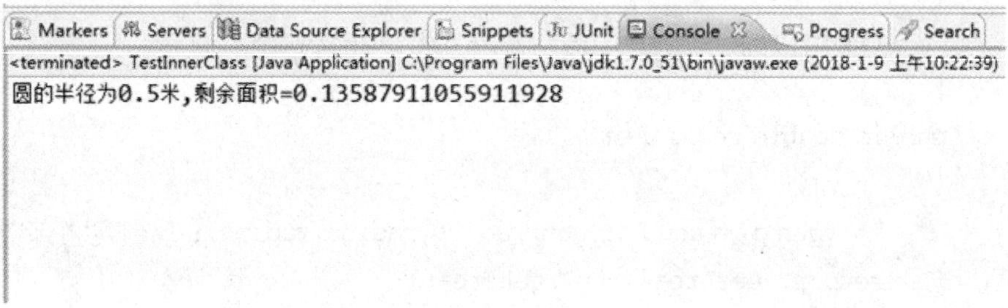

```
Markers  Servers  Data Source Explorer  Snippets  JUnit  Console  Progress  Search
<terminated> TestInnerClass [Java Application] C:\Program Files\Java\jdk1.7.0_51\bin\javaw.exe (2018-1-9 上午10:22:39)
圆的半径为0.5米,剩余面积=0.13587911055911928
```

图 11.2

在例 11.3 中,定义的 Circle 类是 Shape 类的派生类,并重写实现了 getArea()方法。类中嵌套了 Polygon 内部类,在内部类中使用了 Tritangle 类对象,用于计算三角形的面积(正六边形可以由 6 个全等三角形组成),在内部类中定义了一个返回正六边形面积的方法 getArea(),在外部类 Circle 类中还定义了 remainArea()方法,该方法返回被剪切掉的废料面积。在方法中创建了内部类对象,用于获取正六边形的面积。

内部类作为一个成员,具有如下特点:

① 若使用 static 修饰,则为静态内部类;否则为非静态内部类。静态和非静态内部类的主要区别如下:

a. 静态内部类对象和外部类对象可以相对独立。它可以直接创建对象,即使用 new 外部类名.内部类名()格式,也可通过外部类对象创建(如 Circle 类中,在 remainArea()方法中创建)。非静态类对象只能由外部对象创建。

b. 静态内部类中只能使用外部类的静态成员,不能使用外部类的非静态成员;非静态内部类中可以使用外部类的所有成员。

c. 在静态内部类中可以定义静态成员和非静态成员,在非静态内部类中只能定义非静态成员。

② 外部类不能直接存取内部类的成员,只有通过内部类才能访问内部类的成员。

③ 如果将一个内部类定义在一个方法内(本地内部类),它完全可以隐藏在方法中,甚至同一个类的其他方法也无法使用它。

11.2.2 匿名内部类和最终类

所谓匿名内部类(Anonymous Class)是一种没有类名的内部类,通常更多地出现在事件处理的程序中。在某些程序中,往往需要定义一个功能特殊且简单的类,而只想定义该类的一个对象,并把它作为参数传递给一个方法。此种情况下只要该类是一个现有类的派生或实现一个接口,就可以使用匿名内部类。有关匿名内部类的定义与使用,我们将在后边章节的实际应用中介绍。

所谓最终类即是使用"final"关键字修饰的类。一个类被声明为最终类,这就意味着该类的功能已经齐全,不能够由此类再派生子类。在定义类时,当用户不希望某类再能派生子类,可将它声明为最终类。

11.3 接　　口

在 Java 语言中，接口被看作是一种特殊的抽象类。它只包含常量和和抽象方法，而没有变量和方法的实现。接口只规定了一个类必须做什么，但没有规定它如何做。因此我们可以在接口中定义多个类需要实现的方法。由于接口中没有具体的实施细节，也就没有和存储空间的关联，所以可以将多个接口合并起来，由此达到多重继承的目的。

11.3.1 接口的定义

与类的结构相似，接口也分为接口声明和接口体两部分。定义接口的语法形式如下：

```
［public］interface 接口名［extends　父接口名列表］　　//接口声明
｛                                                   //接口体开始
    //常量数据成员的声明及定义
    数据类型 常量名 = 常数值;
    ……
    //声明抽象方法
    返回值类型 方法名（［参数列表］）［throw 异常列表］;
    ……
｝
```

对接口定义说明如下：
① 接口的访问限定只有 public 和缺省的。
② interface 是声明接口的关键字，与 class 类似。
③ 接口的命名必须符合标识符的规定，并且接口名必须与文件名相同。
④ 允许接口的多重继承，通过"extends 父接口名列表"可以继承多个接口。
⑤ 对接口体中定义的常量，系统默认为是"static final"修饰的，不需要指定。
⑥ 对接口体中声明的方法，系统默认为是"abstract"的，也不需要指定；对于一些特殊用途的接口，在处理过程中会遇到某些异常，可以在声明方法时加上"throw 异常列表"，以便捕捉出现在异常列表中的异常。有关异常的概念将在后边的章节讨论。

在前面，我们简要介绍了平面几何图形类，并定义了一个抽象类 Shape。并由它派生出 Circle、Triangle 类。下边我们将 Shape 定义为一个接口，由几何图形类实现该接口完成面积和周长的计算。

【例 11.4】 定义接口类 Shape。

```
1. //代码示例 11.5
2. //接口中包含常量 PI 和方法 getArea()、getGirth()声明
3. public interface Shape
4. {
5.     double PI = 3.141596;
6.     double getArea();
7.     double getGirth();
8. }
```

定义接口 Shape 之后,在 11.3.2 节我们再定义平面图形类实现这个接口。

11.3.2 接口的实现

所谓接口的实现,即是在实现接口的类中重写接口中给出的所有方法,如果不重写所有方法那这个实现类也是接口,书写方法体代码,完成方法所规定的功能。

定义实现接口类的语法形式如下:

```
[访问限定符][修饰符]class 类名 [extends 父类名]  implements 接口名列表
{     //类体开始标志
    [类的成员变量说明]  //属性说明
    [类的构造方法定义]
    [类的成员方法定义]//行为定义
    /*重写接口方法*/
    接口方法定义//实现接口方法
}//类体结束标志
```

【例 11.5】 定义一个梯形类来实现 Shape 接口。

```
1. //代码示例 11.6
2. public class Trapezium implements Shape
3. {
4.     public double upSide;
5.     public double downSide;
6.     public double height;
7.     public Trapezium()
8.     {
9.         upSide = 1.0;
10.        downSide = 1.0;
```

```
11.            height = 1.0;
12.        }
13.        public Trapezium(double upSide,double downSide,double height)
14.        {
15.            this.upSide = upSide;
16.            this.downSide = downSide;
17.            this.height = height;
18.        }
19.        public double getArea()    //接口方法的实现
20.        {
21.            return 0.5 * (upSide + downSide) * height;
22.        }
23.        public double getGirth()    //接口方法的实现
24.        {    //尽管我们不计算梯形的周长,但也必须实现该方法。
25.            return 0.0;
26.        }
27. }
```

//下边创建一个测试类 TestInterfaceExam 对 Shape 接口做一个测试
//计算上底为 0.4,下底为 1.2,高为 4 的梯形的面积

```
1.  //代码示例 11.7
2.  public class TestInterfaceExam
3.  {
4.     public static void main(String [] args)
5.     {
6.         Trapezium t1 = new Trapezium(0.4,1.2,4.0);
7.         System.out.println("上底为 0.4,下底为 1.2,高为 4 的梯形的面积
8.      = " + t1.getArea());
9.     }
10. }
```

以上编译、运行程序的执行结果如图 11.3 所示。

在例 11.5 中,实现了接口 shape 中的两个方法。对于其他的几何图形,可以参照该例子写出程序来。

注意:可能实现接口的某些类不需要接口中声明的某个方法,但也必须实现它。类似这种情况,一般以空方法体(即以"{}"括起没有代码的方法体)实现它。

在后边的章节将对接口的应用作进一步的介绍，这里只是先对接口有一个基本概念上的认识。

```
Markers  Servers  Data Source Explorer  Snippets  JUnit  Console
<terminated> TestInterfaceExam [Java Application] C:\Program Files\Java\jdk1.7.0_51\bin\ja
上底为0.4,下底为1.2,高为4的梯形的面积=3.2
```

图 11.3

11.4 本章小结

1. 抽象类及抽象方法的基本概念及其应用。
2. 接口的基本概念及其应用，接口与抽象类的区别。
3. 一个类只能继承一个抽象类，但是一个类可以实现多个接口。

11.5 习　　题

1. 什么是抽象方法？什么是抽象类？如何使用抽象类？
2. 什么是抽象方法的实现？
3. 接口中的成员有什么特点？接口的访问控制能否声明为 private，为什么？
4. 什么是接口的实现？
5. 接口是如何实现多继承的？

第 12 章 异 常 处 理

本章主要讲解异常的概念,介绍 Java 常见的系统异常,另外着重阐述异常处理的机制。本章最后读者还会学习到如何自定义异常。自定义异常是实际开发过程中常用的知识点。

12.1 异 常 概 述

在程序运行过程中,如果虚拟机检测出一个不可能执行的操作,就会出现错误。比如,程序执行过程中要访问数组的元素,如果使用的下标超出了范围,程序就无法执行,虚拟机会报一个运行时错误。

在 Java 语言中,程序运行时错误会作为异常抛出。异常就是用来表示运行时错误的对象。如果异常被捕捉到并处理,程序会接着继续执行,否则程序就会中断。

【例 12.1】 从键盘获取两个整数,然后将两个整数相除,并将结果输出到控制台。

```
1.  //代码示例 12.1
2.  import java.util.Scanner;
3.
4.  public class ExceptionDemo {
5.
6.      public static void main(String[] args) {
7.          Scanner scan = new Scanner(System.in);
8.          System.out.println("输入两个整数:");
9.          int a = scan.nextInt();
10.         int b = scan.nextInt();
11.         System.out.println(a + "/" + b + "=" + a/b);
12.         System.out.println("程序运行结束");
13.     }
14.
15. }
```

如果从键盘输入的两个整数分别是3和0,整数3无法被0整除,此时会产生一个运行时错误,运行结果如图12.1所示。

从图12.1可以看出,异常发生点后面的语句没有被执行。

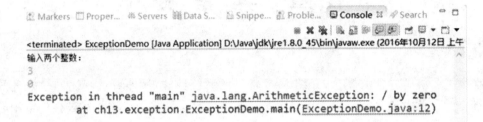

图 12.1

12.2 异 常 类 型

12.2.1 异常类型

1. 系统错误

Error 类为错误类,如内存溢出、栈溢出等。这类错误一般由系统进行处理,程序本身无需捕获和处理。例如,程序运行出现内存溢出的类将产生 OutOfMemoryError 错误。

2. 运行时异常

对于运行时异常类(RuntimeException),如数组越界等,在程序设计正常时不会发生,在编程时使用数组长度 a.length 来控制数组的上界即可避免数组越界这个异常的发生。因此,这类异常应通过程序调试尽量避免发生。

3. 必检异常

有些异常在编写程序时是无法预料的,如文件没找到异常、网络通信失败异常等。因此,为了保证程序的健壮性,Java 要求必须对可能出现这些异常的代码进行异常捕获,否则编译无法通过。

12.2.2 异常层次

Java 定义了完整的异常体系,其中 java.lang.Throwable 是所有异常类的父类;java.lang.RuntimeException 是所有运行时异常的父类;java.lang.Exception 是所有受检查异常类的父类;java.lang.Error 是所有系统错误类的父类。

图 12.2 描述了 Java 常见异常类的层次关系。

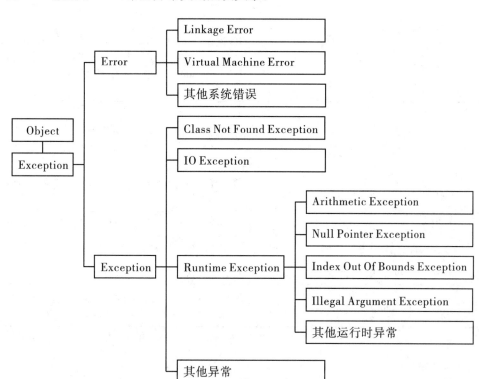

图 12.2

12.2.3 常见系统异常类

Java 语言内部预定义了很多系统异常类型,表 12.1～表 12.3 描述了不同类型异常常见的异常类。

表 12.1 Error 类的子类

序号	方　　法	描　　述
1	LinkageError	一个类对另一个类的某种依赖性,但是在编译前后,后者进行了修改,变得不兼容
2	VirtualMachineError	Java 虚拟机崩溃,或者运行所必需的资源已经耗尽

表 12.2 Exception 类的子类

序号	方　　法	描　　述
1	ClassNotFoundException	无法找到指定的类异常,是指试图使用一个类,而虚拟机在类路径范围内搜索不到这个类,就会抛出这个异常

序号	方法	描述
2	IOException	IO流异常,在进行输入/输出操作时可能会报这个异常。比如试图读取一个不存在的文件,会报FileNotFoundException,这个异常是IOException的子类

表 12.3 RuntimeException 类的子类

序号	方法	描述
1	ArithmeticException	算术异常,一个整数除以 0。注意浮点数的算数运算不抛出异常
2	NullPointerException	试图通过一个 null 值的引用变量去访问对象
3	IndexOutOfBoundsException	数组或者列表容器下标超出范围
4	IllegalArgumentException	传递给方法的参数非法或者不合适
5	NumberFormatException	当应用程序试图将字符串转换成一种数值类型,但该字符串不换为适当格式时,抛出该异常

12.3 异常处理机制

异常处理机制包括声明异常、抛出一个异常、捕获处理异常,如图 12.3 所示。

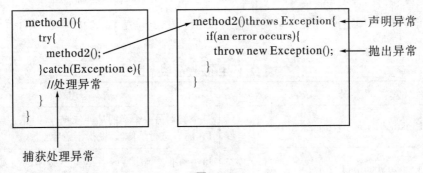

图 12.3

12.3.1 声明异常

每个方法都必须声明它可能抛出的必检异常。声明异常的目的是告诉方法调用者当前方法执行过程中可能抛出什么样的异常,以便方法调用者作出相应的处理方案。对于方法内可能抛出的系统错误(Error)和运行时异常(RuntimeException),在方法上无需声明。

声明异常的关键词是 throws,声明异常的语法形式如下:

```
public void methodName() throws ExceptionOne,ExceptionTwo{
    //方法体
}
```

在方法名后,通过关键词 throws 声明当前方法可能抛出的异常,如果要声明多个异常类型,异常类型名称之间要用逗号隔开。

注意:如果父类方法没有声明异常,那么在子类里就不能对其再声明异常。

12.3.2 抛出异常

程序执行过程中,如果遇到异常情况,可以创建一个合适的异常类的对象抛出该异常,抛出异常类型的关键词是 throw。抛出异常的语法形式如下:

```
throw new ExceptionDemo();
```

假设有一个方法 setAge(int age),形参 age 是一个正整数,并且不能大于 150,否则认为该参数非法。方法内部可以检查传进来的参数,如果是非法参数,抛出一个异常。代码如下:

```
public void setAge(int age){
    if(age<=0 || age>150){
        throw new illegalArgumentException();
    }
}
```

IllegalArgumentException 是 Java API 定义的一个异常类型,用于表示非法参数。它是 RuntimeException 类型异常,无需声明。

12.3.3 捕获处理异常

通过前面的学习,已经知道了如何声明一个异常,如何抛出一个异常。当异常抛出时,需要通过 try-catch 语句来捕获抛出的异常。try-catch 的语法形式如下:

```
try{
    //受检查的语句块
}catch(Exception e1){
    //处理异常 ex1
}catch(Exception ex2){
    //处理异常 ex2
}
...
catch(Exception exN){
```

```
        //处理异常 exN
    }
    //try-catch 后面的语句
```

关于 try-catch 语句的几点说明如下：

① 如果 try 语句块没有出现异常，虚拟机跳过 catch 子句，接着执行后面的逻辑。

② 如果 try 语句块中的某个语句抛出异常，虚拟机会跳过 try 块中该语句后面的所有语句，然后去执行相匹配的 catch 子句，catch 执行完，接着执行 try-cath 后面的语句。

③ 匹配异常类型时，虚拟机按 catch 子句出现顺序自上向下匹配，如果匹配即执行，不会再匹配其他 catch 子句。也就是说一个异常最多只对应一个 catch 子句。

同时需要注意以下几点：

① 从一个通用的父类可以扩展出各种异常类。如果一个 catch 子句能捕获某个父类的异常对象，它就能捕获那个父类的所有子类型异常对象。

② catch 子句的顺序很重要，如果捕获父类型异常的 catch 子句排在子类型 catch 子句之前，就会导致编译错误。如图 12.4 所示，图(a)中 catch 的顺序是错误的，因为 Exception 是 RuntimeException 的父类。正确的顺序如图 12.4(b)所示。

```
try{
    //语句块
}catch(Exception e){
    //处理异常e
}catch(RuntimeException re){
    //处理异常re
}
         (a)
```

```
try{
    //语句块
}catch(RuntimeException re){
    //处理异常re
}catch(Exception e){
    //处理异常re
}
         (b)
```

图 12.4

③ Java 语言规定，开发者在编程时对必检异常必须要通过 try-catch 进行显示的异常捕获。如果不在当前方法内处理必检异常，就要在当前方法名上声明这个异常，将该异常报告给更高一级调用者处理。

④ 从 JDK 1.7 开始，对于多 catch 子句的 try-catch 代码块，有了更简洁的语法形式。

```
catch(ExceptionOne | ExceptionTwo ... | ExceptionN e){
    //处理异常
}
```

多个异常类型之间用"|"隔开，如果捕获到某一个匹配的异常，就进行处理。

12.3.4 获取异常的信息

异常对象包含了一些与异常相关的有价值信息，可以利用 java.lang.Throwable 类中定义的方法获取与异常相关的信息，如表 12.4 所示。

表 12.4 Throwable 中获取异常信息的方法

序号	方　　法	描　　述
1	getMessage():String	返回描述该异常对象的信息
2	toString():String	返回的信息为:异常类的全名＋一个冒号和空白＋getMessage 方法返回的内容
3	printStackTrace():void	在控制台上打印 Throwable 对象和它的调用栈信息
4	getStackTrace():StackTraceElement[]	返回和该异常对象相关的,代表堆栈跟踪信息的一个堆栈跟踪元素的数组

【例 12.2】 获取异常信息的方法使用。

```
1. //代码示例 12.2
2. import java.io.File;
3. import java.io.FileInputStream;
4. import java.io.InputStream;
5.
6. public class ExceptionMessageDemo {
7.
8. public static void main(String[] args) {
9.     try {
10.         File f = new File("n:\\hello.txt");
11.         InputStream in = new FileInputStream(f);
12.     } catch (Exception e) {
13.         System.out.println("====printStackTrace====");
14.         e.printStackTrace();
15.         System.out.println("====getMessage=====");
16.         System.out.println(e.getMessage());
17.         System.out.println("====getStackTrace======");
18.         System.out.println(e.getStackTrace());
19.     }
20. }
21. }
```

例 12.2 的运行结果如图 12.5 所示。

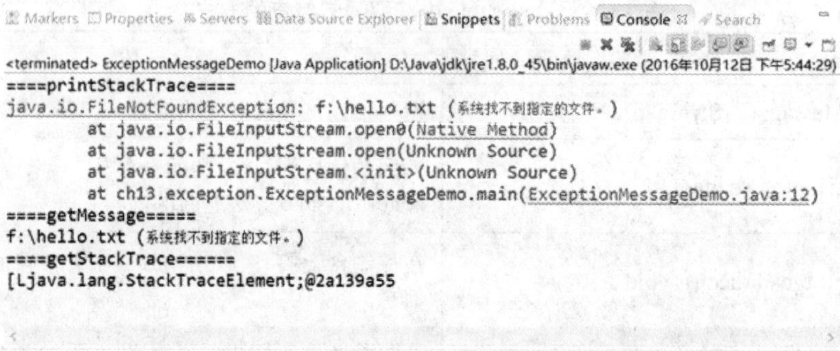
Markers Properties Servers Data Source Explorer Snippets Problems Console Search
<terminated> ExceptionMessageDemo [Java Application] D:\Java\jdk\jre1.8.0_45\bin\javaw.exe (2016年10月12日 下午5:44:29)
====printStackTrace====
java.io.FileNotFoundException: f:\hello.txt (系统找不到指定的文件。)
at java.io.FileInputStream.open0(Native Method)
at java.io.FileInputStream.open(Unknown Source)
at java.io.FileInputStream.<init>(Unknown Source)
at ch13.exception.ExceptionMessageDemo.main(ExceptionMessageDemo.java:12)
====getMessage=====
f:\hello.txt (系统找不到指定的文件。)
====getStackTrace======
[Ljava.lang.StackTraceElement;@2a139a55

图 12.5

12.4 finally 子句

有时候,不论异常是否出现或者是否被捕获,都希望执行某些代码。try-catch 语句有一个 finally 子句,可以达到这个目的。try-catch-finally 的语法形式如下:

```
try{
语句 1; //异常发生点前面
语句 2; //异常发生点
语句 3; //异常发生点后面
}catch(Exception e){
语句 4; //处理异常
}finally{
语句 5;
}
```

如果 try-catch 块内没有发生异常,执行顺序是:语句 1、语句 2、语句 3、语句 5;如果语句 2 抛出异常,执行顺序则是:语句 1、语句 2、语句 4、语句 5。也就是说,无论语句 2 是否抛出异常,finally 子句都会被执行。

值得注意的是,使用 finally 子句时 catch 块可以省略,形式如下:

```
try{
    //语句块
}finally{
    //finally 子句
}
```

12.5　异常使用原则

　　Java 语言是强类型的，强制用户去考虑程序的健壮性和安全性，不应用抛出捕获异常的方式来控制程序的正常运行流程，其主要作用是捕获程序在运行时发生的异常并进行相应的处理。编写代码来处理某个方法可能出现的异常时，可以遵循以下几条规则：
　　① 在当前方法中使用 try-catch 捕获异常。
　　② 一个方法被覆盖时，覆盖它的方法必须抛出相同类型的异常或者子类型的异常。
　　③ 如果父类抛出多个异常，则覆盖方法必须抛出父类异常的一个子集，不能抛出新异常。

12.6　重新抛出异常

　　如果异常处理器（catch 后面的复合语句块）不能处理一个异常，或者只是简单的希望它的调用者注意到该异常，Java 语言允许重新抛出一个异常，也可以抛出一个新类型的异常。
　　重新抛出异常的代码形式如下：

```
try{
    //语句块
}catch(Exception e){
    //处理异常
throw e;//抛出异常
}
```

12.7　自定义异常

　　虽然 Java 语言已经预定义了很多异常类，但在有的情况下，程序员不仅需要自己抛出异常，还要创建自己的异常类。创建异常类可以通过 Exception 的子类来定义自己的异常类。
　　如果自定义一个运行时异常，那么这个异常类必须继承 RuntimeException 类或者是 RuntimeException 的子类。
　　满足下列任何一种或多种情况就应该考虑自己定义异常类。
　　① Java 语言异常类体系中不包含所需要的异常类型。
　　② 用户需要将自己所提供类的异常与其他人提供的异常进行区分。
　　③ 类中将多次抛出这种类型的异常。

④ 如果使用其他程序包中定义的异常类,将影响程序包的独立性与自包含性。

【例 12.3】 自定义异常类。

```java
//代码示例 12.3
//自定义异常类
class MyException extends Exception
{
    MyException() {
    }

    MyException(String msg) {
        super(msg);
    }
}

class UsingMyException
{
    void f() throws MyException {
        System.out.println("Throws MyException from f()");
        throw new MyException();
    }

    void g() throws MyException {
        System.out.println("Throws MyException from g()");
        throw new MyException("originated in g()");
    }
}

public class MyExceptionTest
{
    public static void main(String args[]) {
        // 创建自定义异常类对象
        UsingMyException m = new UsingMyException();
        try {
            m.f();
        } catch (MyException e) {
            e.printStackTrace();
        }
        try {
```

```
            m.g();
        } catch (MyException e) {
            e.printStackTrace();
        }
    }
}
```

例 12.3 的运行结果如图 12.6 所示。

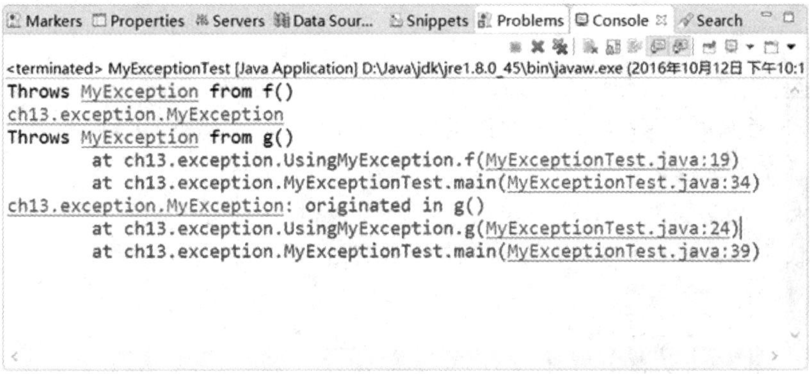

图 12.6

12.8 本 章 小 结

1. 异常处理机制是一个方法可以抛出一个异常给它的调用者。
2. Java 语言所有的异常都扩展自 java.lang.Throwable。
3. 异常主要有三大类型，即系统错误、运行时异常和必检异常。
4. try-catch 块内异常发生点后的代码不会被执行。
5. 声明异常的关键词是 throws，抛出异常的关键词是 throw。
6. catch 如果能捕捉到某个类型的异常，那么也能捕捉到这个异常类型的子类型对象。
7. 无论程序是否发生异常，finally 子句始终都会被执行。

12.9 习 题

1. 简述如何声明异常、抛出异常、捕捉处理异常。
2. 自定义一个异常类型。
3. 简述 Throwable 类中常用的方法及其作用。

第 13 章　Java GUI 编程

13.1　Java GUI 编程概述

GUI 全称 Graphical User Interfaces，意为图形用户界面，又称为图形用户接口，GUI 指的是采用图形方式显示的计算机操作用户界面，例如，我们点击 QQ 图标，就会弹出一个 QQ 登录界面的对话框，这个就可以被称作图形化的用户界面。

AWT 和 Swing 都是 Java 中的包，也是构成 Java 图形化界面的主要包。其中 AWT 包的名称是 java.awt，Swing 包的名称是 Javax.swing，两个包的层次关系如图 13.1 所示。

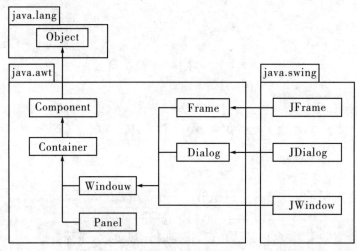

图 13.1

13.1.1　Swing 由来

早期 Java GUI 开发只有通过 AWT 工具包实现，AWT 是 Abstract Window ToolKit（抽象窗口工具包）的缩写。这个工具包提供了一套与本地图形界面进行交互的接口。AWT 中的图形函数与操作系统所提供的图形函数之间有着一一对应的关系，我们把它称为 peers。也就是说，当我们利用 AWT 来构件图形用户界面时，实际上是在利用操作系统所提供的图形库。由于不同操作系统的图形库所提供的功能是不一样的，在一个平台上存在的功能在另外一个平台上则可能不存在。为了实现 Java 语言所宣称的"一次编译，到处运行"的概念，AWT 不得不通过牺牲功能来实现其平台无关性，也就是说，AWT 所提供的图形功能是各种通用型操作系统所提供的图形功能的交集。由于 AWT 是依靠本地方法来实现其功能的,通常把 AWT 控件称为重量级控件。

为了解决跨平台的问题,Swing 应运而生,Swing 是在 AWT 的基础上构建的一套新的图形界面系统,提供了 AWT 所能够提供的所有功能,并且用纯粹的 Java 代码对 AWT 的功能进行了大幅度的扩充。比如,并不是所有的操作系统都提供了对树形控件的支持,Swing 利用了 AWT 中所提供的基本作图方法对树形控件进行模拟。由于 Swing 控件是用 100% 的 Java 代码来实现的,因此在一个平台上设计的树形控件可以在其他平台上使用。由于在 Swing 中没有使用本地方法来实现图形功能,通常把 Swing 控件称为轻量级控件。

AWT 和 Swing 之间的基本区别:AWT 是基于本地方法的 C/C++ 程序,其运行速度比较快;Swing 是基于 AWT 的 Java 程序,其运行速度比较慢。对于一个嵌入式应用来说,目标平台的硬件资源往往非常有限,而应用程序的运行速度又是项目中至关重要的因素。在这种矛盾的情况下,简单而高效的 AWT 成了嵌入式 Java 的第一选择。而在普通的基于 PC 或者工作站的标准 Java 应用中,硬件资源对应用程序所造成的限制往往不是项目中的关键因素,所以在标准版的 Java 中则提倡使用 Swing,也就是通过牺牲速度来实现应用程序的功能。

通俗地说,AWT 是抽象窗口组件工具包,是 Java 最早的用于编写图形节目应用程序的开发包。Swing 是为了解决 AWT 存在的问题而新开发的包,以 AWT 为基础。正是由于 Swing 的跨平台特性,Java 的图形编程目前也是以 Swing 为主,本章所讲解的 GUI 内容也是围绕 Swing 组件而展开的。

13.1.2　Swing 体系结构

Swing 的顶级组件是 AWT 的 Container,在此基础上扩展出来了用于窗体显示的 Window,构成界面组件的 JComponent,各自衍生了很多具体的组件,如图 13.2 所示。

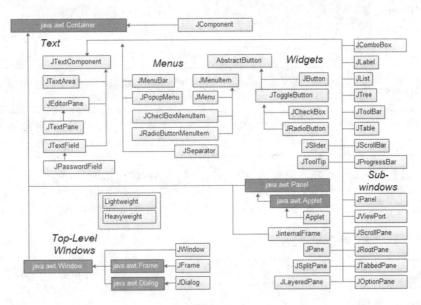

图 13.2

本章将围绕图 13.2 所示的组件展开讲解,并配以代码示例。

13.2 常用窗体

13.1 节简述了 Java GUI 的概要内容,介绍了 AWT 与 Swing,GUI 实现依赖于运行在操作系统中的窗体组件中,Swing 提供了几类常用的窗体对象,以满足日常的开发需要。

13.2.1 JFrame

Java 的 GUI 程序的基本思路是以 JFrame(框架)为基础的,它是屏幕上 window 的对象,能够最大化、最小化、关闭。Swing 的三个基本构造块:标签、按钮和文本字段;但是需要个地方安放它们,并希望用户知道如何处理它们。JFrame 类就是解决这个问题的——它是一个容器,允许程序员把其他组件添加到它里面,把它们组织起来,并把它们呈现给用户。JFrame 实际上不仅仅让程序员把组件放入其中并呈现给用户。比起它表面上的简单性,它实际上是 Swing 包中最复杂的组件。为了最大程度地简化组件,在独立于操作系统的 Swing 组件与实际运行这些组件的操作系统之间,JFrame 起着桥梁的作用。JFrame 在本机操作系统中是以窗口的形式注册的,这么做之后,就可以得到许多熟悉的操作系统窗口的特性:最小化/最大化、改变大小、移动。其构造方法见表 13.1。

表 13.1 JFrame 的构造方法

编号	方法	描述
1	JFrame()	构造一个初始时不可见的新窗体。
2	JFrame(GraphicsConfiguration gc)	以屏幕设备的指定 GraphicsConfiguration 和空白标题创建一个 Frame。
3	JFrame(String title)	创建一个新的、初始不可见的、具有指定标题的 Frame。
4	JFrame(String title, GraphicsConfiguration gc)	创建一个具有指定标题和指定屏幕设备的 GraphicsConfiguration 的 JFrame。

【例 13.1】 创建并显示一个窗体,注意该窗体并未有任何内容。

```
//代码示例 13.1
public class FrameTest {
    public static void main(String[] args) {
        JFrame frame = new JFrame("JFrame 窗体");//构造一个标题为 JFrame 的窗体
        frame.setSize(300, 300);//设置窗体大小
        frame.setLocationRelativeTo(null);//居中显示
```

```
        frame.setDefaultCloseOperation(JFrame.EXIT_ON_CLOSE);//关闭按钮关闭程序
        frame.setVisible(true);//设置可见性
    }
}
```

例 13.1 的程序运行效果如图 13.3 所示。

13.2.2 JDialog

对话框(JDialog)与框架(JFrame)有一些相似,但它一般是一个临时的窗口,主要用于显示提示信息或接受用户输入。所以,在对话框中一般不需要菜单条,也不需要改变窗口大小。此外,在对话框出现时,可以设定禁止其他窗口的输入,直到这个对话框被关闭。对话框是由 JDialog 类实现的,JDialog 类的构造方法如表 13.2 所示。

图 13.3

表 13.2 JDialog 构造方法

编号	方法	说明
1	JDialog()	构造一个空的模态对话框窗体
2	JDialog(Dialog owner)	构造一个在已有对话框基础上的对话框
3	JDialog(Dialog owner,boolean modal)	构造一个对话框,owner 表示已有的对话框,modal 表示是否模态对话框
4	JDialog(Dialog owner,String title)	构造一个对话框,owner 表示已有的对话框,title 为对话框窗体标题
5	JDialog(Dialog owner, String title, boolean modal)	构造一个对话框,owner 表示已有的对话框,title 为对话框窗体标题,modal 表示是否模态对话框
7	JDialog(Frame owner)	构造一个从属于某个窗体的模态对话框
8	JDialog(Frame owner,boolean modal)	构造一个从属于某个窗体的对话框,modal 表示对话框是否为模态对话框
9	JDialog(Frame owner,String title)	构造一个从属于某个窗体的对话框,title 为对话框窗口标题
10	JDialog(Frame owner, String title, boolean modal)	构造一个从属于某个窗体的对话框,title 为对话框窗口标题

常见的使用方法是在窗体上弹出对话框,其中 Frame 类型的参数表示对话框的拥有者,boolean 类型参数用于控制对话框的工作方式。如果为 true,则对话框为可视时,其他构件不能接受用户的输入,此时的对话框称为静态的;如果为 false,则对话框和所属窗口可以

互相切换，彼此之间没有顺序上的联系。String 类型参数作为对话框的标题，在构造对话框之后，就可以添加其他的组件。

【例 13.2】 对话框 JDialog 的使用。

```java
//代码示例 13.2
import java.awt.Container;
import java.awt.event.ActionEvent;
import java.awt.event.ActionListener;
import Javax.swing.JButton;
import Javax.swing.JDialog;
import Javax.swing.JFrame;

public class JDialogTest extends JFrame implements ActionListener {
    public JDialogTest() {
        Container contentPane = this.getContentPane();
        JButton jButton1 = new JButton("显示对话框");
        jButton1.addActionListener(this);
        contentPane.add(jButton1);
        this.setTitle("JDialogDemo");
        this.setSize(300, 300);
        this.setLocation(400, 400);
        this.setVisible(true);
    }

    @Override
    public void actionPerformed(ActionEvent e) {
        if (e.getActionCommand().equals("显示对话框")) {
            HelloDialog hw = new HelloDialog(this);
        }
    }

    public static void main(String[] args) {
        new JDialogTest();
    }
}

class HelloDialog implements ActionListener {
    JDialog jDialog1 = null; // 创建一个空的对话框对象
    HelloDialog(JFrame jFrame) {
        /*
```

```java
         * 初始化 jDialog1 指定对话框的拥有者为 jFrame,标题为"Dialog",
         * 当对话框为可视时,其他构件不能接受用户的输入(静态对话框)
         */
        jDialog1 = new JDialog(jFrame, "Dialog", true);
        /*  创建一个按钮对象,该对象被添加到对话框中 */
        JButton jButton1 = new JButton("关闭");
        jButton1.addActionListener(this);
        /* 将"关闭"按钮对象添加至对话框容器中 */
        jDialog1.getContentPane().add(jButton1);
        /* 设置对话框的初始大小 */
        jDialog1.setSize(80, 80);
        /* 设置对话框初始显示在屏幕当中的位置 */
        jDialog1.setLocation(450, 450);
        /* 设置对话框为可见(前提是生成了 HelloDialog 对象) */
        jDialog1.setVisible(true);
    }

    /*
     * 响应对话框中的按钮事件
     */
    public void actionPerformed(ActionEvent e) {
        if (e.getActionCommand().equals("关闭")) {
            /*
             * 以下语句等价于 jDialog1.setVisible(false);
             * public void dispose() 释放由此
             * Window、其子组件及其拥有的所有子组件所使用的所有本机屏幕资源。
             * 即这些 Component 的资源将被破坏,
             * 它们使用的所有内存都将返回到操作系统,并将它们标记为不可显示。
             */
            jDialog1.dispose();
        }
    }
}
```

例 13.2 的程序运行结果如图 13.4 所示。

图 13.4

13.2.3　JWindow

JWindow 也是一类窗体对象，既可以独立运行，也可以依附于 Jframe，没有标题栏与任务栏，JWindow 是一个容器，可以显示在用户桌面上的任何位置。它没有标题栏、窗口管理按钮或者其他与 JFrame 关联的修饰，但它仍然是用户桌面的"一类居民"，可以存在于桌面上的任何位置。JWindow 的构造方法如表 13.3 所示。

表 13.3　JWindow 的构造方法

编号	方法	说明
1	JWindow()	创建未指定所有者的窗口
2	JWindow(Frame owner)	使用指定的所有者框架创建窗口
3	JWindow(Window owner)	使用指定的所有者窗口创建窗口

【例 13.3】　JWindow 构造方法的使用。

```
//代码示例 13.3
import java.awt.event.ActionEvent;
import java.awt.event.ActionListener;
import Javax.swing.JButton;
import Javax.swing.JFrame;
import Javax.swing.JWindow;

public class JWindowTest extends JFrame implements ActionListener{
    private JButton btn,winBtn;
    private JWindow window;
/*
 * 设置 500 * 500 窗体,测试按钮
 */
    public JWindowTest() {
        setTitle("jWindow 测试");
        setSize(500, 500);
        setLocationRelativeTo(null);
        btn = new JButton("显示 Window");
        getContentPane().add(btn);
```

```java
        btn.addActionListener(this);
        setDefaultCloseOperation(JFrame.EXIT_ON_CLOSE);
        setVisible(true);
    }

    /*
     * 显示 Window 窗体
     */
    public void showWindow(){
        window = new JWindow(this);
        window.setSize(200, 200);
        window.setLocationRelativeTo(this);
        winBtn = new JButton("关闭");
        winBtn.addActionListener(this);
        window.getContentPane().add(winBtn);
        window.setVisible(true);
    }

    public static void main(String[] args) {
        new JWindowTest();
    }

    /*
     * 响应对话框中的按钮事件
     */
    public void actionPerformed(ActionEvent e) {
        if(e.getSource().equals(btn)){
            showWindow();
        }elseif(e.getSource().equals(winBtn)){
            window.dispose();
        }
    }
}
```

例 13.3 的程序运行结果如图 13.5 所示。

图 13.5

13.2.4 JOptionPane

JOptionPane 消息提示对话框,一般用于提示用户信息或者指定某些选项供用户选择,由 JOptionPane 类提供的多个静态方法实现,核心有两类:一类是消息提示对话框,另一类是用户输入对话框。

1. showMessageDialog 方法

显示一个带有 OK 按钮的模态对话框。

下面是几个使用 showMessageDialog 的例子:

```
JOptionPane.showMessageDialog(null,"友情提示");
```

显示的效果如图 13.6 所示。

图 13.6

```
JOptionPane.showMessageDialog(jPanel,"提示消息","标题",JOptionPane.WARNING_MESSAGE);
```

显示的效果如图 13.7 所示。

图 13.7

JOptionPane.showMessageDialog(null,"提示消息.","标题",JOptionPane.ERROR_MESSAGE);

显示的效果如图 13.8 所示。

图 13.8

JOptionPane.showMessageDialog(null,"提示消息.","标题",JOptionPane.PLAIN_MESSAGE);

显示的效果如图 13.9 所示。

图 13.9

2. showOptionDialog 方法

这个方法不仅可以改变显示在按钮上的文字,还可以执行更多的个性化操作。常规的消息框为

int n = JOptionPane.showConfirmDialog(null,"你高兴吗?","标题",JOptionPane.YES_NO_OPTION);

显示的效果如图 13.10 所示。

图 13.10

个性话消息框为:

```
Object[] options ={ "东边!","西边!" };
int m = JOptionPane.showOptionDialog(null,"我现在在哪边?",
    "标题",JOptionPane.YES_NO_OPTION, JOptionPane.QUESTION_MESSAGE,
    null, options, options[0]);
```

显示的效果如图 13.11 所示。

图 13.11

3. showInoutDialog 方法

该方法返回一个 Object 类型。这个 Object 类型一般是一个 String 类型，反映了用户的输入。

下拉列表形式的例子：

```
Object[] obj2 ={ "足球","篮球","乒乓球" };
String s = (String) JOptionPane.showInputDialog(null,"请选择你的爱好:\n",
    "爱好", JOptionPane.PLAIN_MESSAGE, new ImageIcon("icon.png"),
    obj2,"足球");
```

显示的效果如图 13.12 所示。

图 13.12

文本框形式的例子：

```
        JOptionPane.showInputDialog(null,"请输入你的爱好:\n",
        "title",JOptionPane.PLAIN_MESSAGE,icon,null,"在这输入");
```

显示的效果如图 13.13 所示。

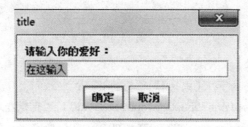

图 13.13

13.2.5 JDesktopPane

JDesktopPane 用于创建多文档界面或虚拟桌面的容器。用户可创建 JInternalFrame 对象并将其添加到 JDesktopPane。

【例 13.4】 JDesktopPane 容器的使用。

```java
//代码示例 13.4
import java.awt.BorderLayout;
import java.awt.Container;
import java.awt.Dimension;
import java.awt.event.ActionEvent;
import java.awt.event.ActionListener;
import java.awt.event.WindowAdapter;
import java.awt.event.WindowEvent;

import Javax.swing.JButton;
import Javax.swing.JDesktopPane;
import Javax.swing.JFrame;
import Javax.swing.JInternalFrame;
import Javax.swing.JTextArea;

publicclassJDesktopPaneTestextends JFrame implements ActionListener {
    JDesktopPane desktopPane;
    int count = 1;
    /*
     *创建虚拟桌面的容器,测试创建多个内部窗体
     */
    public JDesktopPaneTest() {
        super("mdi 示例");
        Container contentPane = this.getContentPane();
        contentPane.setLayout(new BorderLayout());
        JButton button = new JButton("创建内部窗体");
        button.addActionListener(this);
        contentPane.add(button, BorderLayout.SOUTH);
        desktopPane = new JDesktopPane();
        contentPane.add(desktopPane);
        this.setSize(new Dimension(300, 300));
        this.setVisible(true);
```

```java
        this.addWindowListener(new WindowAdapter() {
            @Override
            publicvoid windowClosing(WindowEvent e) {
                System.exit(0);
            }
        });
    }
    /*
     * 响应对话框中的按钮事件
     */
    publicvoid actionPerformed(ActionEvent e) {
        JInternalFrame internalFrame = new JInternalFrame("子窗体-" + count
++, true, true, true, true);//添加子窗口
        internalFrame.setSize(new Dimension(200, 200));
        internalFrame.setVisible(true);

        Container icontentPane = internalFrame.getContentPane();
        JTextArea textArea = new JTextArea();
        JButton b = new JButton("子窗体按钮");
        icontentPane.add(textArea, "Center");
        icontentPane.add(b, "South");

        desktopPane.add(internalFrame);
        try {
            internalFrame.setSelected(true);
        } catch (java.beans.PropertyVetoException ex) {
            System.out.println("Exception while selecting");
        }
    }

    public static void main(String... args) {
        new JDesktopPaneTest();
    }
}
```

例 13.4 的程序运行效果如图 13.14 所示。

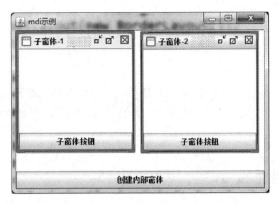

图 13.14

上面的示例中使用 JDesktopPane 在容器内部继续创建"窗体",不过这些窗体只能在容器内部移动,不是真正独立的窗口,我们在 13.2.6 节中认识一下内部窗体。

13.2.6 JInternalFrame

JinternalFrame 的使用跟 JFrame 差不多,可以实现最大化、最小化、关闭窗口、加入菜单等功能;唯一不同的是 JinternalFrame 必须依附在最上层组件上。一般会将 Internal Fram 加入 DesktopPane,方便管理,DesktopPane 是一种特殊的 Layered pane,用来建立虚拟桌面(Vitual Desktop)。它可以显示并管理众多 Internal Frame 之间的层次关系。JInternalFrame构造函数见表 13.4。

表 13.4　JInternalFrame 的构造方法

编号	方　法	说　明
1	JInternalFrame()	建立一个不能更改大小、不可关闭、不可最大最小化、也没有标题的 Internal Frame
2	JInternalFrame(String title):	建立一个不能更改大小、不可关闭、不可最大最小化、但有标题的 Internal Frame
3	JInternalFrame（String title, boolean resizable）	建立一个不可关闭、不可最大最小化、但可变更大小且具有标题的 Internal Frame
4	JInternalFrame（String title, boolean resizable, boolean closable）:	建立一个可关闭、可更改大小、且具有标题,但不可最大化最小化的 Internal Frame
5	JInternalFrame（String title, boolean resizable, boolean closable, boolean maximizable）:	建立一个可关闭、可更改大小、具有标题、可最大化,但不可最小化的 Internal Frame
6	JInternalFrame（String title, boolean resizable, boolean closable, boolean maximizable, boolean iconifiable）	建立一个可关闭、可更改大小、具有标题、可最大化与最小化的 Internal Frame. 代码示例已经在 JDesktopPane 中给出了,这里不再重复

13.3 常用组件

上一节讲解了 Swing 的窗体对象,GUI 除了窗体之外,剩下的就是组成 UI 界面的各个组件了,比如面板、文本标签、按钮、表格等。本节将对常用的几类组件进行说明、示例。

13.3.1 常用面板

1. JPanel 普通面板

JPanel 是 Java 图形用户界面(GUI)工具包 Swing 中的面板容器类,包含在 Javax.swing 包中,是一种轻量级容器,可以加入到 JFrame 窗体中。JPanel 默认的布局管理器是 FlowLayout(流式布局)。其自身可以嵌套组合,在不同子容器中可包含其他组件(Component),如 JButton、JTextArea、JTextField 等,功能是对窗体上的这些控件进行组合,相当于 C++和 C#中的 Panel 类。

JPanel 可以为添加到窗体中的轻型控件提供通用的容器。默认情况下,面板容器不会向控件添加任何除自身背景之外的颜色,但是,可以轻松地向其添加边框(Borders)并根据需要改制样式。

和其他容器(Container)一样,面板容器 JPanel 也使用布局管理器(Layout Manager)对添加到容器中的组件(Compnen)进行定位和设置尺寸大小。默认情况下,面板容器的布局管理器是 FlowLayout(流式布局)类的一个实例,这个类对放置在容器中的空间按行进行布局(从左到右诸行排列)。在创建面板容器时,你可以轻松地使用任何其他布局管理器通过调用 setLayout 方法或指定一个布局管理器。

向面板容器中添加组件时使用 add()方法,而向 add()方法中传递的参数决定于该面板容器使用哪个布局管理器。如果使用的布局管理器是 FlowLayout,BoxLayout,GridLayout,或 SpringLayout 时,像通常那样向 add()方法传递单一的参数即可。

【例 13.5】 普通面板 JPanel 的使用。

```
//代码示例 13.5
import java.awt.Color;
import Javax.swing.JFrame;
import Javax.swing.JLabel;
import Javax.swing.JPanel;

public class JPanelTestextends JFrame{

    /*
```

* 普通面板的创建
 */
    public JPanelTest(){
        setTitle("面板测试");
        setSize(300, 300);
        setLocationRelativeTo(null);
        JPanel panel = new JPanel();
        panel.setBackground(Color.YELLOW);
        panel.add(new JLabel("这是普通面板"));
        add(panel);
        setVisible(true);
    }

    public static void main(String[] args) {
        new JPanelTest();
    }
}
```

例 13.5 的程序运行结果如图 13.15 所示。

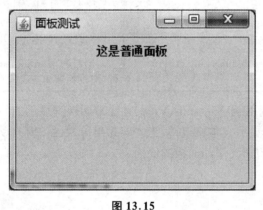

图 13.15

### 2. JScrollPane 滚动面板

滚动面板是我们在 GUI 开发过程中常见的界面组件,当界面容器容纳了比其更大的组件内容时,就需要使用滚动条来辅助展现了,Swing 中的滚动面板是 JScrollPane 类,该类提供轻量级组件的 Scrollable 视图。JScrollPane 管理视口、可选的垂直和水平滚动条以及可选的行和列标题视口。JScrollPane 滚动面板如图 13.16 所示。
```

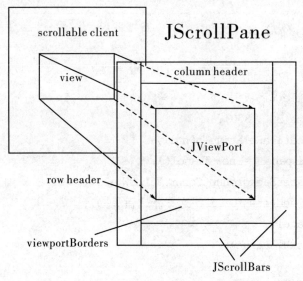

图 13.16

JScrollPane 构造函数如表 13.5 所示。

表 13.5 JScrollPane 构造函数

编号	方法	说明
1	JScrollPane()	建立一个空的 JScrollPane 对象
2	JScrollPane(Component view)	建立一个新的 JScrollPane 对象,当组件内容大于显示区域时会自动产生滚动条
3	JScrollPane(Component view, int vsbPolicy, int hsbPllicy)	建立一新的 JScrollPane 对象,里面含有显示组件,并设置滚动条出现时机
4	JScrollPane(int vsbPolicy, int hsbPolicy)	建立一个新的 JScrollPane 对象,里面不含有显示组件,但设置滚动条出现时机

JScrollPane 可以调用 setViewportView 方法来切换其显示的目标组件,下面代码演示了如何使用滚动面板来显示文本域组件,当内容超出可视区域时自动出现滚动条。

【例 13.6】 JScrollPane 滚动面板的使用。

```
//代码示例 13.6
import java.awt.BorderLayout;
import Javax.swing.JFrame;
import Javax.swing.JPanel;
import Javax.swing.JScrollPane;
import Javax.swing.JTextArea;
import Javax.swing.border.EmptyBorder;
publicclass JScrollPaneTest extends JFrame{
    private JPanel contentPane;
    private JScrollPane scrollPane;
```

```java
    private JTextArea textArea;
    /*
     * 建立滚动面板,测试时尽可能输入多的文本内容,超出范围即可出现滚动条
     */
    public JScrollPaneTest(){
        contentPane = new JPanel();
        contentPane.setBorder(new EmptyBorder(5,5,5,5));
        contentPane.setLayout(new BorderLayout(0,0));
        this.setContentPane(contentPane);
        scrollPane = new JScrollPane();//创建滚动面板
        contentPane.add(scrollPane,BorderLayout.CENTER);
        textArea = new JTextArea();
        scrollPane.setViewportView(textArea);//设置文本域
        this.setTitle("滚动面板使用");
        this.setDefaultCloseOperation(JFrame.EXIT_ON_CLOSE);
        this.setBounds(100, 100, 250, 200);
        this.setVisible(true);
    }

    public static void main(String []args){
        new JScrollPaneTest();
    }
}
```

例 13.6 的程序运行结果如图 13.17 所示。

图 13.17

13.3.2 按钮组件

1. JButton 提交按钮

Swing 中按钮组件由 JButton 表示,构造方法见表 13.6。

表 13.6 JButton 的构造方法

编号	方 法	说 明
1	public JButton()	构造一个空的不包含文本标签的按钮
2	public JButton(String text)	构造一个指定文本标签的按钮
3	public JButton(Icon icon)	构造一个指定图标的按钮
4	public JButton(String text, Icon icon)	构造一个指定文本标签和图标的按钮

通过以上构造方法,在 JButton 按钮上不仅能够显示文本标签,还可以显示图标。在表 13.6 中,第一个构造方法可以生成不带任何文本组件的对象和图标,可以在以后使用相应方法为按钮设置指定的文本和图标,其他构造方法都在初始化时指定了按钮上显示的图标或文字。

【例 13.7】 JButton 按钮的创建和常用设置。

```
//代码示例 13.7
import java.awt.FlowLayout;
import Javax.imageio.ImageIO;
import Javax.swing.Icon;
import Javax.swing.ImageIcon;
import Javax.swing.JButton;
import Javax.swing.JFrame;

public class JButtonTest extends JFrame{
    private JButton btn1,btn2,btn3,btn4;
    public JButtonTest() throws Exception {
        setTitle("按钮创建测试");
        getContentPane().setLayout(new FlowLayout());
        btn1 = new JButton();//创建一个空的按钮
        btn2 = new JButton("文本标签按钮");//创建一个空的按钮

        Icon icon = new ImageIcon(ImageIO.read(JButton Test.class.getClassLoader().
        getResourceAsStream("ask - icon.png")));
        btn3 = new JButton(icon);//创建一个图标按钮
```

第13章 Java GUI编程

```
            btn4 = new JButton("图标文本按钮", icon);//创建带图标的文本按钮

            getContentPane().add(btn1);
            getContentPane().add(btn2);
            getContentPane().add(btn3);
            getContentPane().add(btn4);

            setSize(500, 500);
            setLocationRelativeTo(null);
            setDefaultCloseOperation(JFrame.EXIT_ON_CLOSE);
            setVisible(true);
        }

        public static void main(String[] args) throws Exception {
            new JButtonTest();
        }
    }
```

例13.7的程序运行效果如图13.18所示。

图 13.18

2. JCheckbox 复选按钮

复选框按钮 JCheckbox 在 Swing 组件中的使用也非常广泛,具有一个方块图标,外加一段描述性文字。与单选按钮唯一不同的是,复选框可以进行多选设置,每一个复选框都提供"选中"与"不选中"两种状态。复选框用 JCheckBox 类的对象表示,同样继承与 AbstractButton 类,所以复选框组件的属性设置也来源于 AbstractButton 类。

JCheckBox 的常用构造方法如表13.7所示。

表 13.7 JCheckBox 的常用构造方法

编号	方法	说明
1	public JCheckBox()	构造一个没有文本标签,未选中的复选框按钮
2	public JCheckBox(Icon icon, Boolean checked)	构造一个指定图标与选中状态的复选框按钮
3	public JCheckBox(String text, Boolean checked)	构造一个指定文本标签与选中状态的复选框按钮

复选框与其他按钮设置基本相同,除了可以在初始化时设置图标之外,还可以设置复选框的文字是否被选中。

【例 13.8】 复选框 JCheckBox 的初始化。

```
//代码示例 13.8
import java.awt.FlowLayout;
import Javax.imageio.ImageIO;
import Javax.swing.Icon;
import Javax.swing.ImageIcon;
import Javax.swing.JCheckBox;
import Javax.swing.JFrame;

public class JCheckboxTest extends JFrame{

    public JCheckboxTest() throws Exception {
        setTitle("按钮创建测试");
        getContentPane().setLayout(new FlowLayout());
        JCheckBox checkBox1 = new JCheckBox();//创建一个不带任何文本标签复选框
        JCheckBox checkBox2 = new JCheckBox("文本标签");//创建一个文本标签复选框
        //创建一个默认选中状态的文本标签复选框
        JCheckBox checkBox3 = new JCheckBox("文本标签",true);
        Icon icon = new ImageIcon(ImageIO.read(Jcheckbox Test.class.get-ClassLoader().
         getResourceAsStream("check_box.png")));
        Icon selectedIcon = new ImageIcon(ImageIO.read(ResourceUtil.class.getClassLoader().getResourceAsStream("check_box_selected.png")));
        //自定义复选按钮图标的复选框
        JCheckBox checkBox4 = new JCheckBox(icon, true);
```

第13章 Java GUI 编程

```
        checkBox4.setSelectedIcon(selectedIcon);
        checkBox4.setText("自定义图标复选框");
        getContentPane().add(checkBox1);
        getContentPane().add(checkBox2);
        getContentPane().add(checkBox3);
        getContentPane().add(checkBox4);

        setSize(500, 300);
        setLocationRelativeTo(null);
        setDefaultCloseOperation(JFrame.EXIT_ON_CLOSE);
        setVisible(true);
    }

    public static void main(String[] args) throws Exception {
        new JCheckboxTest();
    }
}
```

例 13.8 的程序运行结果如图 13.19 所示。

图 13.19

3. JRadioButton 单选按钮

单选按钮由 JRadioButton 创建，其一般外观是圆点的图标与文字标签组成，一般使用单选按钮都是成组使用，选中其中某个选项，其他单选按钮将自动置为不选中状态，主要构造函数如表 13.8 所示。

表 13.8　单选按钮 JRadioButton 的构造方法

编号	方　　法	说　　明
1	public JRadioButton()	构造一个未选中，没有文本标签的单选按钮
2	public JRadioButton(Icon icon, Boolean checked)	构造一个自定义单选框图标与选中状态的单选按钮
3	public JRadioButton(String text, Boolean checked)	构造一个指定文本标签与选中状态的单选按钮

【例 13.9】 单选框 JRadioButton 的使用。

```java
//代码示例 13.9
import java.awt.FlowLayout;
import Javax.imageio.ImageIO;
import Javax.swing.Icon;
import Javax.swing.ImageIcon;
import Javax.swing.JFrame;
import Javax.swing.JRadioButton;

public class JRadioTest extends JFrame{
    public JRadioTest() throws Exception {
        setTitle("单选按钮创建测试");
        getContentPane().setLayout(new FlowLayout());
//创建一个不带任何文本标签的单选按钮
        JRadioButton radioBtn1 = new JRadioButton();
//创建一个文本标签的单选按钮
        JRadioButton radioBtn2 = new JRadioButton("文本标签");
//创建一个默认选中状态的文本标签单选按钮
        JRadioButton radioBtn3 = new JRadioButton("文本标签",true);
Icon icon = new ImageIcon(ImageIO.read(JRadio Test.class.
getClassLoader().getResourceAsStream("radio_button_off.png")));
        Icon selectedIcon = new ImageIcon(ImageIO.read(JRadio Test.class.
getClassLoader().getResourceAsStream("radio_button_on.png")));
//自定义复选按钮图标的单选按钮
        JRadioButton radioBtn4 = new JRadioButton(icon, true);
        radioBtn4.setSelectedIcon(selectedIcon);
        radioBtn4.setText("自定义图标单选按钮");
        getContentPane().add(radioBtn1);
        getContentPane().add(radioBtn2);
        getContentPane().add(radioBtn3);
        getContentPane().add(radioBtn4);

        setSize(500, 300);
        setLocationRelativeTo(null);
        setDefaultCloseOperation(JFrame.EXIT_ON_CLOSE);
        setVisible(true);
    }
```

```
    public static void main(String[] args) throws Exception {
        new JRadioTest();
    }
}
```

例 13.9 的程序运行结果如图 13.20 所示。

图 13.20

单选按钮通常作为一组出现，提供几个单选按钮供用户选择其中一个，此时需要使用按钮组来控制，按钮组在 Swing 中为 ButtonGroup 类，通过向按钮组 ButtonGroup 添加 JRadioButton，那么单选按钮只能选中其中一个。ButtonGroup 只有一个无参的构造方法，其主要方法如下：

```
            void add(AbstractButton btn);
            ButtonModelgetSelection();
```
通过 add 方法将按钮添加到组内，注意按钮组件都是 AbstractButton 的子类，通过 getSelection 获取组内选中的按钮模型对象。

【例 13.10】 按钮组 ButtonGroup 的基本使用方法。

```
//代码示例 13.10
import java.awt.FlowLayout;
import Javax.imageio.ImageIO;
import Javax.swing.ButtonGroup;
import Javax.swing.Icon;
import Javax.swing.ImageIcon;
import Javax.swing.JFrame;
import Javax.swing.JRadioButton;

public class JRadioTest extends JFrame{
    public JRadioTest() throws Exception {
        setTitle("单选按钮创建测试");
        getContentPane().setLayout(new FlowLayout());
//创建一个不带任何文本标签的单选按钮
        JRadioButton radioBtn1 = new JRadioButton();
```

```java
//创建一个文本标签的单选按钮
        JRadioButton radioBtn2 = new JRadioButton("文本标签");
//创建一个默认选中状态的文本标签单选按钮
        JRadioButton radioBtn3 = new JRadioButton("文本标签",true);
        Icon icon = new ImageIcon(ImageIO.read(JRadioTest.class.getClassLoader().getResourceAsStream("radio_button_off.png")));
        Icon selectedIcon = new ImageIcon(ImageIO.read(JRadioTest.class.getClassLoader().getResourceAsStream("radio_button_on.png")));
//自定义复选按钮图标的单选按钮
        JRadioButton radioBtn4 = new JRadioButton(icon, false);
        radioBtn4.setSelectedIcon(selectedIcon);
        radioBtn4.setText("自定义图标单选按钮");
        getContentPane().add(radioBtn1);
        getContentPane().add(radioBtn2);
        getContentPane().add(radioBtn3);
        getContentPane().add(radioBtn4);

        //添加到按钮组中
        ButtonGroup group = new ButtonGroup();
        group.add(radioBtn1);
        group.add(radioBtn2);
        group.add(radioBtn3);
        group.add(radioBtn4);

        setSize(500, 300);
        setLocationRelativeTo(null);
        setDefaultCloseOperation(JFrame.EXIT_ON_CLOSE);
        setVisible(true);
    }

    public static void main(String[] args) throws Exception {
        new JRadioTest();
    }
}
```

例 13.10 的程序运行结果如果 13.21 所示。

图 13.21

13.3.3 文本组件

1. JTextField 文本框组件

Swing 中单行文本编辑使用 JTextField 实现,通过创建单行文本编辑器,允许用户进行单行文本输入与编辑。JTextField 文本框组件的构造方法如表 13.19 所示。

表 13.9　JTextField 文本框组件的构造方法

编号	方　　法	说　　明
1	JTextField()	构造一个新的 TextField
2	JTextField(Document doc, String text, int columns)	构造一个新的 JTextField,它使用给定文本存储模型和给定的列数
3	JTextField(int columns)	构造一个具有指定列数的新的空 TextField
4	JTextField(String text)	构造一个用指定文本初始化的新 TextField
5	JTextField(String text, int columns)	构造一个用指定文本和列初始化的新 TextField

【例 13.11】 文本框的基本方法的使用。

```
//代码示例 13.11
import java.awt.FlowLayout;
import java.awt.event.ActionEvent;
import java.awt.event.ActionListener;
import Javax.swing.JButton;
import Javax.swing.JFrame;
import Javax.swing.JTextField;

public class JTextFiledTest extends JFrame implements ActionListener{
    private JTextField txt;
    private JButton setBtn, clearBtn;

    public JTextFiledTest() throws Exception {
```

```java
        setTitle("文本框创建测试");
        getContentPane().setLayout(new FlowLayout());
        txt = new JTextField("初始化文本内容", 20);
        setBtn = new JButton("设置文本");//创建一个空的按钮
        clearBtn = new JButton("清空文本");//创建一个空的按钮

        getContentPane().add(txt);
        getContentPane().add(setBtn);
        getContentPane().add(clearBtn);

        setBtn.addActionListener(this);
        clearBtn.addActionListener(this);

        setSize(500, 200);
        setLocationRelativeTo(null);
        setDefaultCloseOperation(JFrame.EXIT_ON_CLOSE);
        setVisible(true);
    }

    public static void main(String[] args) throws Exception {
        new JTextFiledTest();
    }
    @Override
    public void actionPerformed(ActionEvent e) {
        if(setBtn.equals(e.getSource())){
            txt.setText("设置新文本内容");
        }else if(clearBtn.equals(e.getSource())){
            txt.setText("");
        }
    }
}
```

例 13.11 的程序运行结果如图 13.22 所示。

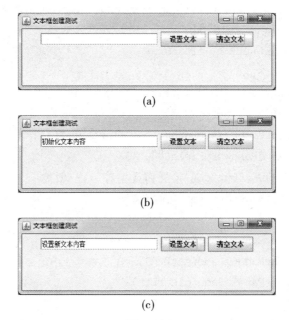

图 13.22

2. JPasswordField 密码框组件

Swing 密码框组件由 JPasswordField 表示，其用法和 JTextField 相似，不同的是用户输入的密码字符会自动用掩码字符替换，隐藏明文密码，其构造方法如表 13.10 所示。

表 13.10 JPasswordField 密码框组件的构造方法

编号	方 法	说 明
1	public JPasswordField()	构造一个空的密码框
2	public JPasswordField(String password)	构造一个有初始化密码的密码框
3	public JPasswordField(String password, int column)	构造一个有初始化密码(password)的密码框，并指定列宽(column)

值得注意的是，JPasswordField 提供了 setEchoChar(char c) 方法来指定掩码字符。

【例 13.12】 JPasswordField 常见方法的使用。

```
//代码示例 13.12
import java.awt.FlowLayout;
import java.awt.event.ActionEvent;
import java.awt.event.ActionListener;
import Javax.swing.JButton;
import Javax.swing.JFrame;
import Javax.swing.JPasswordField;
```

```java
public class JPasswordFiledTest extends JFrame implements ActionListener{
    private JPasswordField txt;
    private JButton setBtn, clearBtn;

    public JPasswordFiledTest() throws Exception {
        setTitle("密码框创建测试");
        getContentPane().setLayout(new FlowLayout());
        txt = new JPasswordField("", 20);
        setBtn = new JButton("设置回显字符");//创建一个空的按钮
        clearBtn = new JButton("清空密码");//创建一个空的按钮

        getContentPane().add(txt);
        getContentPane().add(setBtn);
        getContentPane().add(clearBtn);

        setBtn.addActionListener(this);
        clearBtn.addActionListener(this);

        setSize(500, 100);
        setLocationRelativeTo(null);
        setDefaultCloseOperation(JFrame.EXIT_ON_CLOSE);
        setVisible(true);
    }

    public static void main(String[] args) throws Exception {
        new JPasswordFiledTest();
    }

    public void actionPerformed(ActionEvent e) {
        if(setBtn.equals(e.getSource())){
            char c = '#';
            txt.setEchoChar(c);
        }else if(clearBtn.equals(e.getSource())){
            txt.setText("");
        }
    }
}
```

例 13.12 的程序运行结果如图 13.23 所示。

图 13.23

3. JTextArea 文本域组件

Swing 文本域组件由 JTextArea 构成,用于多行文本的编辑,其构造方法如表 13.11 所示。

表 13.11　JTextArea 的构造方法

编号	方　　法	说　　明
1	JTextArea()	构造一个新的 TextArea
2	JTextArea(Documentdoc)	构造一个新的 JTextArea,使其具有给定的文档模型,所有其他参数均默认为(null, 0, 0)
3	JTextArea(Documentdoc, Stringtext, int rows, int columns)	构造具有指定行数和列数以及给定模型的新的 JTextArea
4	JTextArea(int rows, int columns)	构造具有指定行数和列数的新的空 TextArea
5	JTextArea(Stringtext)	构造显示指定文本的新的 TextArea。
6	JTextArea(Stringtext, int rows, int columns)	构造具有指定文本、行数和列数的新的 TextArea

【例 13.13】 JTextArea 文本域组件的使用。

```
//代码示例 13.13
import Javax.swing.JFrame;
import Javax.swing.JTextArea;

public class JTextAreaTest extends JFrame{
    public JTextAreaTest() throws Exception {
        setTitle("多行文本框创建测试");
        getContentPane().add(new JTextArea());
        setSize(500, 200);
```

```
        setLocationRelativeTo(null);
        setDefaultCloseOperation(JFrame.EXIT_ON_CLOSE);
        setVisible(true);
    }

    public static void main(String[] args) throws Exception {
        new JTextAreaTest();
    }
}
```

例 13.13 的程序运行结果如图 13.24 所示。

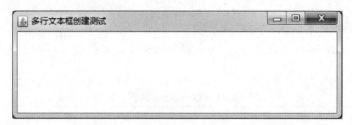

图 13.24

13.3.4 列表组件

1. JComboBox 下拉框组件

下拉框是用户选择下拉选项的 UI 组件，Swing 下拉框组件由 JComboBox 实现，其构造方法如表 13.12 所示。

表 13.12　JComboBox 下拉框组件的构造方法

编号	方法	说明
1	JComboBox()	创建具有默认数据模型的 JComboBox
2	JComboBox(ComboBoxModel model)	创建一个 JComboBox，其值取自现有的 ComboBoxModel 中
3	JComboBox(Object[] items)	创建包含指定数组中的元素的 JComboBox
4	JComboBox(Vector<?> items)	创建包含指定 Vector 中的元素的 JComboBox

下拉框所展现的列表项可以使用数组表示，也可以使用下拉框模型 ComboxModel 实现。

【例 13.14】　使用数组来展示下拉框列表的示例。

```java
//代码示例 13.14
import java.awt.FlowLayout;
import java.awt.event.ActionEvent;
import java.awt.event.ActionListener;
import Javax.swing.JButton;
import Javax.swing.JComboBox;
import Javax.swing.JFrame;
import Javax.swing.JOptionPane;

public class JComboBoxTest extends JFrame implements ActionListener{
    private JComboBox<String> combo;
    private JButton btn;

    public JComboBoxTest() throws Exception {
        setTitle("下拉框测试");
        getContentPane().setLayout(new FlowLayout());

        combo = new JComboBox<String>(new String[]{"选项一","选项二","选项三"});
        btn = new JButton("显示当前选中项");
        getContentPane().add(combo);//添加下拉框
        getContentPane().add(btn);//添加按钮

        btn.addActionListener(this);
        setSize(300, 100);
        setLocationRelativeTo(null);
        setDefaultCloseOperation(JFrame.EXIT_ON_CLOSE);
        setVisible(true);
    }

    public static void main(String[] args) throws Exception {
        new JComboBoxTest();
    }

    public void actionPerformed(ActionEvent e) {
        JOptionPane.showMessageDialog(this, combo.getSelectedItem());
    }
}
```

例 13.14 的程序运行结果如图 13.25 所示。

图 13.25

在例 13.14 中,使用字符串数组作为下拉列表项内容,用户点击下拉列表时,将展现数组中所有的元素,通过下拉框实例的 getSelectedItem() 方法获取当前选择的列表项。对于简单的列表项,可以使用数组或者集合,当列表项需要包含更多属性来支持日常的开发的时候,我们就需要用到灵活程度更大的下拉项模型了,通过实现 ComboBoxModel 接口,将其实例作为参数传入下拉框的构造函数中,实现 ComBoxModel 接口,一般通过继承 AbstractListModel 并实现 ComboBoxModel 的方式来实现,

【例 13.15】 使用下拉框模型 ComboxModel 实现下拉列表项。

代码示例 13.15
```
import Javax.swing.AbstractListModel;
import Javax.swing.ComboBoxModel;
/**
 * 自定义下拉框模型
 */
public classMyComboModel extends AbstractListModel<String> implements ComboBoxModel<String>{
    private String[] items = {"芒果","雪梨","苹果","葡萄"};
    private String selectItem = items[0];

    publicint getSize(){
        return items.length;
    }
```

```java
    public String getElementAt(int index) {
        return items[index];
    }
    
    publicvoid setSelectedItem(Object anItem) {
        selectItem = (String)anItem;
    }
    
    public Object getSelectedItem() {
        return selectItem;
    }
}
```

使用上面的自定义下拉框模型便来构造新的下拉框,代码如下:

```java
import java.awt.FlowLayout;
import java.awt.event.ActionEvent;
import java.awt.event.ActionListener;
import Javax.swing.JButton;
import Javax.swing.JComboBox;
import Javax.swing.JFrame;
import Javax.swing.JOptionPane;
import cn.com.morefly.gui.model.MyComboModel;

public class JComboBoxWithModelTest extends JFrame implements ActionListener{
    private JComboBox<String> combo;
    private JButton btn;
    
    public JComboBoxWithModelTest() throws Exception {
        setTitle("下拉框测试");
        getContentPane().setLayout(new FlowLayout());
        combo = new JComboBox<String>(new MyComboModel());        btn = new JButton("显示当前选中项");
        
        getContentPane().add(combo);
        getContentPane().add(btn);
        
        btn.addActionListener(this);
```

```
        setSize(300, 100);
        setLocationRelativeTo(null);
        setDefaultCloseOperation(JFrame.EXIT_ON_CLOSE);
        setVisible(true);
    }

    public static void main(String[] args) throws Exception {
        new JComboBoxWithModelTest();
    }

    public void actionPerformed(ActionEvent e) {
        JOptionPane.showMessageDialog(this, combo.getSelectedItem());
    }
}
```

例 13.15 的程序运行结果如图 13.26 所示。

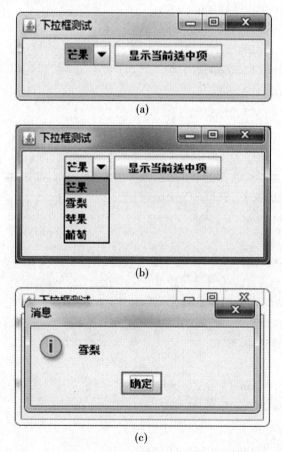

图 13.26

2. JList 列表框组件

列表框类似于下拉框组件,不同的是列表框直接将所有的列表项展示在其中,用户无需再下拉选择,Swing 中列表框组件由 JList 实现,其构造方法如表 13.13 所示。

表 13.13　JList 列表组件的构造方法

编号	方　　法	说　　明
1	public JList⟨E⟩()	构造一个空的列表框
2	public JList⟨E⟩(Object[]items)	构造一个指定数组组成的列表框
3	public JList⟨E⟩(ListModel model)	构造一个列表数据模型构成的列表框
4	publicJList⟨E⟩(Vector)	构造一个列表项由 vector 集合构成的列表框

类似于下拉框组件,除了使用数组或者集合构造列表项之外,可以通过实现 ListModel 列表项模型来初始化列表框。

【例 13.16】 使用数组的方式来初始化列表框的示例。

```
//代码示例 13.16
import java.awt.FlowLayout;
import java.awt.event.ActionEvent;
import java.awt.event.ActionListener;
import Javax.swing.JButton;
import Javax.swing.JFrame;
import Javax.swing.JList;
import Javax.swing.JOptionPane;

public class JListTest extends JFrame implements ActionListener{
    private JList<String> list;
    private JButton btn;

    public JListTest() throws Exception {
        setTitle("列表框测试");
        getContentPane().setLayout(new FlowLayout());
        list = new JList<String>(new String[]{"列表项一","列表项二","列表项三"});
        btn = new JButton("显示当前选中项");

        getContentPane().add(list);//添加下拉组件
        getContentPane().add(btn);//添加按钮

        btn.addActionListener(this);
```

```
        setSize(300, 100);
        setLocationRelativeTo(null);
        setDefaultCloseOperation(JFrame.EXIT_ON_CLOSE);
        setVisible(true);
    }

    public static void main(String[] args) throws Exception {
        new JListTest();
    }
    public void actionPerformed(ActionEvent e) {
        JOptionPane.showMessageDialog(this, list.getSelectedValue());
    }
}
```

例 13.16 的程序运行结果如图 13.27 所示。

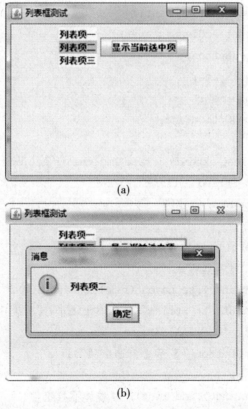

图 13.27

上面的示例使用了数组作为列表项元素,当开发过程需要对列表项作更灵活的配置时,这时候就需要使用 ListModel 列表项模型了,通过实现 ListModel 接口来初始化列表框,一般使用继承 DefaultListModel 类来实现。

【例 13.17】 继承 DefaultListModel 来实现列表项示例。

```
//代码示例 13.17
import Javax.swing.DefaultListModel;
public class MyListModel extends DefaultListModel<String>{
    private String[] items = {"芒果","雪梨","苹果","葡萄"};

    public int getSize() {
        return items.length;
    }

    public String getElementAt(int index) {
        return items[index];
    }
}
```

//使用自定义的 ListModel 初始化列表框，代码如下：

```
//代码示例 13.17
import java.awt.FlowLayout;
import java.awt.event.ActionEvent;
import java.awt.event.ActionListener;

import Javax.swing.JButton;
import Javax.swing.JFrame;
import Javax.swing.JList;
import Javax.swing.JOptionPane;

import cn.com.morefly.gui.model.MyListModel;

public class JListWithModelTest extends JFrame implements ActionListener{
    private JList<String> list;
    private JButton btn;

    public JListWithModelTest() throws Exception {
        setTitle("列表框测试");
        getContentPane().setLayout(new FlowLayout());

        list = new JList<String>(new MyListModel());
```

```java
        btn = new JButton("显示当前选中项");

        getContentPane().add(list);  //添加自定义列表框
        getContentPane().add(btn);

        btn.addActionListener(this);
        setSize(300, 100);

        setLocationRelativeTo(null);
        setDefaultCloseOperation(JFrame.EXIT_ON_CLOSE);
        setVisible(true);
    }

    public static void main(String[] args) throws Exception {
        new JListWithModelTest();
    }

    public void actionPerformed(ActionEvent e) {
        JOptionPane.showMessageDialog(this, list.getSelectedValue());
    }
}
```

例 13.17 的程序运行结果如果 13.28 所示。

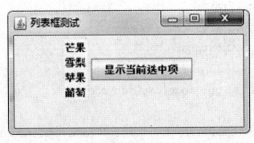

图 13.28

13.4 布局管理

大家在使用客户端 GUI 软件时,界面都是非常整齐的,无论是窗体的放大或者缩小,内部的 UI 组件都是按照一定的布局规则来展现的,通常我们称这种布局规划为布局管理。同样的 Swing 通过布局管理器来控制 UI 界面组件的展现位置与大小策略,主要布局管理器都位于 awt 包下,常见的有流式布局、卡片布局、边界布局、网格布局、绝对布局等等,这也是开发过程中较为常用的几类。

需要注意的是,在实际开发过程中 GUI 界面都相对复杂,单一布局只能做到某一类形式的布局效果,通常我们会使用多种布局进行嵌套来完成复杂界面的开发,下面我们将逐一讲解这些布局特点及使用方法。

13.4.1 流式布局

流式布局即 FlowLayout,该布局方式的容器中组件按照加入的先后顺序按照设置的对齐方式(居中、左对齐、右对齐)从左向右排列,一行排满(即组件超过容器宽度后)到下一行开始继续排列。

(1) 流式布局特征如下:
① 组件按照设置的对齐方式进行排列。
② 不管对齐方式如何,组件均按照从左到右的方式进行排列,一行排满,转到下一行。(比如按照右对齐排列,第一个组件在第一行最右边,添加第二个组件时,第一个组件向左平移,第二个组件变成该行最右边的组件,这就是从右向左方式进行排列。)

(2) 流式布局 FlowLayout 类的常用构造函数如表 13.14 所示。

表 13.14 流式布局 FlowLayout 类的常用构造函数

编号	方法	说明
1	publicFlowLayout()	构造一个新的 FlowLayout,它是默认居中对齐的,默认的水平和垂直间隙是 5 个像素
2	publicFlowLayout(int align)	构造一个新的 FlowLayout,它具有指定的对齐方式,默认的水平和垂直间隙是 5 个像素。5 个参数值及含义如下: 　　0 或 FlowLayout.lEFT,控件左对齐; 　　1 或 FlowLayout.CENTER,居中对齐; 　　2 或 FlowLayout.RIGHT,右对齐; 　　3 或 FlowLayout.LEADING,控件与容器方向开始边对应; 　　4 或 FlowLayout.TRAILING,控件与容器方向结束边对应; 如果是 0、1、2、3、4 之外的整数,则为左对齐
3	publicFlowLayout(int align, int hgap, int vgap)	创建一个新的流布局管理器,它具有指定的对齐方式以及指定的水平和垂直间隙

【例 13.18】 流式布局组件在窗体大小变化时各个组件的位置变化示例。

```java
//代码示例 13.18
import java.awt.FlowLayout;
import Javax.swing.JButton;
import Javax.swing.JFrame;

public class FlowLayoutTest extends JFrame{

    public FlowLayoutTest(){
        setTitle("流式布局演示");
        FlowLayout layout = new FlowLayout(FlowLayout.CENTER); //居中显示
        getContentPane().setLayout(layout);

        for(int i = 0; i < 20; i++){    //在窗口中循环添加
            JButton btn = new JButton("按钮" + i);
            getContentPane().add(btn);
        }

        setSize(500, 200);
        setVisible(true);
        setLocationRelativeTo(null);
    }

    public static void main(String[] args) {
        new FlowLayoutTest();
    }
}
```

例 13.18 的程序运行结果如图 13.29 所示。

图 13.29

改变窗体大小后,如图 13.30 所示。

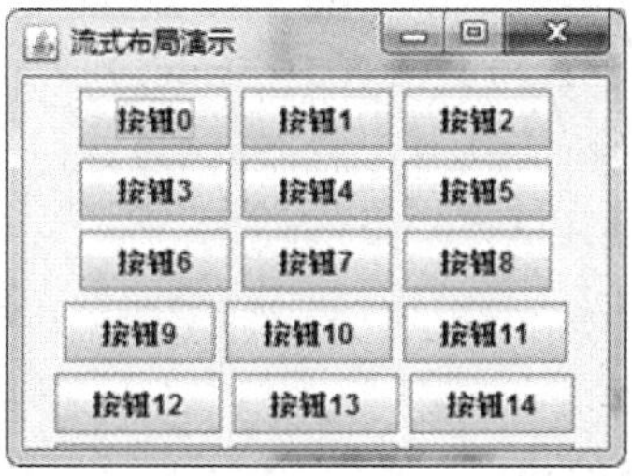

图 13.30

13.4.2 卡片布局

卡片布局(CardLayout)能够让多个组件共享同一个显示空间,共享空间的组件之间的关系就像一叠牌,组件叠在一起,初始时显示该空间中第一个添加的组件,通过 CardLayout 类提供的方法可以切换该空间中显示的组件。其开发步骤如下:

(1) 定义使用卡片布局的容器。例如:

```
Panel cardPanel = new Panel();
```

(2) 定义卡片对象。

```
CardLayout 布局对象名称 = new CardLayout();
```

例如:

```
CardLayout card = new CardLayout();
```

(3) 设置使用卡片布局的容器为卡片布局。格式:

```
容器名称.setLayout(布局对象名称);
```

例如:

```
cardPanel.setLayout(card);
```

(4) 设置容器中显示的组件。例如:

```
for(int i = 0; i < 5; i++){
    cardPanel.add(newJButton("按钮" + i));
}
```

(5) 定义响应事件代码,让容器显示相应的组件。容器内组件的切换:CardLayout 提供了切换内部组件的几种方法:

(1) 布局对象名称.next(容器名称):显示容器中当前组件之后的一个组件,若当前组件为最后添加的组件,则显示第一个组件,即卡片组件显示是循环的。

(2) 布局对象名称.first(容器名称):显示容器中第一个组件。

(3) 布局对象名称.last(容器名称):显示容器中最后一个组件。

(4) 布局对象名称.previous(容器名称):显示容器中当前组件之前的一个组件,若当前组件为第一个添加的组件,则显示最后一个组件,即卡片组件显示是循环的。例如:

```
                        card.next(cardPanel);
                        card.previous(cardPanel);
                        card.first(cardPanel);
                        card.last(cardPanel);
```

【例 13.19】 卡片布局(CardLayout)类的使用。

```java
//代码示例 13.19
import java.awt.BorderLayout;
import java.awt.CardLayout;
import java.awt.event.ActionEvent;
import java.awt.event.ActionListener;

import Javax.swing.JButton;
import Javax.swing.JFrame;
import Javax.swing.JPanel;

public class CardLayoutTest extends JFrame implements ActionListener{

    private JButton firstBtn,lastBtn,nextBtn,preBtn;
    private CardLayout cardLayout;
    private JPanel cardPanel;

    public CardLayoutTest(){
        setTitle("卡片布局演示");
        BorderLayout bl = new BorderLayout();
        getContentPane().setLayout(bl);

        cardLayout = new CardLayout();
        cardPanel = new JPanel(cardLayout);
        getContentPane().add(BorderLayout.CENTER, cardPanel);
        //增加 5 个按钮到 cardlayout 中
        for (int i = 1; i< 6; i++) {
            cardPanel.add(new JButton("按钮" + i));
        }

        JPanel bottomPanel = new JPanel();
        getContentPane().add(BorderLayout.SOUTH, bottomPanel);

        firstBtn = new JButton("第一个");
```

```java
            preBtn = new JButton("上一个");
            nextBtn = new JButton("下一个");
            lastBtn = new JButton("最后一个");

            bottomPanel.add(firstBtn);
            bottomPanel.add(preBtn);
            bottomPanel.add(nextBtn);
            bottomPanel.add(lastBtn);

            firstBtn.addActionListener(this);
            preBtn.addActionListener(this);
            nextBtn.addActionListener(this);
            lastBtn.addActionListener(this);
            setSize(500, 200);
            setVisible(true);
            setLocationRelativeTo(null);
    }

    public static void main(String[] args) {
        new CardLayoutTest();
    }

    @Override
    public void actionPerformed(ActionEvent e) {
        if(e.getSource().equals(firstBtn)){
            cardLayout.first(cardPanel);
        }else if(e.getSource().equals(preBtn)){
            cardLayout.previous(cardPanel);
        }else if(e.getSource().equals(nextBtn)){
            cardLayout.next(cardPanel);
        }else if(e.getSource().equals(lastBtn)){
            cardLayout.last(cardPanel);
        }
    }
}
```

例 13.19 的程序运行结果如图 13.31 所示。

图 13.31

13.4.3 边界布局

边界布局管理器（BorderLayout）把容器的布局分为五个位置，即 CENTER、EAST、WEST、NORTH、SOUTH，依次对应为上北（NORTH）、下南（SOUTH）、左西（WEST）、右东（EAST），中（CENTER），如图 13.32 所示。

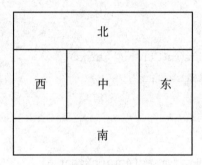

图 13.32

边界布局管理器的特征如下：

（1）可以把组件放在这五个位置的任意一个，如果未指定位置，则缺省的位置是 CENTER。

（2）南、北位置控件各占据一行，控件宽度自动布满整行。东、西和中间位置占据一行；若东、西、南、北位置无控件，则中间控件将自动布满整个屏幕。若东、西、南、北位置中无论哪个位置没有控件，则中间位置控件将自动占据没有控件的位置。

注意：该布局是窗口、框架的内容窗格和对话框等的缺省布局。

【例 13.20】 边界布局管理器的使用。

```
//代码示例 13.20
import java.awt.BorderLayout;
import Javax.swing.JButton;
import Javax.swing.JFrame;
```

```java
public class BorderLayoutTest extends JFrame{
    public BorderLayoutTest(){
        setTitle("边界布局演示");
        BorderLayout bl = new BorderLayout();
        getContentPane().setLayout(bl);
        /*
         * 添加四个布局按钮,分别命名为东、南、西、北、中
         */
        getContentPane().add(BorderLayout.EAST, new JButton("东"));
        getContentPane().add(BorderLayout.WEST, new JButton("西"));
        getContentPane().add(BorderLayout.SOUTH, new JButton("南"));
        getContentPane().add(BorderLayout.NORTH, new JButton("北"));
        getContentPane().add(BorderLayout.CENTER, new JButton("中"));

        setSize(500, 200);
        setVisible(true);
        setLocationRelativeTo(null);
    }

    public static void main(String[] args) {
        new BorderLayoutTest();
    }
}
```

例 13.20 的程序运行结果如图 13.33 所示。

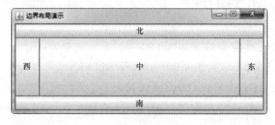

图 13.33

13.4.4 网格布局

网格布局(GridLayout)使用 $M \times N$ 即 M 行 N 列的二维表格形式布局界面组件,其特点如下:

(1) 使容器中的各组件呈 M 行 $\times N$ 列的网格状分布。

(2) 网格每列宽度相同,等于容器的宽度除以网格的列数。
(3) 网格每行高度相同,等于容器的高度除以网格的行数。
(4) 各组件的排列方式为从上到下,从左到右。
(5) 组件放入容器的次序决定了它在容器中的位置。
(6) 容器大小改变时,组件的相对位置不变,大小会改变。
(7) 设置网格布局行数和列数时,行数或者列数可以有一个为零。若 rows 为 0,cols 为 3,则列数固定为 3,行数不限,每行只能放 3 个控件或容器;若 cols 为 0,rows 为 3,则行数固定为 3,列数不限,且每行必定有控件;若组件个数不能整除行数,则除去最后一行外的所有行组件个数为:Math.ceil(组件个数/rows)。

Math.ceil(double x):传回不小于 x 的最小整数值。比如行数为 3,组件数为 13 个,则 Math.ceil(13/3)=5,即第 1 行、第 2 行组件数各为 5 个,剩下的组件放在最后一行。

(8) 若组件数超过网格设定的个数,则布局管理器会自动增加网格个数,原则是保持行数不变。

【例 13.21】 使用网格布局与边界布局完成的简单计算器界面。

```java
//代码示例 13.21
import java.awt.BorderLayout;
import java.awt.GridLayout;

import Javax.swing.JButton;
import Javax.swing.JFrame;
import Javax.swing.JPanel;
import Javax.swing.JTextField;

public class GridLayoutTest extends JFrame{

    public GridLayoutTest(){

        setTitle("网格布局演示");
        BorderLayout bl = new BorderLayout();
        getContentPane().setLayout(bl);
        getContentPane().add(BorderLayout.NORTH, new JTextField());

        //计算器按钮面板
        JPanel btnPanel = new JPanel(new GridLayout(4, 3));//定义 4 行 3 列表格布局,存放计算器按钮
        getContentPane().add(BorderLayout.CENTER, btnPanel);

        //构造功能按钮
```

```
            String[] btns = {"7","8","9","4","5","6","1","2","3","%","0","."};
            for(int i = 0; i < btns.length; i++){
                btnPanel.add(new JButton(btns[i]));
            }

            setDefaultCloseOperation(JFrame.EXIT_ON_CLOSE);
            setSize(500, 200);
            setVisible(true);
            setLocationRelativeTo(null);
        }

        public static void main(String[] args){
            new GridLayoutTest();
        }
    }
```

例 13.21 的程序运行结果如图 13.34 所示。

13.4.5 绝对布局

一般容器都有默认布局方式,但是有时候需要精确指定各个组建的大小和位置,就需要用到空布局,也就是将容器的布局方式设置为空布局,并将组件以绝对位置的形式(这就是空布局也被称之为绝对布局的原因)放置在容器中。

图 13.34

(1) 首先利用 setLayout(null)语句将容器的布局设置为 null 布局(空布局)。

(2) 再调用组件的 setBounds(int x, int y, int width, int height)方法设置组件在容器中的大小和位置,单位均为像素。其中,x 为控件左边缘离窗体左边缘的距离;y 为控件上边缘离窗体上边缘的距离;width 为控件宽度;height 为控件高度。

【例 13.22】 使用空布局精确定位组件的位置。

```
//代码示例 13.22
import Javax.swing.JButton;
import Javax.swing.JFrame;

public class NullLayoutDemo {
```

```java
        private JFrame fr;
        private JButton a, b;

        public NullLayoutDemo() {
            fr = new JFrame();
            fr.setBounds(100, 100, 250, 150);
            // 设置窗体为空布局
            fr.setLayout(null);
            a = new JButton("按钮 a");
            b = new JButton("按钮 b");
            fr.getContentPane().add(a);
            // 设置按钮 a 的精确位置
            a.setBounds(30, 30, 80, 25);
            fr.getContentPane().add(b);
            b.setBounds(150, 40, 80, 25);
            fr.setTitle("NullLayoutDemo");
            fr.setVisible(true);
            fr.setDefaultCloseOperation(JFrame.EXIT_ON_CLOSE);
            fr.setLocationRelativeTo(null); // 让窗体居中显示
        }

        public static void main(String args[]) {
            new NullLayoutDemo();
        }
    }
```

例 13.22 的程序运行结果如图 13.35 所示。

图 13.35

13.5 事件模型

在 Swing 的事件模型中，组件可以发起（触发）一个事件。每种事件的类型由单独的类表示。当事件被触发时，它将被一个或多个"监听器"接收，监听器负责处理事件。所以，事件发生的地方可以与事件处理的地方分开。既然是以这种方式使用 Swing 组件，那么就只需编写组件收到事件时将被调用的代码，所以这是一个分离接口与实现的极佳例子。

所谓事件监听器，就是一个"实现了某种类型的监听器接口的"类的对象。先创建一个监听器对象，然后把它注册给触发事件的组件。这个注册动作是通过调用触发事件的组件的 addXXXListener( )方法来完成的，这里用"XXX"表示监听器所监听的事件类型。通过观察"addListener"方法的名称，就可以很容易地知道其能够处理的事件类型。所有的事件处理逻辑都将被置于监听器类的内部。要编写一个监听器类，唯一的要求就是必须实现相应的接口。你可以创建一个全局的监听器类，不过有时写成内部类会更有用。这不仅是因为将监听器类放在它们所服务的用户接口类或者业务逻辑类的内部时，可以在逻辑上对其进行分组；而且还因为（你将在后面看到）内部类对象含有一个对其外部类对象的引用，这就为跨越类和子系统边界的调用提供了一种优雅的方式。

【例 13.23】 事件模型的使用。

```java
//代码示例 13.23
import java.awt.event.ActionEvent;
import java.awt.event.ActionListener;
import Javax.swing.JButton;
import Javax.swing.JFrame;
import Javax.swing.JOptionPane;

public class EventModelTest extends JFrame{
    public EventModelTest(){
        JButton btn = new JButton("按钮");
        //为组件增加监听器类，这里使用匿名内部类的形式
        btn.addActionListener(new ActionListener() {
            @Override
            public void actionPerformed(ActionEvent e) {
                JOptionPane.showMessageDialog(EventModelTest.this,"消息 1");
            }
        });

        btn.addActionListener(new ActionListener() {
```

```
            @Override
            public void actionPerformed(ActionEvent e) {
                JOptionPane.showMessageDialog(EventModelTest.this, "消息2");
            }
        });

        add(btn);

        setSize(300, 300);
        setVisible(true);
        setLocationRelativeTo(null);
    }

    publicstaticvoid main(String[] args) {
        new EventModelTest();
    }
}
```

我们首先创建了一个按钮组件,并且调用 addActionListener 添加了两个事件监听器,运行此类,点击按钮效果如图 13.36 所示。

图 13.36

两个事件监听器都执行了,后添加的监听器先执行,由此可见事件监听可以有多个,构成了只一个执行栈,后加入的监听器先执行。除了使用匿名内部类的方式之外,也可以单独定义好事件监听类,添加的时候创建即可,还有一种比较简便的方式,见例 13.24。

【例 13.24】 让 Frame 类实现监听接口。

```
//代码示例 13.24
import java.awt.event.ActionEvent;
import java.awt.event.ActionListener;
```

```java
import Javax.swing.JButton;
import Javax.swing.JFrame;
import Javax.swing.JOptionPane;
/*
 * 实现 JFrame 类
 */
public class EventModelTest extends JFrame implements ActionListener{
    public EventModelTest(){
        JButton btn = new JButton("按钮");
        btn.addActionListener(this);
        add(btn);
        setSize(300, 300);
        setVisible(true);
        setLocationRelativeTo(null);
    }

    public static void main(String[] args) {
        new EventModelTest();
    }

    @Override
    public void actionPerformed(ActionEvent e) {
        JOptionPane.showMessageDialog(EventModelTest.this, "消息 1");
    }
}
```

直接让 Frame 类实现事件监听，再让 btn 添加进去即可，这样可以省去单独创建事件监听类了。

13.6 本章小结

1. Java GUI 编程概述。
2. Swing 介绍。
3. 常用的窗体组件。
4. 常用的界面组件。
5. 常用的布局管理器。
6. 事件监听基础。

13.7 习　　题

1. 创建一个窗体,选择合适的布局管理器,在窗体中设置一个下拉列表框,初始状态下拉列表框中没有项目,并设置一个按钮,当用户点击按钮时,下拉列表中添加一个项目。

2. 开发一个登陆窗体,包括用户名、密码以及提交按钮和重置按钮,当用户输入用户名 admin 和密码 123456 时,弹出对话框提示登录成功。

第 14 章 容 器

本章着重介绍容器(Container)的相关概念,重点讲解 Java 语言容器相关的数据结构及其具体实现类的使用。实际上此前我们学习的数组也属于容器范畴。

容器是实际编程活动中经常用到的数据结构,读者应熟练掌握 Java 语言里与容器相关的 API 的使用,并理解其实现原理。

14.1 容器框架概述

14.1.1 容器简介

在面向对象的思想里,容器是用来存放其他对象的数据结构。这里的其他对象指的是数据或元素。容器作为一种数据结构不仅可以用来存放数据(元素),还可以对存放其中的数据(元素)进行修改、删除等操作。

需要注意的是,本章所学习到的容器与前面学习的数组一样,当存放对象时,容器内所存放的不是对象本身,而是对象的引用。

14.1.2 容器分类

根据容器的特性,Java 语言容器框架主要支持以下几种容器:

1. 列表

对应 Java 语言定义的接口 java.util.List。列表中存放的元素是有序的,也就是说每一个元素都有对应的索引;另外,列表中的元素是可以重复的,即列表中两个不同的元素可能对应的是同一个对象。

2. 集

对应 Java 语言定义的接口 java.util.Set。集中存放元素的特性与列表相反,集中元素没有索引,也不允许重复。

3. 映射

对应 Java 语言定义的接口 java.util.Map。Map 保存的是"键值对"(key-value),就像一个小型数据库。我们可以通过"键"找到该键对应的"值"。

图 14.1 描述了三种不同类型容器的特性。

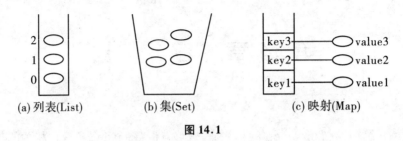

图 14.1

图 14.2 反映的是 Java 语言中容器相关接口、类之间的关系。

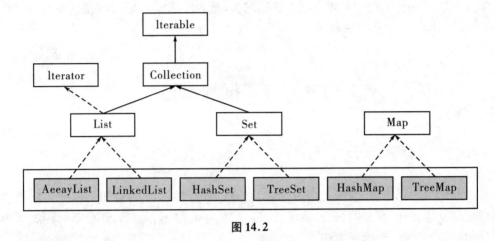

图 14.2

注意：从图 14.2 不难看出，List 和 Set 都继承了 Collection 接口，但是 Map 并没有继承 Collection 接口。

14.2　Connection

Collection 接口是集合类型的根接口，List 接口和 Set 接口都继承了 Collection 接口，它们是 Collection 的子接口。Collection 接口只有一个父接口 Iterable，接口 Iterable 中只定义了一个方法 iterator()。

Collection 接口提供了在集合中添加、删除等基本操作。add() 方法向集合添加一个元素。addAll() 方法将指定集合里的所有元素添加到当前集合中。remove() 方法从集合中删除一个元素。removeAll() 方法从当前集合中删除指定集合中的所有元素。retainAll() 方法保留同时出现在当前集合和指定集合中的所有元素。clear() 方法是删除当前集合中所有元素。

size() 方法返回集合中元素的数量。contains() 方法检测当前集合中是否包含指定的元素。方法 containsAll() 检测这个集合是否包含指定集合中的所有元素。isEmpty() 方法判断当前集合是否为空，如果集合为空（元素数量为零）则返回 true。toArray() 方法将当前集合中所有元素组成一个对象数组返回。

Iterator 接口中定义了遍历集合元素的方法,Collection 接口里的 iterator()方法返回的就是 Iterator 接口类型对象,被称为迭代器,用于遍历当前集合。Iterator 中主要定义了下面几个方法,具体见表 14.1。Connection 接口的主要方法见表 14.2。

表 14.1　接口 Iterator 的方法

编号	方　　法	功　能　描　述
1	hasNext():boolean	如果迭代器还有元素可遍历则返回 true
2	next():E	返回来自迭代器的下一个元素
3	remove():void	删除使用 next 方法获取的最后一个元素

表 14.2　接口 Collection 的方法

编号	方　　法	功　能　描　述
1	add(o:Object):boolean	向集合中添加新元素 o
2	addAll(c:Collection):boolean	将指定集合中的所有元素添加进当前集合
3	clear():void	删除当前集合中所有元素
4	contains(o:Object):boolean	如果当前集合包含元素 o,则返回 true
5	containsAll(c:Collection):boolean	如果当前集合包含 c 中的所有元素,则返回 true
6	isEmpty():boolean	如果当前集合不包含任何元素,则返回 true
7	iterator():Iterator	返回当前集合的迭代器
8	remove(o:Object):boolean	从当前集合中删除元素 o
9	removeAll(c:Collection):boolean	从当前集合中删除所有包含在 c 中的元素
10	retainsAll(c:Collection):boolean	保留当前集合中包含在 c 中的所有元素
11	size():int	返回当前集合中元素的数量
12	toArray():Object[]	返回当前集合中所有元素所构成的对象数组

注意:Collection 接口中定义的有些方法在具体实现类中不支持,这种情况下,如果我们调用这个方法,将会抛出 java.lang.UnsupportedOperationException,它是 RuntimeException 的子类。

14.3　List

　　List 是容器的一种,是 Collection 接口的子接口,表示列表的意思。当我们不知道存储的数据数量时,可以使用 List 来存储数据。例如,保存一个应用系统当前在线用户的信息。就可以使用一个 List 来存储。List 的最大特点就是能够自动地根据插入的数据量来动态改变容器的大小。

14.3.1 List 接口

下面我们来了解一下 List 的常用方法，相对于 Collection 接口，子接口 List 扩充了很多的方法，见表 14.3。

表 14.3 List 接口扩充方法

编号	方法	描述
1	add(int index, E element):boolean	在指定的位置入加入元素
2	addAll(int index, Collection<? extends E>c):void	在指定位置增加一组元素
3	get(int index):E	返回指定索引位置的元素
4	listIterator():ListIterator<E>	为 ListIterator 接口实例化
5	remove(int index):E	删除指定位置的元素
6	set(int index ,E element)	修改指定位置的元素
7	subList(intfromIndex, inttoIndex):List<E>	截取指定区间的子集合

注意：List 接口定义的所有方法，只要涉及元素索引的操作，索引值的大小不能超出索引值的取值范围，否则将会抛出 java.lang.IndexOutOfBoundsException 异常，这种情况被称为索引越界，实际开发中应尽量避免索引越界的发生。

14.3.2 List 接口的实现类

在 Java 集合框架中有两个常用的 List 实现类，它们分别是 ArrayList 和 LinkedList。具体使用哪一个实现类，取决于特定的需要。

【例 14.1】 List 接口实现类的应用。

```
1. //代码示例 14.1
2. import java.util.ArrayList;
3. import java.util.LinkedList;
4. import java.util.List;

5. public class ListDemo {

6.     public static void main(String[] args) {
7.         List<String>strs = new ArrayList<String>();
8.         /* strs = new LinkedList<String>();*/      //如果使用 LinkedList 类
9.         System.out.println("元素数量:" + strs.size());
```

```
10.         System.out.println("是否为空:" + strs.isEmpty());
11.         strs.add("Welcome");//添加一个元素
12.         strs.add("Beijing");
13.         strs.add(1, "to");//向索引位置为1插入一个元素
14.         System.out.println("元素数量:" + strs.size());
15.         System.out.println("所有元素:" + strs);
16.         strs.set(1, "TO");//修改索引位置为1的数据
17.         System.out.println("所有元素:" + strs);
18.         strs.remove(0);//删除索引位置为0的数据
19.         System.out.println("所有元素:" + strs);
20.         strs.clear();//清空列表
21.         System.out.println("元素数量:" + strs.size());
22.     }
23. }
```

例 14.1 的程序运行结果如图 14.3 所示。

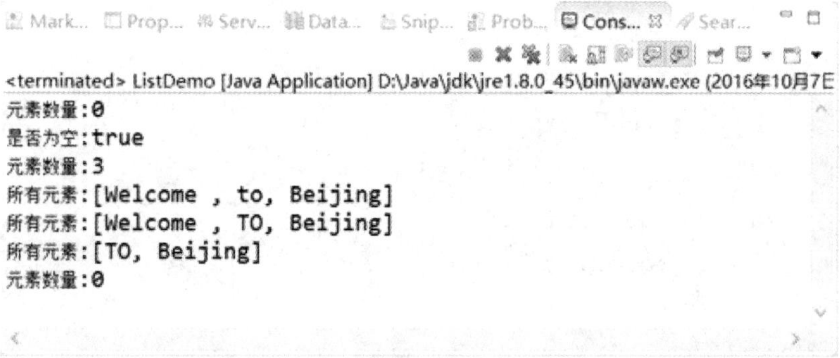

```
元素数量:0
是否为空:true
元素数量:3
所有元素:[Welcome , to, Beijing]
所有元素:[Welcome , TO, Beijing]
所有元素:[TO, Beijing]
元素数量:0
```

图 14.3

例 14.1 中默认使用 ArrayList 作为具体容器类，如果将第 7 行和第 8 行的注释去掉，使用 LinkedList 作为具体的实现类，我们会发现程序同样能正常执行，并且输出相同的结果。如此，不难发现，ArrayList 与 LinkedList 具有很多相同的功能，甚至在很多时候它们可以互换。但是，ArrayList 与 LinkedList 也有各自不同的特点，在内部实现上是截然不同的。

ArrayList 内部是通过数组来实现的，ArrayList 对象被创建时，内部会初始创建一个初始的对象数组 elementData。当执行 add 操作时，内部实际上是将添加的元素存入 elementData 数组中，如果 elementData 数组容量不够时，内部自动创建一个更大的数组来替换当前这个 elementData。对于外部来说，ArrayList 就像是一个长度可变的数组，因此有时 ArrayList 被称为变长数组，或者叫动态数组。

LinkedList 内部是通过链表来实现的，当执行 add 操作时，LinkedList 的内部实际就是在链表后面增加一个节点。

ArrayList 与 LinkedList 相比，随机访问元素时，ArrayList 的效率相对较高，因为

ArrayList 内部是通过数组来存储元素，可以直接通过索引定位到指定元素；而 LinkedList 里的元素不能直接索引，需要从起始元素遍历到指定位置，因此随机访问元素的效率较低。如果是进行插入或者从中间删除元素操作，LinkedList 的执行效率相对较高，ArrayList 相对较低，因为向 ArrayList 中间插入元素，需要先将指定位置开始的所有元素后移，而 LinkedList 会在指定位置插入节点，不需要将所有元素后移。

另外，LinkedList 扩展了一些处理列表两端元素的方法，使用这些扩展的方法，我们可以轻松地把 LinkedList 当作一个堆栈、队列或其他面向端点的数据结构。

【例 14.2】 LinkedList 类的使用。

```
1.  //代码示例 14.2
2.  import java.util.LinkedList;
3.
4.  public class LinkedListDemo {
5.
6.      public static void main(String[] args) {
7.          LinkedList queue = new LinkedList();
8.          queue.addFirst("Welcome");
9.          queue.addFirst("to");
10.         queue.addFirst("Shanghai");
11.         queue.addFirst("Let's");
12.         queue.addFirst("go");
13.         System.out.println(queue);
14.         queue.removeLast();
15.         queue.removeLast();
16.         System.out.println(queue);
17.     }
18.
19. }
```

例 14.2 的程序运行结果如图 14.4 所示。

```
<terminated> LinkedListDemo [Java Application] D:\Java\jdk\jre1.8.0_45\bin\javaw.exe (2016年
[go, Let's, Shanghai, to, Welcome]
[go, Let's, Shanghai]
```

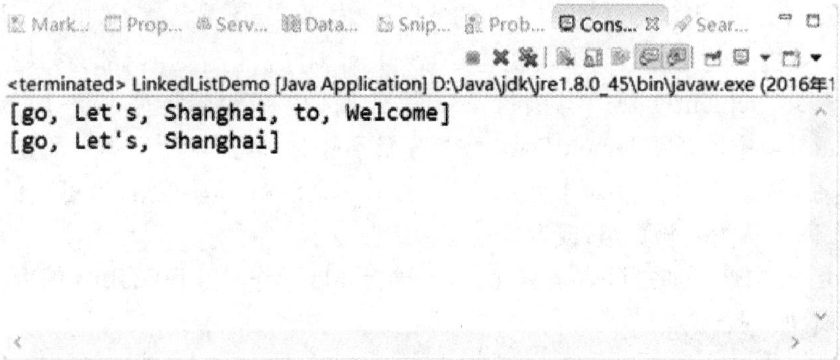

图 14.4

在例 14.2 中，先在队列头部连续添加了 5 个元素，再从尾部删除了两个元素。在添加和删除元素后，分别将队列的内容打印输出。

14.3.3 集合遍历

所谓集合遍历指的是依次访问集合中的每一个元素，类似之前学过的数组遍历。我们知道 List 中的元素是有序的，并且每个元素都有自己的下标。很容易想到，可以通过遍历元素下标来遍历 List 中的元素。

【例 14.3】 List 集合的遍历。

```
1. //代码示例 14.3
2. import java.util.ArrayList;
3. import java.util.List;
4.
5. public class ListIteratingDemo {
6.
7.     public static void main(String[] args) {
8.         List<String>strs = new ArrayList<String>();
9.         strs.add("Welcome");
10.        strs.add("to");
11.        strs.add("Beijing");
12.        int maxIndex = strs.size()-1;//最大下标
13.        for(int i = 0;i<= maxIndex;i++){
14.            System.out.print(strs.get(i) + ",");
15.        }
16.    }
17. }
```

例 14.3 的程序运行结果如图 14.5 所示。

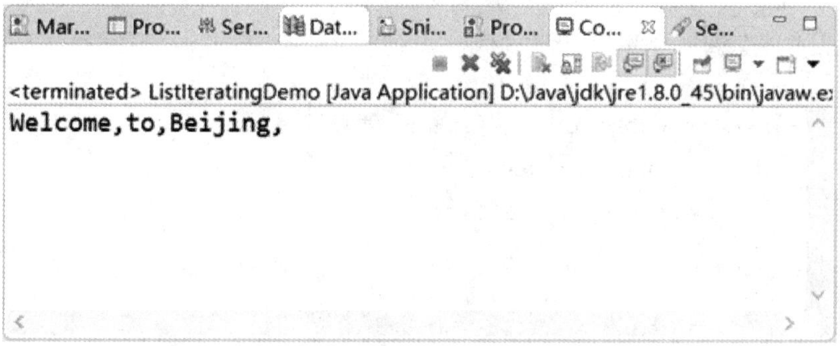

图 14.5

Collection 接口里定义了一个方法 iterator，用于返回当前集合的迭代器对象，使用迭代器遍历集合更加便捷，而且无需考虑集合元素索引。

从 JDK 5.0 开始，Java 提供一个新的 for 循环语句，被称为 forEach 循环，专门用于遍历数组和集合。

【例 14.4】 通过迭代器和 forEach 循环遍历集合中的元素。

```java
//代码示例 14.4
import java.util.ArrayList;
import java.util.Iterator;
import java.util.List;

public class ListIteratingDemo {

    public static void main(String[] args) {
        List<String> strs = new ArrayList<String>();
        strs.add("Welcome");
        strs.add("to");
        strs.add("Beijing");
        System.out.println("for 循环遍历:");
        int maxIndex = strs.size()-1;//最大下标
        for(int i = 0;i<=maxIndex;i++){
            System.out.print(strs.get(i) + ",");
        }
        System.out.println();

        System.out.println("迭代器遍历:");
        Iterator<String> itr = strs.iterator();
        while(itr.hasNext()){
            System.out.print(itr.next() + ",");
        }
        System.out.println();

        System.out.println("forEach 循环遍历:");
        for(String str : strs){
            System.out.print(str + ",");
        }
    }

}
```

例 14.4 的程序运行结果如图 14.6 所示。

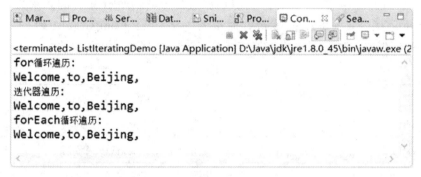

图 14.6

14.4 Set

14.4.1 Comparable 接口和 Comparator 接口

Comparable 接口被称作比较器接口，在 java.lang 包中 Comparable 接口适用于接口实现类具有自然顺序的时候。假定对象集合是同一类型，该接口允许把集合排序成自然顺序。它只有一个 compareTo() 方法，用来比较当前实例和作为参数传入的元素。

如果排序过程中当前实例出现在参数前（当前实例比参数大），就返回某个负值；如果当前实例出现在参数后（当前实例比参数小），则返回正值。否则，返回零；如果这里不要求零返回值表示元素相等。零返回值可以只是表示两个对象在排序的时候排在同一个位置。

常用的 String、Integer 等类都实现了这个接口。我们可以看一下这几个类的源码：可以看到 compareTo 方法里面是通过判断当前的 Integer 对象的值是否大于传入的参数的值来得到返回值的。

当自定义类时，在必要的时候也可以实现 Comparable 接口，这个类的对象就是可排序的。

Comaparator 接口叫作挽救比较器接口，在 java.util 包中的 Comparator 接口用于对某个 Collection 中对象进行排序，通常使用于集合中没有实现 Comparable 接口，不具有自然顺序的对象，具有 compare() 方法，用来比较传入的两个作为参数传入的元素。

14.4.2 Set 接口的实现类

Set 接口有两个常用的实现类，即 HashSet 和 TreeSet。

HashSet 类实现了 Set 接口，由哈希表支持。它不保证元素迭代的顺序，更不保证迭代顺序恒久不变。HashSet 的元素可以为 null。

TreeSet 类不仅实现了 Set 接口,还实现了 java.util.SortedSet 接口。因此,要求存入 TreeSet 集合中的元素必须是可排序的。也就是说存入 TreeSet 集合的元素类型必须实现了 Comparable 接口或者在创建 TreeSet 时指定一个实现了 Comparator 接口的实现类的对象来确定具体的排序规则。TreeSet 类扩展的方法如表 14.4 所示。

表 14.4 TreeSet 类扩展的方法

编号	方法	描述
1	first()	返回集合中当前第一个元素
2	last()	返回集合中当前最后一个元素
3	comparator()	返回对当前集合中元素进行排序的比较器
4	headSet(E toElement)	返回一个新的 Set 集合,新集合包含 toElement 之前的所有元素
5	subSet(E fromElement, E toElement)	返回一个新的 Set 集合,新集合包含 fromElement 与 toElement(不包含)之间的所有元素
6	tailSet(E fromElement)	返回一个新的 Set 集合,新集合包含元素 fromElement 之后的所有元素。

【例 14.5】 Set 接口实现类 HashSet 的使用。

```
1. //代码示例 14.5
2. import java.util.HashSet;
3. import java.util.Set;
4.
5. public class HashSetDemo {
6.
7.     public static void main(String[] args) {
8.         Set st = new HashSet();
9.         st.add("Hello");
10.        st.add("Hello");
11.        System.out.println("元素数量:" + st.size());
12.        System.out.println(st);
13.        st.add("Kitty");
14.        System.out.println(st);
15.        System.out.println("元素数量:" + st.size());
16.    }
17. }
```

例 14.5 的程序运行结果如图 14.7 所示。
在例 14.5 中,第 9 行、第 10 行向集合里添加了两个字符串 Hello,但是将集合内容输出时我们发现只有一个 Hello 字符串,这恰好印证了我们前面讲的,Set 中不可以有重复的相同的元素。

图 14.7

【例 14.6】 Set 接口实现类 TreeSet 的使用。

```java
//代码示例 14.6
import java.util.Set;
import java.util.TreeSet;

public class TreeSetDemo {

    public static void main(String[] args) {
        Set<String> st = new TreeSet<String>();
        st.add("Rose");
        st.add("Jack");
        st.add("Tom");
        st.add("Steven");

        System.out.println(st);

        //遍历 Set 集合
        for(String s : st ){
            System.out.println(s);
        }

    }
}
```

例 14.6 的程序运行结果如图 14.8 所示。

在例 14.6 中,将多个字符串放入 TreeSet 容器中,然后将该容器中的元素输出,我们发现加入 TreeSet 中的字符串被重新排序了。字符串对象之所以能加入 TreeSet,是因为字符串类 String 实现了 java.util.Comparable 接口。

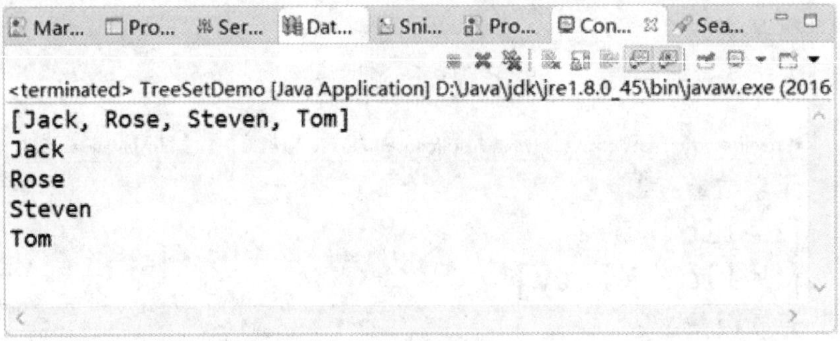
Mar... Pro... Ser... Dat... Sni... Pro... Con... Sea...
<terminated> TreeSetDemo [Java Application] D:\Java\jdk\jre1.8.0_45\bin\javaw.exe (2016
[Jack, Rose, Steven, Tom]
Jack
Rose
Steven
Tom

图 14.8

14.5　Map

14.5.1　Map 接口

Map 是一种依照键值存储元素的容器，键值类似于数组、List 的元素索引，只是数组和 List 的索引值是整数，而 Map 的键值可以是任何引用类型，甚至可以是 null。Map 中不可以有重复的键值，也就是说每个键值在 Map 容器中是唯一的。每个键值对应一个值，键值与对应的值一起构成一个条目，也被称为键值对（key-value），真正存在 Map 容器中的是键值对。java.util.Map 接口中的常用方法见表 14.5。

表 14.5　Map 接口常用方法

编号	方　法	描　述
1	put(K key, V value):V	向当前容器添加一个指定的 key-value 键值对，如果键值 key 已经存在，则会覆盖原来的键值对
2	containsKey(Object key):boolean	如果当前容器包含指定的键值 key，则返回 true
3	containsValue(Objectvalue):boolean	如果当前容器包含指定的值 value，则返回 true
4	get(Object key):Object	返回指定 key 对应的 value，如果 key 不存在，则返回 null
5	keySet():Set	返回当前容器所有键值构成的 Set 对象
6	values():Collection	返回当前容器所有值构成的 Collection 对象
7	entrySet():Set<Map.Entry>	返回当前容器所有键值对构成的 Set 对象

14.5.2 Map 接口的实现类

Map 接口常用的实现类主要有 HashMap 和 TreeMap 两种。

HashMap 类是基于哈希表的 Map 接口的实现,此实现提供所有可选的映射操作,键值和值都可以为 null。HashMap 通过哈希表对内部的映射关系进行快速查找。此类不保证映射的顺序,特别是它不保证该顺序的恒久不变。

TreeMap 类不仅实现了 Map 接口,还实现了 java.util.SortedMap 接口,因此,集合中的映射关系具有一定的顺序,要求键值类型必须实现了 java.lang.Comparable 接口或者使用 Comparator 接口的实现类的对象进行排序。

一般情况下,建议使用 HashMap,因为 HashMap 的添加、删除操作效率相对更高。

既然是容器我们就应该想到一个问题,如何去遍历 Map 集合。前面我们了解到 Map 接口有一个方法 entrySet,这个方法会返回一个 Set 集合,这个集合里的每个元素都是当前 Map 容器的一个键值对。在 Map 接口内部用一个内部类 Map.Entry 来表示键值对,也就是说每个键值对对应一个 Map.Entry 类型的对象,Map.Entry 提供 getKey 和 getValue 两个方法来获取当前键值对的键值和值。

【例 14.7】 Map 常用方法的使用。

```
1.  //代码示例 14.7
2.  import java.util.HashMap;
3.  import java.util.Map;
4.  import java.util.Set;
5.
6.  public class HashMapDemo {
7.
8.      public static void main(String[] args) {
9.          Map<Object, Object>mp = new HashMap<>();
10.         mp.put(1, "first");//向容器添加一个键值对
11.         mp.put("two", "second");
12.         mp.put("three", "Third");
13.         mp.put(null, "no");
14.         System.out.println("键值对数量:" + mp.size());
15.         System.out.println("null 键值对应的值:" + mp.get(null));
16.         mp.put(null, null);//将已经存在的 null 键值对覆盖
17.         System.out.println("null 键值对应的值:" + mp.get(null));
18.         Object v = mp.remove("two");//删除键值 two 对应的键值对
19.         System.out.println("被删除的键值对:two =>" + v);
20.         System.out.println("键值对数量:" + mp.size());
```

```
21.
22.        //遍历 Map 容器
23.        System.out.println("=====遍历 Map 容器======");
24.        Set<Map.Entry<Object,Object>> entries = mp.entrySet();
25.        for(Map.Entry<Object,Object>entry:entries){
26.            System.out.println(entry.getKey() + "=>" + entry.getValue());
27.        }
28.    }
29. }
```

例 14.7 的程序运行结果如图 14.9 所示。

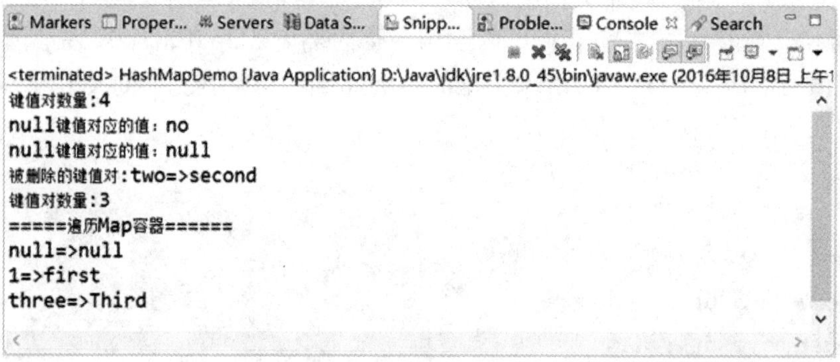

```
<terminated> HashMapDemo [Java Application] D:\Java\jdk\jre1.8.0_45\bin\javaw.exe (2016年10月8日 上午1
键值对数量:4
null键值对应的值:no
null键值对应的值:null
被删除的键值对:two=>second
键值对数量:3
=====遍历Map容器======
null=>null
1=>first
three=>Third
```

图 14.9

14.6 其他容器相关类

14.6.1 Vector 与 List

Vector 和 ArrayList 很像，底层也是用数组实现，都继承了 AbstractList，实现了 List 接口。
Vector 与 ArrayList 也有不同，任何操作 Vector 的方法都是线程安全的，而 ArrayList 是不同步的，不是线程安全的。这样就会发现，Vector 的线程同步会让它在性能方面有一些小问题。所以，如果不需要线程安全的话，那就尽量使用 ArrayList。

14.6.2 HashTable 与 HashMap

HashTable 与 HashMap 有相似的地方，都实现了 Map 接口，但是它们也存在以下不同的地方。

HashTable 中的方法是同步的，而 HashMap 中的方法在缺省情况下是非同步的。在多线程并发的环境下，可以直接使用 HashTable，但是要使用 HashMap 的话就要自己增加同步处理了。

在 HashMap 中，null 可以作为键，这样的键只有一个；可以有一个或多个键所对应的值为 null。当 get()方法返回 null 值时，即可以表示 HashMap 中没有该键，也可以表示该键所对应的值为 null。因此，在 HashMap 中不能由 get()方法来判断 HashMap 中是否存在某个键，而应该用 containsKey()方法来判断。

HashTable、HashMap 都使用了 Iterator。而由于历史原因，HashTable 还使用了 Enumeration 的方式。

注意：能使用 HashMap 的地方尽量不要使用 HashTable，因为 HashMap 的执行效率会更高一些。

14.6.3　Collections 与 Collection

java.util.Collection 是集合类型的根接口，而 java.util.Collections 类是一个实用工具类。Collections 提供了大量 static 的工具方法，用于操作集合。比如可以用 Collections 提供的工具方法对 List 集合进行排序。请看下面代码示例 14.8。

【例 14.8】　Collections 工具类的使用。

```
1.  //代码示例 14.8
2.  importjava.util.ArrayList;
3.  importjava.util.Collections;
4.  importjava.util.List;
5.
6.  public class CollectionsDemo {
7.
8.      public static void main(String[] args) {
9.          List list = new ArrayList();
10.         int array[] = {112, 111, 23, 456, 231 };
11.         for (int i = 0; i<array.length; i++) {
12.            list.add(new Integer(array[i]));
13.         }
14.
15.         System.out.println("排序前:" + list);
16.         Collections.sort(list);//对集合 list 进行排序
17.         System.out.println("排序后:" + list);
18.     }
19.
20. }
```

例 14.8 的程序运行结果如图 14.10 所示，是 List 集合排序前后元素在集合中的顺序。

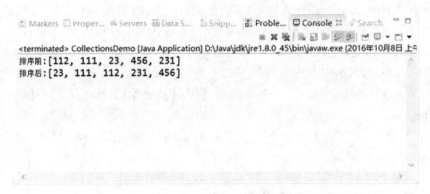

图 14.10

在例 14.8 中，使用了 Collections.sort(list)对 List 集合进行排序。

关于 Collections 类中更多的工具方法，在这里我们不一一讲述，请读者自行查阅 API 说明文档。

14.7　本章小结

1. List 中的元素有序，可重复。
2. ArrayList 内部是通过数组来实现的。
3. LinkedList 内部是通过链表来实现的。
4. 访问 List 中的元素时，索引不能超过取值范围，否则会出现索引越界异常。
5. Set 中的元素无序，不可重复。
6. List、Set 都是 Collection 接口的子接口。
7. Map 接口不是 Collection 的子接口。
8. Map 容器的键值是唯一的，可以为 null。

14.8　习　　题

1. 编程如下内容：将 1~100 之间所有的整数存放在一个 List 集合中，然后将该集合中索引为 10 的元素删除。
2. 分别使用迭代器 Iterator、forEach 循环来遍历题目 1 中的集合。
3. 简述 ArrayList 与 LinkedList 之间的异同点。

第 15 章 输入/输出

本章着重讲解了文件及输入/输出(I/O)操作。Java 语言使用一个类 File 来描述文件和目录,但是 File 对象所描述的文件或者目录在系统里不一定存在。对于 I/O 操作,我们首先要理解清楚什么是输入流,什么是输出流,然后熟练掌握常用 API 的使用。

15.1 File 类

File 类是 I/O 包中唯一代表磁盘文件本身的对象,File 类定义了一些与平台无关的方法来操纵文件,通过调用 File 类提供的各种方法,我们能够创建、删除文件,重命名文件,判断文件的读写权限及是否存在,设置和查询文件的最近修改时间等。

在 Java 语言中,目录也被当作 File 类使用,只是多了一些目录特有的功能,比如,用 list 方法列出目录中的文件名。

在 Unix 下的路径分隔符为"/",在 Dos 下的路径分隔符为"\",Java 可以正确处理 Unix 和 Dos 的路径分隔符,即使我们在 Windows 环境下使用"/"作为路径分隔符,Java 语言仍然能够正确处理。

我们用下面的一个简单应用来演示一下 File 类用法,判断某个文件是否存在,存在则删除,不存在则创建,读者可以通过 Windows 资源管理器观察文件的变化。

【例 15.1】 File 类的使用。

```
1. //代码示例 15.1
2. import java.io.File;
3. public class FileDemo {
4.     public static void main(String[] args)
5.     {
6.         //把 D 盘的 hello.txt 文件建立成 File 类对象
7.         File f = new File("d:\\hello.txt");
8.         if(f.exists()){
9.             f.delete();
10.        }else{
11.            try
12.            {
```

```
13.                  f.createNewFile();
14.              }
15.              catch(Exception e)
16.              {
17.                  System.out.println(e.getMessage());
18.              }
19.          }
20.          System.out.println("File name:" + f.getName());
21.          System.out.println("File path:" + f.getPath());
22.          System.out.println("Absolute path:" + f.getAbsolutePath());
23.          System.out.println("Parent:" + f.getParent());
24.          System.out.println(f.exists()?"exists":"not exist");
25.          System.out.println(f.canWrite()?"writeable":"not writeable");
26.          System.out.println(f.canRead()?"readable":"not readable");
27.          System.out.println(f.isDirectory()?"is ":"not" + "a directory");
28.          System.out.println(f.isFile()?"is a file":"not a file");
29.          System.out.println(f.isAbsolute()?"absolute":"not absolute");
30.          System.out.println("File last modified:" + f.lastModified());
31.          System.out.println("File size:" + f.length() + " Bytes");
32.      }
33. }
```

例 15.1 的运行结果如图 15.1 所示。

```
File name:hello.txt
File path:d:\hello.txt
Absolute path:d:\hello.txt
Parent:d:\
exists
writeable
readable
nota directory
is a file
absolute
File last modified:1475025694348
File size:0 Bytes
```

图 15.1

注：delete 方法删除由 File 对象的路径所表示的磁盘文件。它只能删除普通文件，而不能删除目录，即使是空目录也不行。

关于 File 类的其他方法，没有必要死记硬背，读者在需要使用时可以查看 JDK 文档。初步接触了 File 类，我们发现 File 类不能访问文件的内容，即不能够从文件中读取数据或往文件里写数据，只能对文件本身的属性进行操作。

15.2　RandomAccessFile 类

RandomAccessFile 类是 Java 语言中功能最为丰富的文件访问类,提供了众多的文件访问方法。RandomAccessFile 类支持"随机访问"方式,可以跳转到文件的任意位置处读写数据。访问一个文件时,如果不想把文件从头读到尾,并希望像访问一个数据库那样,访问一个文本文件,使用 RandomAccessFile 类就是最佳的选择。

RandomAccessFile 对象类有个位置指示器,指向当前读写的位置,当读写 n 个字节后,文件指示器将指向这 n 个字节后的下一个字节处。初打开文件时,文件指示器指向文件的开始处,如果想从其他位置开始读写文件,可以移动文件指示器到新的位置。在等长记录格式文件的随机(相对顺序而言)读取时,RandomAccessFile 有很大优势。但该类仅限于操作文件,不能访问其他的 I/O 设备,如网络、内存映象等。

RandomAccessFile 可以用只读或读写方式打开文件,具体使用哪种方式取决于我们创建 RandomAccessFile 类对象的构造方式:

　　　　　　　new RandomAccessFile(f,"rw");　//读写方式
　　　　　　　new RandomAccessFile(f,"r");　　//只读方式

注:当我们的程序需要以读写的方式打开一个文件时,如果这个文件不存在,程序会为你创建它。

有关 RandomAccessFile 类中的成员方法及使用说明,请参阅 JDK 文档。

【例 15.2】　往文件中写入 3 名员工的信息,然后按照第 2 名员工、第 1 名员工、第 3 名员工的先后顺序读出。

【分析】　我们需要设计一个类来封装员工信息。一个员工信息就是文件中的一条记录,必须保证每条记录在文件中的大小相同,也就是每个员工的姓名字段在文件中的长度是一样的,才能够准确定位每条记录在文件中的具体位置。假设 name 中有 8 个字符,少于 8 个则补空格(这里我们用"\u0000"),多于 8 个则去掉后面多余的部分。由于年龄是整型数,不管这个数有多大,只要它不超过整型数的范围,在内存中都是占 4 个字节的大小。

```
1. //代码示例 15.2
2. import java.io.*;
3. public class RandomAccessDemo
4. {
5.     public static void main(String [] args) throws Exception
6.     {
7.         Employee e1 = new Employee("zhangsan",23);
8.         Employee e2 = new Employee("Lisi",24);
9.         Employee e3 = new Employee("Wangwu",25);
```

```java
10.     RandomAccessFile ra = new RandomAccessFile("d:\\hello.txt","rw");
11.     ra.write(e1.name.getBytes());
12.     ra.writeInt(e1.age);
13.     ra.write(e2.name.getBytes());
14.     ra.writeInt(e2.age);
15.     ra.write(e3.name.getBytes());
16.     ra.writeInt(e3.age);
17.     ra.close();
18.     RandomAccessFile raf = new RandomAccessFile("d:\\hello.txt","r");
19.     int len = 8;
20.     raf.skipBytes(12); //跳过第一个员工的信息
21.     System.out.println("第二个员工信息:");
22.     String str = "";
23.     for(int i = 0;i<len;i++)
24.         str = str + (char)raf.readByte();
25.     System.out.println("name:" + str);
26.     System.out.println("age:" + raf.readInt());
27.     System.out.println("第一个员工的信息:");
28.     raf.seek(0); //将文件指针移动到文件开始位置
29.     str = "";
30.     for(int i = 0;i<len;i++)
31.         str = str + (char)raf.readByte();
32.     System.out.println("name:" + str);
33.     System.out.println("age:" + raf.readInt());
34.     System.out.println("第三个员工的信息:");
35.     raf.skipBytes(12);   //跳过第二个员工信息
36.     str = "";
37.     for(int i = 0;i<len;i++)
38.         str = str + (char)raf.readByte();
39.     System.out.println("name:" + str.trim());
40.     System.out.println("age:" + raf.readInt());
41.     raf.close();
42.     }
43. }
44. class Employee
45. {
46.     String name;
47.     int age;
```

| 48. | final static int LEN = 8;
| 49. | public Employee(String name,int age)
| 50. | {
| 51. | if(name.length()>LEN)
| 52. | {
| 53. | name = name.substring(0,8);
| 54. | }
| 55. | else
| 56. | {
| 57. | while(name.length()<LEN)
| 58. | name = name + "\u0000";
| 59. | }
| 60. | this.name = name;
| 61. | this.age = age;
| 62. | }
| 63. | }

例 15.2 的运行结果如图 15.2 所示。

图 15.2

程序演示了 RandomAccessDemo 类的作用。String.substring(int beginIndex,int endIndex)方法可以用于取出一个字符串中的部分子字符串,要注意的一个细节是:子字符串中的第一个字符对应的是原字符串中的脚标为 beginIndex 处的字符,但最后的字符对应的是原字符串中的脚标为 endIndex－1 处的字符,而不是 endIndex 处的字符。

15.3 节 点 流

15.3.1 理解流的概念

数据流是一串连续不断的数据的集合,就像水管里的水流,在水管的一端一点一点地供水,而在水管的另一端看到的是一股连续不断的水流。数据写入程序可以是一段一段地向数据流管道中写入,这些数据段会按先后顺序形成一个长的数据流。对数据读取程序来说,看不到数据流在写入时的分段情况,每次可以读取其中的任意长度的数据,但只能先读取前面的数据后,再读取后面的数据。不管写入时是将数据分几次写入,还是作为一个整体一次性写入,读取时的效果都是完全一样的。

我们将 I/O 流类分为两个大类,节点流类和过滤流类(也叫处理流类)。程序用于直接操作目标设备所对应的类叫节点流类;程序也可以通过一个间接流类去调用节点流类,以达到更加灵活方便地读写各种类型的数据,这个间接流类就是过滤流类(也叫处理流类),我更喜欢称之为包装类。不管叫什么,都只是一个名词而已,读者不要太在意,你可以根据自己的习惯和喜好来定。

15.3.2 InputStream 与 OutputStream

程序可以从中连续读取字节的对象叫输入流,用 InputStream 类完成;程序能向其中连续写入字节的对象叫输出流,用 OutputStream 类完成。InputStream 与 OutputStream 对象是两个抽象类,还不能表明具体对应哪种 I/O 设备。它们有许多子类,包括网络、管道、内存、文件等具体的 I/O 设备,如 FileInputStream 类对应的就是文件输入流,是一个节点流类,我们将这些节点流类所对应的 I/O 源和目标称为流节点(Node)。

InputStream 定义了 Java 的输入流模型。该类中的所有方法在遇到错误的时候都会引发 IOException 异常,下面是 InputStream 类中方法的一个简要说明:

(1) int read()返回下一个输入字节的整型表示,如果返回 -1 表示遇到流的末尾,结束。

(2) int read(byte[] b)读入 b.length 个字节放到 b 中并返回实际读入的字节数。

(3) int read(byte[] b,int off,int len)这个方法表示把流中的数据读到数组 b 中,从 off 个开始的 len 个数组元素中。

(4) long skip(long n) 跳过输入流上的 n 个字节并返回实际跳过的字节数。

(5) int availabale() 返回当前输入流中可读的字节数。

(6) void mark(int readlimit)在输入流的当前位置处放上一个标志,允许最多再读入 readlimit 个字节。

(7) void reset() 把输入指针返回到以前所做的标志处。

(8) boolean markSupported() 如果当前流支持 mark/reset 操作就返回 true。

(9) void close()在操作完一个流后要使用此方法将其关闭,系统就会释放与这个流相关的资源。

InputStream 是一个抽象类,实际使用的是它的各种子类对象。不是所有的子类都会支持 InputStream 中定义的方法,如 skip,mark,reset 等,这些方法只对某些子类有用。

OutputStream 是一个定义了输出流的抽象类,这个类中的所有方法均返回 void,并在遇到错误时引发 IOException 异常。下面是 OutputStream 的方法:

(1) void write(intb) 将一个字节写到输出流。注意,这里的参数是 int 型,它允许 write 使用表达式而不用强制转换成 byte 型。

(2) void write(byte[] b) 将整个字节数组写到输出流中。

(3) void write(byte [] b,int off,int len) 将字节数组 b 中的从 off 开始的 len 个字节写到输出流。

(4) void flush 彻底完成输出并清空缓冲区。

(5) void close 关闭输出流。

15.3.3　FileInputStream 与 FileOutputStream

这两个流节点用来操作磁盘文件,在创建一个 FileInputStream 对象时通过构造函数指定文件的路径和名字,当然这个文件应当是存在的和可读的。在创建一个 FileOutputStream 对象时指定文件如果存在将要被覆盖。

下面是对同一个磁盘文件创建 FileInputStream 对象的两种方式。其中用到的两个构造函数都可以引发 FileNotFoundException 异常。

```
FileInputStream inOne = new FileInputStream("hello.test");
    File f = new File("hello.test");
    FileInputStream inTwo = new FileInputStream(f);
```

尽管第一种方法更简单,但第二种方法允许把文件做进一步分析后再连接到输入流。

FileOutputStream 对象也有两个构造函数,构造函数的参数和 FileInputStream 对象的构造函数参数相同,创建一个 FileOutputStream 对象时,可以为其指定一个不存在的目录名。FileOutputStream 先创建输出对象,再准备输出。

【例 15.3】　用 FileOutputStream 类向文件中写入一串字符,并用 FileInputStream 读出。

```
1. //代码示例 15.3
2. import java.io.*;
3. public class FileStreamDemo
4. {
5.     public static void main(String[] args)
6.     {
7.         File f = new File("hello.txt");
```

```
8.      try
9.      {
10.         FileOutputStream out = new FileOutputStream(f);
11.         byte buf[] = "hello world".getBytes();
12.         out.write(buf);
13.         out.close();
14.     }
15.     catch(Exception e)
16.     {
17.         System.out.println(e.getMessage());
18.     }
19.
20.     try
21.     {
22.         FileInputStream in = new FileInputStream(f);
23.         byte [] buf = new byte[1024];
24.         int len = in.read(buf);
25.         System.out.println(new String(buf,0,len));
26.     }
27.     catch(Exception e)
28.     {
29.         System.out.println(e.getMessage());
30.     }
31. }
32. }
```

例 15.3 的程序运行结果如图 15.3 所示。

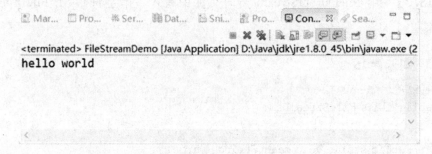

图 15.3

编译运行上面的程序,能够看到当前目录下产生了一个 hello.txt 的文件,用记事本程序打开这个文件,能看到我们写入的内容。随后,程序开始读取文件中的内容,并将读取到的内容打印出来。在这个例子中,演示了怎样用 FileOutputStream 往一个文件中写东西和怎样用 FileInputStream 从一个文件中将内容读出来。有一点不足的是，这两个类都只提供了对字节或字节数组进行读取的方法，对于字符串的读写，还需要进行转换后才可以。

15.3.4 Reader 与 Writer

Java 语言中的字符是 unicode 编码，是双字节的，而 InputStream 与 OutputStream 是用来处理字节的，在处理字符文本时不太方便，需要编写额外的程序代码。Java 语言为字符文本的输入输出专门提供了一套单独的类：Reader、Writer。Reader 和 Writer 是两个抽象类，与 InputStream、OutputStream 两个类相对应。同样，Reader、Writer 下面也有许多子类，对具体 I/O 设备进行字符输入输出，如 FileReader 就是用来读取文件流中的字符。

对于 Reader 和 Writer，我们就不过多地说明了，大体的功能和 InputStream、OutputStream 两个类相同，但并不是它们的代替者，只是在处理字符串时简化了编程。

【例 15.4】 将例 15.3 修改为使用 FileWriter 和 FileReader 来实现。

```java
1. //代码示例 15.4
2. import java.io.*;
3. public class FileReaderWriterDemo
4. {
5.     public static void main(String[] args)
6.     {
7.         File f = new File("hello.txt");
8.         try
9.         {
10.            FileWriter out = new FileWriter(f);
11.            out.write("hello world");
12.            out.close();
13.        }
14.        catch(Exception e)
15.        {
16.            System.out.println(e.getMessage());
17.        }
18.        try
19.        {
20.            FileReader in = new FileReader(f);
21.            char [] buf = new char[1024];
22.            int len = in.read(buf);
23.            System.out.println(new String(buf,0,len));
24.        }
25.        catch(Exception e)
```

```
26.        {
27.            System.out.println(e.getMessage());
28.        }
29.    }
30. }
```

编译运行后的结果与例 15.3 相同,因为 FileWriter 可以往文件中写入字符串,不用将字符串转换为字节数组。相对于 FileOutputStream 来说,使用 FileReader 读取文件中的内容,并没有简化我们的编程工作,FileReader 的优势,要结合后面讲到的包装类才能体现出来。

15.3.5 PipedInputStream 与 PipedOutputStream

一个 PipedInputStream 对象必须和一个 PipedOutputStream 对象进行连接而产生一个通信管道,PipedOutputStream 可以向管道中写入数据,PipedInputStream 可以从管道中读取 PipedOutputStream 写入的数据。这两个类主要用来完成线程之间的通信,一个线程的 PipedInputStream 对象能够从另外一个线程的 PipedOutputStream 对象中读取数据。

【例 15.5】 PipedInputStream 与 PipedOutputStream 对象的使用。

```
1.  //代码示例 15.5
2.  import java.io.*;
3.  public class PipeStreamDemo {
4.      public static void main(String args[]) {
5.          try {
6.              Sender t1 = new Sender();
7.              Receiver t2 = new Receiver();
8.              PipedOutputStream out = t1.getOutputStream();
9.              PipedInputStream in = t2.getInputStream();
10.             out.connect(in);
11.             t1.start();
12.             t2.start();
13.         } catch (IOException e) {
14.             System.out.println(e.getMessage());
15.         }
16.     }
17. }
18.
19. /*
20.  * 编写一个线程的子类 Sender,重写其中的 run()方法
```

```
21.  * 这个类主要实现写入功能
22.  */
23. class Sender extends Thread {
24.     private PipedOutputStream out = new PipedOutputStream();
25.     public PipedOutputStream getOutputStream() {
26.         return out;
27.     }
28.     public void run() {
29.         String s = new String("hello,receiver ,how are you");
30.         try {
31.             out.write(s.getBytes());
32.             out.close();
33.         } catch (IOException e) {
34.             System.out.println(e.getMessage());
35.         }
36.     }
37. }
38. /*
39.  * 编写一个线程的子类 Receiver,重写其中的 run()方法
40.  * 这个类主要实现读取功能
41.  */
42. class Receiver extends Thread {
43.     private PipedInputStream in = new PipedInputStream();
44.     public PipedInputStream getInputStream() {
45.         return in;
46.     }
47.     public void run() {
48.         String s = null;
49.         byte[] buf = new byte[1024];
50.         try {
51.             int len = in.read(buf);
52.             s = new String(buf, 0, len);
53.             System.out.println("from sender:\n" + s);
54.             in.close();
55.         } catch (IOException e) {
56.             System.out.println(e.getMessage());
57.         }
58.     }
59. }
```

例 15.5 的程序运行结果如图 15.4 所示。

图 15.4

JDK 还提供了 PipedWriter 和 PipedReader 这两个类来用于字符文本的管道通信，读者掌握了 PipedOutputStream 和 PipedInputStream 类，自然也就知道如何使用 PipedWriter 和 PipedReader 这两个类了。

15.3.6　ByteArrayInputStream 与 ByteArrayOutputStream

ByteArrayInputStream 是输入流的一种实现，它有两种形式的构造函数，每个构造函数都需要一个字节数组来作为数据源：

　　　　ByteArrayInputStream(byte[] buf);
　　　　ByteArrayInputStream(byte[] buf, int offset, int length);

第二种形式的构造函数指定仅使用数组 buf 中的从 offset 开始的 length 个元素作为数据源。

ByteArrayOutputStream 是输出流的一种实现，它也有两种形式的构造函数：

　　　　ByteArrayOutputStream();
　　　　ByteArrayOutputStream(int);

第一种形式的构造函数创建一个 32 字节的缓冲区，第二种形式则是根据参数指定的大小创建缓冲区，缓冲区的大小在数据过多时能够自动增长。

这两个流的作用在于，用 I/O 流的方式来完成对字节数组内容的读写。爱思考的读者一定有过这样的疑问：对数组的读写非常简单，我们为什么不直接读写字节数组呢？在什么情况下该使用这两个类呢？

有的读者可能听说过内存虚拟文件或者是内存映像文件，它们是把一块内存虚拟成一个硬盘上的文件，原来该写到硬盘文件上的内容会被写到这个内存中，原来该从一个硬盘文件上读取内容可以改为从内存中直接读取。如果程序在运行过程中要产生一些临时文件，就可以用虚拟文件的方式来实现，这样就不用访问硬盘，直接访问内存会提高应用程序的效率。

假设有一个已经写好了的压缩函数，这个函数接收两个参数，即输入流对象和输出流对象，它从输入流对象中读取数据，并将压缩后的结果写入输出流对象中。程序要将一台计算机的屏幕图像通过网络不断地传送到另外的计算机上，为了节省网络带宽，我们需要对一副屏幕图像的像素数据进行压缩后，然后通过网络发送出去。如果没有内存虚拟文件，我们就必须先将一副屏幕图像的像素数据写入到硬盘上的一个临时文件，再以这个文件作为输入流对象去调用那个压缩函数，接着又从压缩函数生成的压缩文件中读取压缩后的数据，再通过网络发送出去,最后删除压缩前后所生成的两个临时文件。可见这样的效率是非常低的。我们要在程序分配一个存储数据的内存块,通常都用定义一个字节数组来实现。

JDK 中提供了 ByteArrayInputStream 和 ByteArrayOutputStream 这两个类可实现类似内存虚拟文件的功能,我们将抓取到的计算机屏幕图像的所有像素数据保存在一个数组中,然后根据这个数组创建一个 ByteArrayInputStream 流对象,同时创建一个用于保存压缩结果的 ByteArrayOutputStream 流对象,将这两个对象作为参数传递给压缩函数,最后从 ByteArrayOutputStream 流对象中返回包含有压缩结果的数组。

【例 15.6】 模拟上述过程,并不需要真正压缩输入流中的内容,只是把输入流中的所有英文字母变成对应的大写字母写入到输出流中。

```
1. //代码示例 15.6
2. import java.io.*;
3. public class ByteArrayStreamDemo
4. {
5.     public static void main(String[] args) throws Exception
6.     {
7.         String tmp = "Welcome to Beijing";
8.         byte[] src = tmp.getBytes();//
9.         ByteArrayInputStream input = new ByteArrayInputStream(src);
10.        ByteArrayOutputStream output = new ByteArrayOutputStream();
11.        ByteArrayStreamDemo basDemo = new ByteArrayStreamDemo();
12.        basDemo.transform(input,output);
13.        byte[] result = output.toByteArray();//result 为转换后的内存块
14.        System.out.println(new String(result));
15.    }
16.    public void transform(InputStream in,OutputStream out)
17.    {
18.        int c = 0;
19.        try
20.        {
21.            while((c = in.read())! = -1)//read 在读到流的结尾处返回-1
22.            {
23.                int C = (int)Character.toUpperCase((char)c);
24.                out.write(C);
25.
26.            }
27.        }
28.        catch(Exception e)
29.        {
```

```
30.              e.printStackTrace();
31.          }
32.      }
33. }
```

例 15.6 的程序运行结果如图 15.5 所示。

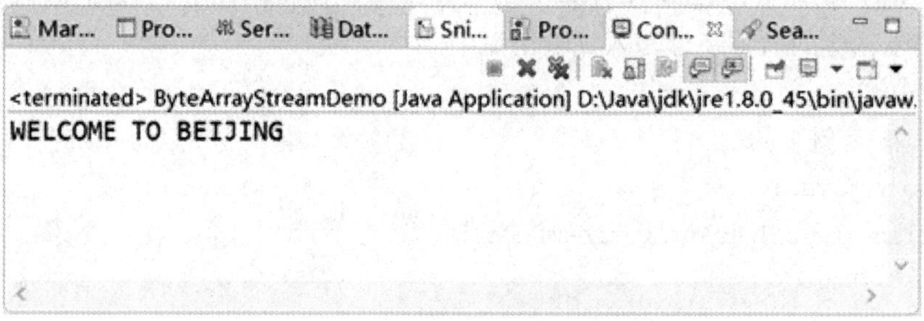

图 15.5

与 ByteArrayInputStream 和 ByteArrayOutputStream 类对应的字符串读写类分别是 StringReader 和 StringWriter。读者可以将上面的程序修改成由这两个类来完成，具体的程序代码就不在这里细说了。

15.4 过滤流与包装类

15.4.1 理解包装类的概念与作用

在前面的部分，我们接触到了许多节点流类，比如 FileOutputStream 和 FileInputStream，这两个类只提供了读写字节的方法，即只能往文件中写入字节或从文件中读取字节。在实际应用中，需要往文件中写入或读取各种类型的数据，如果使用这两个类，就必须先将其他类型的数据转换成字节数组后写入文件或是将从文件中读取到的字节数组转换成其他类型，如此会带来一些困难和麻烦。如果提供一个中间类，这个中间类提供读写各种类型数据的方法，当需要写入其他类型数据时，只要调用中间类中对应的方法即可。在这个中间类的方法内部，将其他数据类型转换成字节数组，然后调用底层的节点流类将这个字节数组写入目标设备。我们将这个中间类叫作过滤流类或处理流类，也叫包装类。例如，I/O 包中有一个叫 DataOutputStream 的包装类，下面是它所提供的部分方法。

```
public final void writeBoolean(boolean v) throws IOException
public final void writeShort(int v) throws IOException
public final void writeChar(int v) throws IOException
public final void writeInt(int v) throws IOException
public final void writeLong(long v) throws IOException
public final void writeFloat(float v) throws IOException
public final void writeDouble(double v) throws IOException
public final void writeBytes(String s) throws IOException
```

从上面的方法名和参数类型,可以看出这个包装类能帮我们往 I/O 设备中写入各种类型的数据。包装类的调用过程如图 15.6 所示。

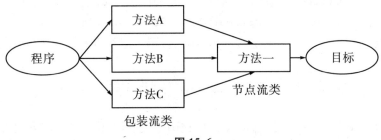

图 15.6

用包装类去包装另外一个包装类,创建包装类对象时,必须指定它要调用的那个底层流对象,也就是这些包装类的构造函数中,都必须接收另外一个流对象作为参数。如 DataOutputStream 包装类的构造函数为

```
public DataOutputStream(OutputStream out)
```

参数 out 就是 DataOutputStream 要调用的那个底层输出流对象。

15.4.2 BufferedInputStream 与 BufferedOuputStream

对 I/O 进行缓冲是一种常见的性能优化。缓冲流为 I/O 流增加了内存缓冲区。增加缓冲区有以下两个基本目的:

(1) 允许 Java 语言的 I/O 操作,一次不只操作 1 个字节,这样提高了整个系统的性能。

(2) 由于有缓冲区,使得在流上执行 skip、mark 和 reset 方法都成为可能。

1. BufferedInputStream

Java 的 BufferedInputStream 类可以对任何的 InputStream 进行带缓冲区的封装以达到性能的改善。BufferedInputStream 有两个形式的构造函数:

```
BufferedInputStream(InputStream in);
BufferedInputStream(InputStream in,int size);
```

第一种形式的构造函数创建了一个带有 32 字节缓冲区的缓冲流,第二种形式的构造函数按指定的大小来创建缓冲区。通常缓冲区大小是内存、磁盘扇区或其他系统容量的整数倍,这样就可以充分提高 I/O 操作的性能。一个最优的缓冲区的大小,取决于它所在的操作系统、可用的内存空间以及机器的配置。

对输入流进行缓冲可以实现部分字符的回流。除了 InputStream 中常用的 read 和

skip 方法，BufferedInputStream 还支持 mark 和 reset 方法。mark 方法在流的当前位置做一个标记，该方法接收的一个整数参数用来指定从标记处开始，还能通过 read 方法读取的字节数，reset 方法可以让以后的 read 方法重新回到 mark 方法所做的标记处开始读取数据。

注意：mark 只能限制在建立的缓冲区内。

2. BufferedOutputStream

往 BufferedOutputStream 输出和往 OutputStream 输出完全一样，只不过 BufferedOutputStream 有一个 flush 方法用来将缓冲区的数据强制输出完。与缓冲区输入流不同，缓冲区输出流没有增加额外的功能。在 Java 中使用输出缓冲也是为了提高性能。它也有两个构造函数：

```
BufferedOutputStream(OutputStream out)
BufferedOutputStream(OutputStream out,int size)
```

第一种形式创建一个 32 字节的缓冲区，第二种形式以指定的大小来创建缓冲区。

15.4.3　DataInputStream 与 DataOutputStream

DataInputStream 与 DataOutputStream 这两个类提供了可以读写各种基本类型数据的各种方法，这些方法使用非常简单。前面已经介绍了 DataOutputStream 类的大部分方法。DataInputStream 类也有与这些 write 方法对应的 read 方法，读者可以在 JDK 文档帮助查看详细的信息。

DataOutputStream 类提供了三种写入字符串的方法：

```
public final void writeBytes(String s) throws IOException
public final void writeChars(String s) throws IOException
public final void writeUTF(String str) throws IOException
```

这三种方法有什么区别呢？Java 语言的字符是 unicode 编码，是双字节的。writeBytes()方法只将字符串中的每一个字符的低字节内容写入目标设备中，而 writeChars()方法将字符串中的每一个字符的 2 字节内容都写入到目标设备中。writeUTF()方法对字符串按照 UTF 格式写入目标设备。UTF 是带有长度头的，开始的 2 字节是对字符串进行 UTF 编码后的字节长度，其后才是每个字符的 UTF 编码。字符的 UTF 编码对应以下规则：

（1）假如字符 c 的范围在\u0001 和\u007f 之间，对应的 UTF 码占 1 个字节，内容为：(byte)c。

（2）假如字符 c 是\u0000 或其范围在\u0080 和\u07ff 之间，对应的 UTF 码占 2 字节，内容为：(byte)(0xc0|(0x1f&(c>>6)))，(byte)(0x80|(0x3f&c))。

（3）假如字符 c 的范围在\u0800 和 uffff 之间，对应的 UTF 码占 3 个字节，内容为：(byte)(0xe0|(0x0f&(c>>12)))，(byte)(0x80|(0x3f &(c>>6)))，(byte)(0x80|(0x3f& c))

与 DataOutputStream 类对应的输入流 DataInputStream 类中只提供了一个 readUTF()方法返回字符串，也就是 DataInputStream 类中没有直接读取到 DataOutputStream 类的 writeBytes()和 writeChars()方法写入的字符串，这又是为什么呢？

如果要在一个连续的字节流读取一个字符串（字节流可能很多内容，这个字符串可能只是字节流中的一段内容），如果没有特殊的标记作为一个字符串的结尾，而且也不知道这个字符串的长度,我们是没法知道字节流的什么位置才是该字符串的结尾。

在 DataOutputStream 类中只有 writeUTF()方法向目标设备中写入了字符串的长度,所以,在 DataInputStream 只提供了 readUTF()方法准确地读回 writeUTF()方法写入的字符串。

【例 15.7】 DataInputStream 与 DataOutputStream 两个类的使用。

```
1. //代码示例 15.7
2. import java.io.*;
3. public class DataStreamDemo
4. {
5.     public static void main(String[] args)
6.     {
7.         try
8.         {
9.             FileOutputStream fos = new FileOutputStream("hello.txt");
10.            BufferedOutputStream bos = new BufferedOutputStream(fos);
11.            DataOutputStream dos = new DataOutputStream(bos);
12.            dos.writeUTF("ab 中国");
13.            dos.writeBytes("ab 中国");
14.            dos.writeChars("ab 中国");
15.            dos.close();
16.
17.            FileInputStream fis = new FileInputStream("hello.txt");
18.            BufferedInputStream bis = new BufferedInputStream(fis);
19.            DataInputStream dis = new DataInputStream(bis);
20.            System.out.println("hello.txt 内容:" + dis.readUTF());
21.            fis.close();
22.        }
23.        catch(Exception e)
24.        {
25.            System.out.println(e.getMessage());
26.        }
27.    }
28. }
```

例 15.7 程序使用了多个流对象来进行文件的读写，这多个流对象形成了一个链，我们称之为流栈，如图 15.7 所示。

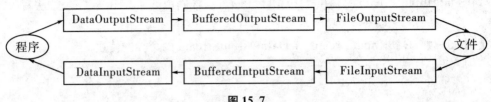

图 15.7

如果正在使用一个流栈，程序关闭最上面的一个流也就自动关闭了栈中的所有底层流，所以程序中只调用了 DataInputStream 与 DataOutputStream 这两个流对象的 close 方法。我们用记事本程序打开 hello.txt 文件，显示内容如图 15.8 所示。

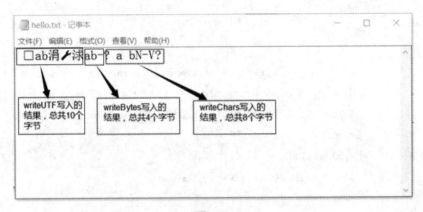

图 15.8

程序的运行结果，如图 15.8 中标注的那样，writeChars 写入的'a'字符占用 2 个字节。尽管我们在记事本程序中看不出 writeUTF 写入的字符串是"ab 中国"，但程序通过 readUTF 读回后显示在屏幕上的仍是"ab 中国"。这个过程就好比一个写入函数把字符串加密后写入文件，我们用记事本程序是看不出其实际写入的内容的，但对应的读取函数却能正确返回先前写入的字符串，因为读取函数内部知道如何解密。writeChars()和 writeBytes()方法写入的字符串，要想读取回来，就没这么幸运了。读者可以借鉴例 15.7，注释掉程序中的"dos.writeUTF("ab 中国");"，再运行后，会发现我们写入的字符串没有打印出来，你就能够明白，要将 writeChars()和 writeBytes()方法写入的字符串正确读取，实在太难了，所以，Java 语言的 IO 包中专门提供了各种 Reader 和 Writer 类来操作字符串。

15.4.4 PrintStream

PrintStream 类提供了一系列的 print()和 println()方法，可以将基本数据类型格式化成字符串输出。在前面，我们在程序中大量用到"System.out.println();"语句中的 System.out 就是 PrintStream 类的一个实例对象。PrintStream 有以下 3 个构造函数：

PrintStream(OutputStream out);
PrintStream(OutputStream out,boolean auotflush);
PrintStream(OutputStream out,boolean auotflush,String encoding);

其中 autoflush 是指在 Java 语言中遇到换行符(\n)时是否自动清空缓冲区,encoding 是指定编码方式,关于编码方式,我们在本章后面部分进行详细的讨论。

Println()方法与 print()方法的区别是:前者会在打印完的内容后再多打印一个换行符(\n),所以 println()等于 print("\n")。

Java 语言的 PrintStream 对象具有多个重载的 print()和 println()方法,它们可输出各种类型(包括 Object)的数据。对于基本数据类型的数据,print()和 println()方法会先将它们转换成字符串的形式后再输出,而不是输出原始的字节内容,如:整数 123 的打印结果是字符'1''2''3'所组合成的一个字符串,而不是整数 123 在内存中的原始字节数据。对于一个非基本数据类型的对象,print()和 println()方法会先调用对象的 toString()方法,然后再输出 toString()方法返回的字符串。

IO 包中提供了一个与 PrintStream 对应的 PrintWriter 类,PrintWriter 即使遇到换行符(\n)也不会自动清空缓冲区,只在设置了 autoflush 模式下使用了 println()方法后才自动清空缓冲区。

PrintWriter 相对 PrintStream 最有利的一个地方就是 println()方法,在 Windows 的文本换行是"\r\n",而 Linux 下的文本换行是"\n",如果我们希望程序能够生成平台相关的文本换行,而不是在各种平台下都用"\n"作为文本换行,就应该使用 PrintWriter 的 println()方法时,PrintWriter 的 println()方法能根据不同的操作系统而生成相应的换行符。

15.4.5 ObjectInputStream 与 ObjectOutputStream

ObjectInputStream 和 ObjectOutputStream 这两个类,用于存储和读取对象的输入输出流类。不难想象,只要把对象中的所有成员变量都存储起来,就等于保存了这个对象,同时只要读取到一个对象中原来保存的所有成员变量的值,就等于读取到了这个对象。ObjectInputStream 与 ObjectOutputStream 类可以帮我们完成保存和读取对象成员变量值,但是要保存和读取对象,此对象必须实现 Serializable 接口。Serializable 接口中没有定义任何方法,仅仅被用作一种标记,以被编译器作特殊处理。ObjectInputStream 与 ObjectOutputStream 类不会保存和读取对象中的 transient 和 static 类型的成员变量,使用Object InputStream 与 ObjectOutputStream 类保存和读取对象的机制叫序列化,如下面定义了一个可以被序列化的 SeriClass 类:

```
public class SeriClass implements Serializable{
    publictransient Thread t;
    private String customerID;
    private int total;
}
```

在 SeriClass 类的实例对象被序列化时,成员变量 t 不会被保存和读取。

序列化的好处在于:它可以将任何实现了 Serializable 接口的对象转换为连续的字节数据,这些数据以后仍可被还原为原来的对象状态,即使这些数据通过网络传输也没问题。序列化能屏蔽不同操作系统上的差异。在 Windows 上产生某个对象,将它序列化存储,然后通过网络传到 Linux 机器上,该对象仍然可以被正确重建出来,完全不用担心不同机器上的不同的数据表示方式。

【例 15.8】 创建一个学生对象,并把它输出到一个文件(stuobj.txt)中,然后再把该对象读出来,将其还原后打印。

```java
//代码示例 15.8
import java.io.*;

public class SerializableDemo {
    public static void main(String args[])throws IOException, ClassNotFoundException {
        Student stu = new Student(19, "Jack", 50, "物理");
        FileOutputStream fos = new FileOutputStream("stuobj.txt");
        ObjectOutputStream os = new ObjectOutputStream(fos);
        try {
            os.writeObject(stu);
            os.close();
        } catch (IOException e) {
            System.out.println(e.getMessage());
        }
        stu = null;
        FileInputStream fi = new FileInputStream("stuobj.txt");
        ObjectInputStream si = new ObjectInputStream(fi);
        try {
            stu = (Student) si.readObject();
            si.close();
        } catch (IOException e) {
            System.out.println(e.getMessage());
        }
        System.out.println("ID is:" + stu.id);
        System.out.println("name is:" + stu.name);
        System.out.println("age is:" + stu.age);
        System.out.println("department is:" + stu.department);
    }
}

class Student implements Serializable {
    int id;
    String name;
    int age;
```

```
34.     String department;

35.     public Student(int id, String name, int age, String department){
36.         this.id = id;
37.         this.name = name;
38.         this.age = age;
39.         this.department = department;
40.     }
41. }
```

例 15.8 的程序运行结果如图 15.9 所示。

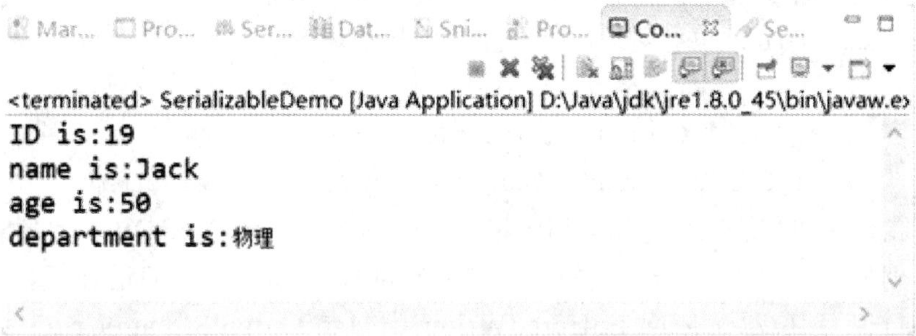

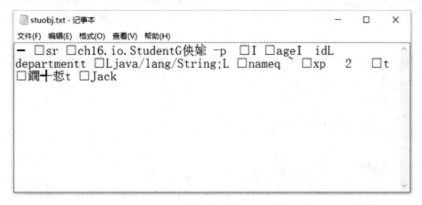

图 15.9

从运行结果可以看出,读出来并还原的内容和原来创建时是一样的。用记事本程序打开 stuobj.txt 文件,显示的内容如图 15.10 所示。

图 15.10

我们不需要了解其中的详细细节,只要了解到对象被序列化到文件后,文件内容是有特定格式的即可。

15.4.6 字节流与字符流的转换

前面我们讲过，Java 语言支持字节流和字符流，有时也需要将字节流和字符流相互转换。

InputStreamReader 和 OutputStreamWriter 这两个类是字节流和字符流之间转换的类，InputStreamReader 可以将一个字节流中的字节解码成字符，OuputStreamWriter 将写入的字符编码成字节后写入一个字节流。其中 InputStreamReader 有两个主要的构造函数：

```
InputStreamReader(InputStream in);
```
用默认字符集创建一个 InputStreamReader 对象。
```
InputStreamReader(InputStream in,String CharsetName);
```
接受以指定字符集名的字符串，并用该字符集创建对象。

OutputStreamWriter 也有对应的两个主要的构造函数：
```
OutputStreamWriter(OutputStream in);
```
用默认字符集创建一个 OutputStreamWriter 对象。
```
OutputStreamWriter(OutputStream in,String CharsetName)
```
接受以指定字符集名的字符串，并用该字符集创建 OutputStreamWriter 对象。

为了达到最好的效率，避免频繁的字符与字节间的相互转换，我们最好不要直接使用这两个类来进行读写，应尽量使用 BufferedWriter 类包装 OutputStreamWriter 类，用 BufferedReader 类包装 InputStreamReader。例如：

```
BufferedWriter out = new BufferedWriter(newOutputStreamWriter(System.out));
BufferedReader in = new BufferedReader(newInputStreamReader(System.in));
```

我们接着从一个更实际的应用中来熟悉 InputStreamReader 的作用。怎样用一种简单的方式一下就读取到键盘上输入的一整行字符？只要用下面的两行程序代码就可以解决这个问题：

```
BufferedReader in = new BufferedReader(new InputStreamReader(System.in));
String strLine = in.readLine();
```

15.4.7 IO 包中的类层次关系图

1. 字节输入流类

字节输入流类如图 15.11 所示。

2. 字节输出流类

字节输出流类如图 15.12 所示。

3. 字符输入流类：

字符输入流类如图 15.13 所示。

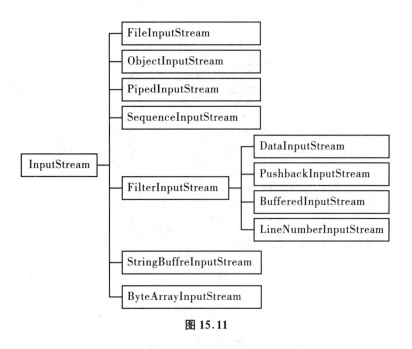

图 15.11

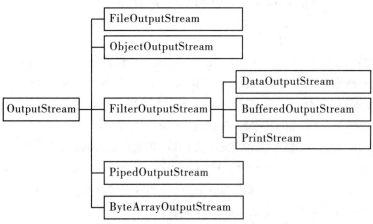

图 15.12

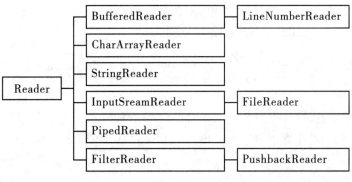

图 15.13

4. 字符输出流类：

字符输出流类如图 15.14 所示。

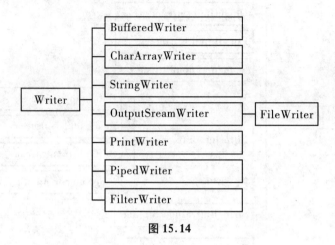

图 15.14

15.5 IO 中的高级应用

通过包装类，就可以用一个对象（the Decorators）包装另外一个对象，比如：可以用 BufferedReader 来包装一个 FileReader，FileReader 仅仅提供了底层的读操作（read（char[] buffer））。BufferedReader 实现了一个更高层次上的操作，比如 readLine（）方法读取文件中的一行。这样的一种模式被称为 Decorator 设计模式。

我们要设计自己的 IO 包装类，需要继承 FilterXXX 命名的类，从而扩展了对输入输出流的支持。比如我们设计一对包装类：RecordInputStream 和 RecordOutputStream，来完成从数据库中读取记录和往数据库中写入记录。以后程序中就可以用它们来包装 InputStream 和 OutputStream，从而完成对数据库的操作。

包装类的使用非常灵活，我们来看看例 15.9，从而借鉴一些思想。

【例 15.9】 一个巧妙使用包装类的例子。

Exception 类从 Throwable 类继承的 3 个 printStackTrace 方法的定义如下：

```
public void printStackTrace()
public void printStackTrace(PrintStream s)
public void printStackTrace(PrintWriter s)
```

它们分别用把异常的详细信息打印到标准输出流（屏幕上），或者其他的 PrintStream 和 PrintWriter 流中。有时候，我们需要把异常的详细信息放到一个字符串中，然后将这个包含异常详细信息的字符串通过网络发送出去，如下列情景，该怎么实现呢？

```
1. //代码示例 15.9
2. import java.io.*;
```

```
3.
4. public class PrintWriterDemo
5. {
6.     public static void main(String [] args)
7.     {
8.         try
9.         {
10.             throw new Exception("PrintWriter demo");
11.         }
12.         catch(Exception e)
13.         {
14.             StringWriter sw = new StringWriter();
15.             e.printStackTrace(new PrintWriter(sw));
16.             String strException = sw.toString();
17.             System.out.println(strException);
18.         }
19.     }
20. }
```

在上面的程序中,用 System.out.println 将字符串打印在屏幕上来简单模拟通过网络将这个字符串发送出去的情景。PrintStackTrace()方法只能将异常详细信息写入一个 PrintWriter 对象中,写入 PrintWriter 对象的数据实际上会写入它所包装的一个 Writer 对象中,而写入 StringWriter 对象(一种 Writer 对象)的内容可以当作字符串取出来,所以用 PrintWriter 对象去包装一个 StringWriter 对象就可以解决我们的需求。解决问题的关键在于,我们如何能想到将这些流有机地串联起来。

15.6 本章小结

1. I/O 的全称是 Input/Output(输入/输出)。
2. InputStream 是所有输入流的基类。
3. RandomAccessFile 可以读写文件,但是它不属于流的概念。
4. OutputStream 是所有输出流的基类。
5. 实现 java.io.Seralizable 接口类的对象可以被序列化和反序列化。

15.7 习　　题

1. 如果 demo.txt 文件不存在,则创建一个文件 demo.txt,然后使用 I/O 流向该文件输入 100 个随机生成的整数。
2. 简述输入流与输出流的概念。

第 16 章 反 射

本章主要讨论 Java 语言的反射机制,包括反射的概念。详细介绍 Java 语言中与反射相关的 API 及其使用。反射是 Java 语言的高级特性,可以获得虚拟机里类和对象背后的信息。

16.1 反 射 概 述

在 Java 语言中,反射使我们可以在运行时加载、探知和使用编译期间完全未知的类。换句话说,Java 语言程序可以加载一个运行时才得知名称的类,获悉其完整结构,并生成其对象实体,或对其变量赋值,或调用其方法。这种"看透类"的能力被称为 Introspection(内省,内观,反省)。Reflection 和 Introspection 是常被并提的两个术语。

在 Java 语言中,反射是一种强大的工具。它使你能够灵活地编写代码,这些代码可以在运行时装配,无需在组件之间进行源代码连接。反射允许程序在运行时能够接入装载到 JVM 中的类的内部信息,而不是源代码中选定的类协助的代码。这使反射成为构建灵活应用的主要工具。但需要注意的是,如果使用不当,反射的成本很高。

Reflection 是 Java 语言程序开发语言的特征之一,允许运行的 Java 语言程序对自身进行检查,或者说"自审",并能直接操作程序的内部属性。例如,使用它能获取 Java 语言类中各成员并显示出来。Java 语言的这一能力在实际应用中也许不是很多,但在其他程序设计语言中根本不存在这一特性。例如,Pascal、C、C++ 中就没有办法在程序中获得函数定义相关的信息。

Java 语言的 Bean 是 Reflection 的实际应用之一,能让一些工具可视化地操作软件组件。这些工具通过 Reflection 动态地载入并获取 Java 语言组件(类)的属性。

16.2 反射 API

16.2.1 第一个反射示例

【例 16.1】 使用反射 API 的一个简单示例。

```
//代码示例 16.1
import java.lang.reflect.Method;

public class RefelctionDemo {

    public static void main(String[] args) throws Exception {
        Class c = Class.forName("java.lang.Object");
        Method[] m = c.getDeclaredMethods();
        for(int i = 0; i < m.length; i++){
            System.out.println(m[i]);
        }
    }
}
```

例 16.1 的程序运行结果如图 16.1 所示。

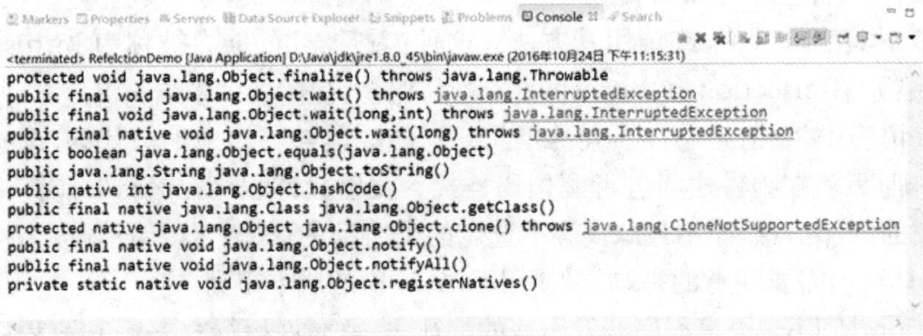

```
<terminated> RefelctionDemo [Java Application] D:\Java\jdk\jre1.8.0_45\bin\javaw.exe (2016年10月24日 下午11:15:31)
protected void java.lang.Object.finalize() throws java.lang.Throwable
public final void java.lang.Object.wait() throws java.lang.InterruptedException
public final void java.lang.Object.wait(long,int) throws java.lang.InterruptedException
public final native void java.lang.Object.wait(long) throws java.lang.InterruptedException
public boolean java.lang.Object.equals(java.lang.Object)
public java.lang.String java.lang.Object.toString()
public native int java.lang.Object.hashCode()
public final native java.lang.Class java.lang.Object.getClass()
protected native java.lang.Object java.lang.Object.clone() throws java.lang.CloneNotSupportedException
public final native void java.lang.Object.notify()
public final native void java.lang.Object.notifyAll()
private static native void java.lang.Object.registerNatives()
```

图 16.1

例 16.1 列出了 java.lang.Object 类的各个方法名及它们的限制符和返回类型。

这个程序使用 Class.forName 载入指定的类，然后调用 getDeclaredMethods()方法来获取这个类中定义了的方法列表。java.lang.reflect.Method 是用来描述某个类中单个方法的一个类。

16.2.2 反射 API 简介

Java 语言提供了一套独特的反射 API 来描述类，使得 Java 语言程序在运行时可以获得任何一个类的字节码信息，包括类的修饰符（public、static 等）、基类（超类、父类）、实现的接口、字段和方法等信息，并可以根据字节码信息来创建该类的实例化对象，改变该对象的字段内容和调用该对象的方法。

（1）Class 是 Java 语言反射中的一个核心类，它代表了内存中的一个 Java 类。通过它可以获取类的各种操作属性，这些属性是通过 java.lang.reflect 包中的反射 API 来描述的。

（2）Constructor 用来描述一个类的构造方法。

（3）Field 用来描述一个类的成员变量。

(4) Method 用来描述一个类的方法。
(5) Modifer 用来描述类中各元素的修饰符。
(6) Array 用来对数组进行操作。

16.3 Class

16.3.1 获取 Class 类型对象

每个类被加载到 JVM 都伴随产生一个 Class 类型对象,获取 Class 类型对象有三种基本方式。

(1) 通过类名称.class,对基本类型也支持
```
Class c = int.class;
Class c = int[].class;
Class c = String.class
```
(2) 通过对象.getClass() 方法
```
Class c = obj.getClass();
```
(3) Class.forName()通过类名称加载类,这种方法只要有类名称就可以得到 Class 类对象
```
Class c = Class.forName("cn.morefly.Demo");
```

16.3.2 Class 类的常用方法

(1) String getName()表示获取类名称,包含包名。
(2) String getSimpleName()表示获取类名称,不包含包名。
(3) Class getSupperClass()表示获取父类的 Class。例如:
```
new Integer(100).getClass().getSupperClass();
```
返回的是 Class<Number>! 但 new Object().getSupperClass()返回的是 null,因为 Object 没有父类。

(1) T newInstance()表示使用本类无参构造器来创建本类对象。
(2) boolean isArray()表示是否为数组类型。
(3) boolean isAnnotation()表示是否为注解类型。
(4) boolean isAnnotationPresent(Class annotationClass)表示当前类是否被 annotationClass 注解了。
(5) boolean isEnum()表示是否为枚举类型。
(6) boolean isInterface()表示是否为接口类型。
(7) boolean isPrimitive()表示是否为基本类型。
(8) boolean isSynthetic()表示是否为引用类型。

16.3.3 通过反射创建对象

【例 16.2】 如何使用 Class 反射 API 创建 Java 对象。

```
1.  //代码示例 16.2
2.  public class ReflectionNewInstanceDemo {
3.
4.      public static void main(String[] args) throws Exception {
5.          String className = "ch17.reflection.User";
6.          Class clazz = Class.forName(className);
7.          //创建 User 对象
8.          User user = (User)clazz.newInstance();
9.          System.out.println(user);
10.     }
11. }
12.
13. class User {
14.     private String username;
15.     private String password;
16.
17.     public String getUsername() {
18.         return username;
19.     }
20.
21.     public void setUsername(String username) {
22.         this.username = username;
23.     }
24.
25.     public String getPassword() {
26.         return password;
27.     }
28.
29.     public void setPassword(String password) {
30.         this.password = password;
31.     }
32.
33.     @Override
34.     public String toString() {
```

```
35.        return "User [username = " + username + ", password = " + password + "]";
36.    }
37. }
```

例 16.2 的程序运行结果如图 16.2 所示，不难看出 User 对象被成功创建。

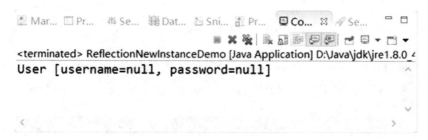

图 16.2

16.4 Constructor

16.4.1 获取 Constructor 对象

Constructor 表示一个类的构造方法，即构造方法的反射对象。获取 Construcator 对象需要使用 Class 对象，下面 API 来自 Class 类。

（1）Constructor getConstructor(Class… parameterTypes)表示通过指定的参数类型获取公有构造器反射对象。

（2）Constructor[] getConstructors()表示获取所有公有构造器对象。

（3）Constructor getDeclaredConstructor(Class… parameterTypes)表示通过指定参数类型获取构造器反射对象，可以是私有构造器对象。

（4）Constructor[] getDeclaredConstructors()表示获取所有构造器对象，包含私有构造器。

16.4.2 Construcator 类常用方法

（1）lString getName()表示获取构造器名。
（2）lClass getDeclaringClass()表示获取构造器所属的类型。
（3）lClass[] getParameterTypes()表示获取构造器的所有参数的类型。
（4）lClass[] getExceptionTypes()表示获取构造器上声明的所有异常类型。
（5）lT newInstance(Object… initargs)表示通过构造器反射对象调用构造器。

16.4.3 通过 Construcator 创建对象

【例 16.3】 如何通过 Constructor 反射对象创建类的对象。

```
1.  //代码示例 16.3
2.  import java.lang.reflect.Constructor;
3.
4.  public class ReflectionConstructorDemo {
5.
6.      public static void main(String[] args) throws Exception{
7.          Class stuClz = Class.forName("ch17.reflection.Student");
8.          // 获得 Constructor 反射对象
9.          Constructor<Student> stuCnstr = stuClz.getConstructor(String.
            class,int.class);
10.         // 通过 Constructor 发射对象创建 Student 对象
11.         Student stu = stuCnstr.newInstance("Jack",23);
12.         System.out.println(stu);
13.     }
14. }
15.
16. class Student {
17.     private String name;
18.     private int age;
19.
20.     public Student(String name, int age) {
21.         this.name = name;
22.         this.age = age;
23.     }
24.
25.     public Student(){
26.         //constructor
27.     }
28.     public String getName() {
29.         return name;
30.     }
31.
32.     public void setName(String name) {
33.         this.name = name;
```

```
34.     }
35.
36.     public int getAge() {
37.         return age;
38.     }
39.
40.     public void setAge(int age) {
41.         this.age = age;
42.     }
43.
44.     @Override
45.     public String toString() {
46.         return "Student [name = " + name + ", age = " + age + "]";
47.     }
48. }
```

例 16.3 的程序运行结果如图 16.3 所示，可以看出对象被成功创建。

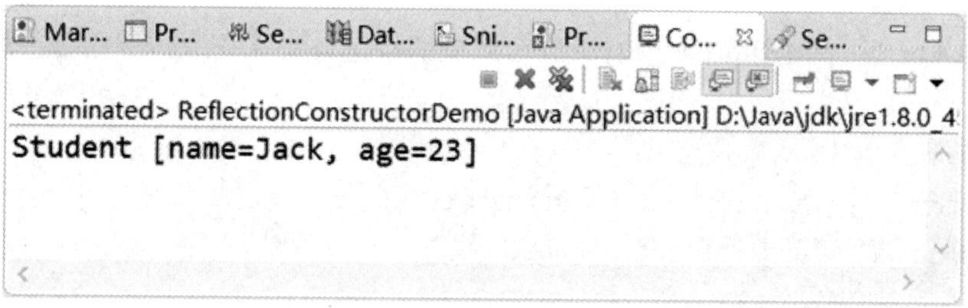

图 16.3

16.5 Method

16.5.1 获取 Method

Method 表示方法的反射对象，获取 Method 需要通过 Class 对象，下面是 Class 类里获取 Method 反射对象的 API。

（1）Method getMethod(String name, Class… parameterTypes)：通过方法名和方法参数类型获取方法反射对象，包含父类中声明的公有方法，但不包含所有私有方法。

（2）Method[] getMethods()：获取所有公有方法，包含父类中的公有方法，但不包含任何私有方法。

（3）Method getDeclaredMethod(String name, Class… parameterTypes)：通过方法名

和方法参数类型获取本类中声明的方法的反射对象,包含本类中的私有方法,但不包含父类中的任何方法。

(4) Method[] getDeclaredMethods():获取本类中所有方法,包含本类中的私有方法,但不包含父类中的任何方法。

16.5.2　Method 常用方法

Method 主要有以下一些常用的方法。
(1) String getName()表示获取方法名。
(2) Class getDeclaringClass()表示获取方法所属的类型。
(3) Class[] getParameterTypes()表示获取方法的所有参数的类型。
(4) Class[] getExceptionTypes()表示获取方法上声明的所有异常类型。
(5) Class getReturnType()表示获取方法的返回值类型。
(6) Object invode(Object obj, Object… args)表示通过方法反射对象调用方法,如果当前方法是实例方法,那么当前对象就是 obj,如果当前方法是 static 方法,那么可以给 obj 传递 null。args 表示是方法的参数。

16.5.3　通过 Method 反射对象调用方法

【例 16.4】通过 Method 反射对象调用对象的指定方法并获取被调用方法的返回值。

```
1. //代码示例 16.4
2. import java.lang.reflect.Constructor;
3. import java.lang.reflect.Method;
4.
5. public class ReflectionMethodDemo {
6.
7.     public static void main(String[] args) throws Exception {
8.         String className = "ch17.reflection.Student";
9.         Class clazz = Class.forName(className);
10.        Constructor<Student> c = clazz.getConstructor(String.class, int.class);
11.        Student stu = c.newInstance("Jack", 21);
12.
13.        Method method = clazz.getMethod("toString");
14.        //调用 stu 对象的 toString 方法
15.        String result = (String)method.invoke(stu);
16.        //打印 toString 方法的返回值
```

```
17.            System.out.println(result);
18.      }
19. }
```

例 16.4 的程序运行结果如图 16.4 所示。

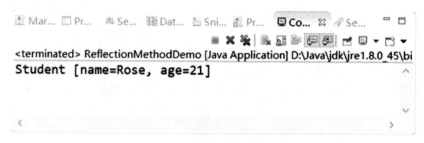

图 16.4

16.6　Field

16.6.1　获取 Field 对象

Field 表示类的成员变量，可以是实例变量，也可以是静态变量。获取 Field 对象需要使用 Class 对象，下面是 Class 类里获取 Field 的 API。

（1）Field getField(String name)表示通过名字获取公有成员变量的反射对象，包含父类中声明的公有成员变量。

（2）Field[] getFields()表示获取所有公有成员变量反射对象，包含父类中声明的公有成员变量。

（3）Field getDeclaredField(String name)表示通过名字获取本类中某个成员变量，包含本类的 private 成员变量，但父类中声明的任何成员变量都不包含。

（4）Field[] getDeclaredFields()表示获取本类中声明的所有成员变量，包含 private 成员变量，但不包含父类中声明的任何成员变量。

16.6.2　Field 类的常用方法

（1）String getName()表示获取成员变量名。
（2）Class getDeclaringClass()表示获取成员变量的类型。
（3）Class getType()表示获取当前成员变量的类型。
（4）Object get(Object obj)表示获取 obj 对象的成员变量的值。
（5）void set(Object obj, Object value)表示设置 obj 对象的成员变量值为 value。

16.6.3 通过 Field 访问对象的成员

【例 16.5】通过 Field 反射对象访问对象的成员。

```
1. //代码示例 16.5
2. import java.lang.reflect.Field;
3.
4. public class ReflectionFieldDemo {
5.     public static void main(String[] args)throws Exception {
6.         String className = "ch17.reflection.Teacher";
7.         Class clazz = Class.forName(className);
8.         Teacher t = new Teacher("John", 32);
9.
10.        //获取名为 name 的成员变量
11.        Field field1 = clazz.getDeclaredField("name");
12.        //获取名为 age 的成员变量
13.        Field field2 = clazz.getDeclaredField("age");
14.
15.        //获取 stu 对象的 name 成员变量值,因为 field1 表示的就是 name 成员变量
16.        String name = (String)field1.get(t);
17.        //获取 stu 对象的 age 成员变量值,因为 field2 表示的就是 age 成员变量
18.        int age = (int)field2.get(t);
19.
20.        System.out.println(name + "," + age);
21.
22.        //设置 stu 对象的 name 成员变量值为 Jack
23.        field1.set(t, "Jack");
24.        //设置 stu 对象的 age 成员变量值为 23
25.        field2.set(t, 23);
26.
27.        System.out.println(t);
28.     }
29. }
30.
31. class Teacher{
32.     public String name;
33.     public int age;
34.
```

```
35.    public Teacher(){
36.
37.    }
38.
39.    public Teacher(String name, int age) {
40.        super();
41.        this.name = name;
42.        this.age = age;
43.    }
44.
45.    public String toString(){
46.        return "Teacher [name = " + name + ",age = " + age + "]";
47.    }
48. }
```

例 16.5 的程序运行的结果如图 16.5 所示。

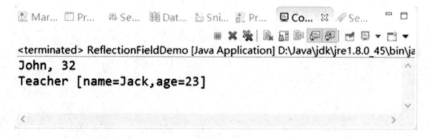

图 16.5

程序先通过 Field 反射对象分别获取 Teacher 对象 t 的 name 属性值和 age 属性值并输出到控制台，然后通过 Field 反射对象分别设置对象 t 的 name 属性和 age 属性值，然后向控制台输出 t 对象 toString 方法返回值。

16.7 本章小结

1. 通过反射（Reflection）机制可以获取 JVM 中类的描述信息。
2. 可以通过反射机制来创建类的对象。
3. 与反射相关的类主要有 Class、Constructor、Method、Field。
4. 类被加载到 JVM 中时，同时都产生一个 Class 类型的对象，用于描述被加载的这个类。

16.8 习　　题

1. 简述反射的含义。
2. 简述常用的 Java 语言反射 API 的作用。
3. 编程，通过反射 API 获得 String 类的所有方法签名并输出到控制台。自定义一个类，编程通过反射 API 创建这个类的对象。

第 17 章 泛型和枚举

泛型和枚举都是 JDK 1.5 开始才有的特性,本章重点讲解这两个新特性的语法概念以及它们的使用。

17.1 什么是泛型

我们知道,使用变量之前要定义,定义一个变量时必须要指明它的数据类型,什么样的数据类型赋什么样的值。

下面我们先来看一个例子。

【例 17.1】 假如需要定义一个类来表示坐标,要求坐标的数据类型可以是整数、小数和字符串,例如:

$$x = 50, y = 50$$
$$x = 37.13, y = 169.35$$
$$x = "东经 100 度", y = "北纬 100 度"$$

【分析】 针对不同的数据类型,除了借助方法重载,还可以借助自动封装和向上转型。我们知道,基本数据类型可以自动封装,被转换成对应的包装类;Object 是所有类的父类,任何一个类的实例都可以向上转型为 Object 类型。

```
1. //代码示例 17.1
2. public class GenericsDemo {
3.
4.     public static void main(String[] args){
5.         Position p = new Position();
6.         p.setX(50);
7.         p.setY(50);
8.         int x = (Integer)p.getX();
9.         int y = (Integer)p.getY();
10.        System.out.println("The position is:("+x+","+y+")");
11.        p.setX(37.13);// double -> Double -> Object
12.        p.setY("东经 100 度");
13.        double m = (Double)p.getX();//必须向下转型
```

```
14.        double n = (Double)p.getY();//运行期间抛出异常
15.        System.out.println("This Position is:(" + m + "," + n + ")");
16.    }
17. }
18.
19. class Position{
20.     private Object x;
21.     private Object y;
22.     //此处省略 setter 和 getter 方法
23. }
```

在例 17.1 中,生成坐标时不会有任何问题,但是取出坐标时,需要向下转型,但是向下转型又存在着风险,而且编译期间不容易被发现,只有在运行期间才会抛出异常,所以要尽量避免使用向下转型。

运行程序时,第 14 行会抛出 java.lang.ClassCastException 异常。那么,有没有更好的办法,既可以不使用重载(有重复代码),又能把风险降到最低呢?答案是肯定的,可以使用泛型类,它可以接受任意类型的数据。所谓"泛型",就是"宽泛的数据类型",指任意的数据类型。

泛型(Generic Type 或 Generics)是对 Java 语言类型系统的一种扩展,以支持创建可以按类型进行参数化的类。可以把类型参数看作使用参数化类型时指定类型的一个占位符,就像方法的形式参数是运行时传递值的占位符一样,可以在集合框架(Collection Framework)中看到泛型的动机。

Java 语言中引入泛型是一个较大的功能增强,不仅语言、类型系统和编译器都有了较大的变化。为了支持泛型,类库也进行了大翻修,所以很多重要的类,比如集合框架,都已经泛型化了。这样使功能进一步增强。

1. 类型安全

泛型的主要目标是提高 Java 程序的类型安全。通过使用泛型定义的变量的类型限制,编译器可以在一个高得多的程度上验证类型假设。没有泛型,这些假设就只能存在于程序员的头脑中(或者如果幸运的话,还存在于代码注释中)。

2. 类型约束

Java 程序中,一种流行技术是定义这样的集合,即它的元素或键是公共类型的,比如"String 列表"或者"String 到 String 的映射"。通过在变量声明中捕获这一附加的类型信息,泛型允许编译器实施这些附加的类型约束。类型错误现在就可以在编译时被捕获了,而不是在运行时当作 ClassCastException 被抛出来的。将类型检查从运行时挪到编译时有助于您更容易找到错误,并可以提高程序的可靠性。

3. 消除强制类型转换

泛型消除源代码中的许多强制类型转换。这使得代码更加可读,并且减少了出错机会。

17.2 泛型类与泛型接口

17.2.1 泛型类

在定义带类型参数的类时,在紧跟类名之后的<>内,指定一个或多个类型参数的名字,同时也可以对类型参数的取值范围进行限定,多个类型参数之间用","号分隔。定义完类型参数后,可以在定义位置之后的类的几乎任意地方(静态块、静态属性、静态方法除外)使用类型参数,就像使用普通的类型一样。

【例 17.2】 修改例 17.1 的代码,使用泛型类。

```
1. //代码示例 17.2
2. public class GenericsDemo2 {
3.     public static void main(String[] args){
4.         GPosition<Integer,Integer> p1 = new GPosition<Integer,Integer>();
5.         p1.setX(50);
6.         p1.setY(50);
7.         int x = p1.getX();
8.         int y = p1.getY();
9.         System.out.println("The position is:(" + x + "," + y + ")");
10.
11.        GPosition<Double,String> p2 = new GPosition<Double,String>();
12.        p2.setX(37.13);// double -> Double -> Object
13.        p2.setY("东经 100 度");
14.        double m = p2.getX();
15.        String n = p2.getY();
16.        System.out.println("This Position is:(" + m + ", " + n + ")");
17.    }
18. }
19.
20. class GPosition<T,K>{
21.     private T x;
22.     private K y;
23.     //此处省略 getter 和 setter 方法
24. }
```

例 17.2 的程序运结果如图 17.1 所示。

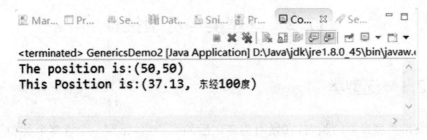

图 17.1

与普通类的定义相比,上面的代码在类名后面多出了〈T1,T2〉,T1,T2 是自定义的标识符,也是参数,用来传递数据的类型,而不是数据的值,我们称之为类型参数。在泛型中,不但数据的值可以通过参数传递,数据的类型也可以通过参数传递。T1,T2 只是数据类型的占位符,运行时会被替换为真正的数据类型。类型参数(泛型参数)由尖括号包围,多个参数由英文逗号分隔,如〈T〉或〈T,E〉。类型参数需要在类名后面给出。一旦给出了类型参数,就可以在类中使用了。类型参数必须是一个合法的标识符,习惯上使用单个大写字母,通常情况下,K 表示键,V 表示值,E 表示异常或错误,T 表示一般意义上的数据类型。

泛型类在实例化时须指出具体的类型,也就是向类型参数传值,格式为

    className＜dataType1,dataType2＞ variable
     = new className＜dataType1,dataType2＞();

也可以省略等号两右边的数据类型,但是会产生编译警告,即

    className ＜dataType1,dataType2＞ variable
     = new className ＜data Type1,data Type2＞();

因为在使用泛型类时指明了数据类型,赋给其他类型的值会抛出异常,既不需要向下转型,也没有潜在的风险,比自动封装和向上转型要更加实用。

注意:(1) 泛型是 Java 1.5 的新增特性,它以 C++模板为参照,本质上是参数化类型(Parameterized Type)的应用。

(2) 类型参数只能用来表示引用类型,不能用来表示基本类型,如 int、double、char 等,但是传递基本类型不会报错,因为它们会自动封装成对应的包装类。

17.2.2 泛型接口

在 Java 中还可以定义泛型接口,与泛型类定义类似,这里不作赘述。

【例 17.3】 使用泛型接口。

```
1. //代码示例 17.3
2. public class GenericsInterfaceDemo {
3.     public static void main(String[] args) {
4.         Info<String> obj = new InfoImp<String>("www.morefly.com.cn");
5.         System.out.println("此字符串的长度为:" + obj.getVar().length());
```

```
6.    }
7. }
8.
9. // 定义泛型接口
10. interface Info<T> {
11.    public T getVar();
12. }
13.
14. // 实现接口
15. class InfoImp<T> implements Info<T> {
16.    private T var;
17.    // 定义泛型构造方法
18.    public InfoImp(T var) {
19.        this.setVar(var);
20.    }
21.    //此处省略了 setter 和 getter 方法,请读者加上
22. }
```

例 17.3 的程序运行结果如图 17.2 所示。

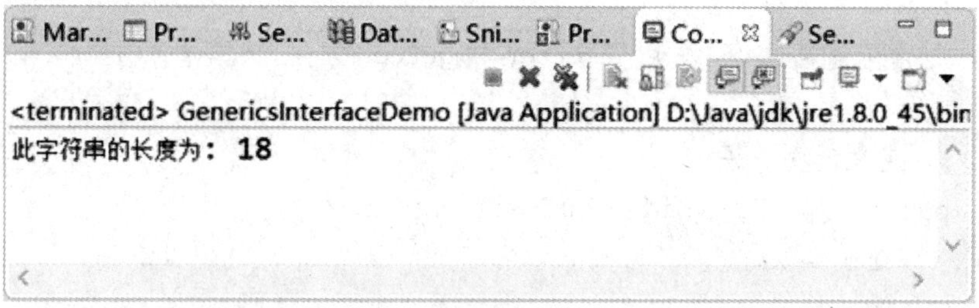

```
<terminated> GenericsInterfaceDemo [Java Application] D:\Java\jdk\jre1.8.0_45\bin
此字符串的长度为: 18
```

图 17.2

17.3 泛型方法

17.3.1 泛型方法的使用

除了定义泛型类,还可以定义泛型方法。在定义带类型参数的方法时,在紧跟可见范围修饰(例如 public)之后的<>内,指定一个或多个类型参数的名字,同时也可以对类型参数的取值范围进行限定,多个类型参数之间用","号分隔。定义完类型参数后,可以在定义位置之后的方法的任意地方使用类型参数,就像使用普通的类型一样。

【例 17.4】 定义一个打印坐标的泛型方法。

```java
1.  //代码示例 17.4
2.  public class GenericsFuncDemo {
3.
4.      public static void main(String[] args){
5.          //实例化泛型类
6.          Position<Integer, Integer> p1 = new Position<Integer, Integer>();
7.          p1.setX(52);
8.          p1.setY(50);
9.          p1.printPosition(p1.getX(), p1.getY());
10.         Position<Double, String> p2 = new Position<Double, String>();
11.         p2.setX(37.13);
12.         p2.setY("东经 100 度");
13.         p2.printPosition(p2.getX(), p2.getY());
14.     }
15.
16. }
17.
18. class Position<T, K>{
19.     T x;
20.     K y;
21.     //由于篇幅原因,省去了 setter 和 getter 方法,请读者加上
22.
23.     // 定义泛型方法
24.     public <T, K> void printPosition(T x, K y){
25.         T m = x;
26.         K n = y;
27.         System.out.println("This Position is:(" + m + "," + n+")");
28.     }
29. }
```

例 17.4 的程序运行结果如图 17.3 所示。

```
<terminated> GenericsFuncDemo [Java Application] D:\Java\jdk\jre1.8.0_45\bin\jav
This Position is:(52, 50)
This Position is:(37.13, 东经100度)
```

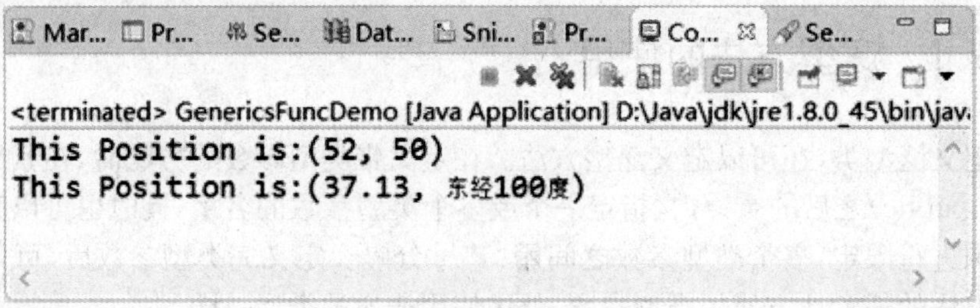

图 17.3

在例 17.4 中,定义了一个泛型方法 printPosition(),既有普通参数,也有类型参数,类型参数需要放在修饰符后面、返回值类型前面。在 public <T, K> void printPosition(T x, K y)方法中,一旦定义了类型参数,就可以在参数列表、方法体和返回值类型中使用了。与使用泛型类不同,使用泛型方法时不必指明参数类型,编译器会根据传递的参数自动查找出具体的类型。泛型方法除了定义不同,调用就像普通方法一样。

注意:泛型方法与泛型类没有必然的联系,泛型方法有自己的类型参数,在普通类中也可以定义泛型方法。例 17.4 中泛型方法 printPosition() 中的类型参数 T, K 与泛型类 Position 中的 T, K 没有必然的联系,也可以使用其他的标识符代替:

```
1. public static <U, V> void printPosition(V1 x, V2 y){
2.     U m = x;
3.     V n = y;
4.     System.out.println("This Position is:" + m + "," + n);
5. }
```

17.3.2 限制泛型

在上面的代码中,类型参数可以接受任意的数据类型,只要它是被定义过的。但是,很多时候我们只需要一部分数据类型就够了,用户传递其他数据类型可能会引起错误。例如,编写一个泛型函数用于返回不同类型数组(Integer 数组、Double 数组、Character 数组等)中的最大值。代码如下:

```
1. public <T> T getMax(T array[]){
2.     T max = null;
3.     for(T element : array){
4.         max = element.doubleValue() > max.doubleValue() ? element : max;
5.     }
6.     return max;
7. }
```

上面这段代码会报错,因为 doubleValue() 是 Number 类的方法,不是所有的类都有该方法,所以我们要限制类型参数 T,让它只能接受 Number 类及其子类(Integer、Double、Character 等)。通过 extends 关键字可以限制泛型的类型,改进上面的代码如下:

```
1. public <T extends Number> T getMax(T array[]){
2.     T max = null;
3.     for(T element : array){
```

```
4.        max = element.doubleValue() > max.doubleValue() ? element : max;
5.    }
6.    return max;
7. }
```

<T extends Number>表示 T 只接受 Number 及其子类,传入其他类型的数据会报错。这里的限定使用关键字 extends,后面可以是类也可以是接口。但这里的 extends 已经不是继承的含义了,应该理解为 T 是继承自 Number 类的类型,或者 T 是实现了某些接口的类型。

虽然 Java 泛型简单的用 extends 统一的表示了原有的 extends 和 implements 的概念,但仍要遵循应用的体系,Java 只能继承一个类,可以实现多个接口,所以某个类型需要用 extends 限定,且有多种类型时,只能存在 1 个类,并且类写在第 1 位,接口列在后面,形式如下:

    <T extends SomeClass & interface1 & interface2 & interface3>

这里仅演示了泛型方法的类型限定,对于泛型类中类型参数的限制也是如此,只是加在类声明的头部,例如:

public class DemoTest<T extends Comparable & Serializable> {
  // T 类型就可以用 Comparable 声明的方法和 Seriablizable 所拥有的特性了
}

17.4 泛型擦除与泛型数组

17.4.1 泛型擦除

首先请读者思考例 17.5 程序运行输出的结果。

【例 17.5】 ArrayList 中的泛型。

```
1. //代码示例 17.5
2. import java.util.ArrayList;
3.
4. public class GenericsDemo3 {
5.
6.    public static void main(String[] args) {
7.        Class c1 = new ArrayList<String>().getClass();
8.        Class c2 = new ArrayList<Integer>().getClass();
9.        System.out.println(c1 == c2);
```

```
10.    }
11.
12. }
```

例 17.5 的程序运行结果如图 17.4 所示。

图 17.4

上面代码示例 17.5 的运行结果输出为 true，这是为什么呢？为了解释清楚原因，在此补充例 17.5 的程序。

【例 17.6】 进一步认识 ArrayList 中的泛型。

```
1. //代码示例 17.6
2. import java.util.ArrayList;
3. import java.util.Arrays;
4. import java.util.List;

6. public class GenericsDemo4 {
7.     public static void main(String[] args) {
8.         List<String> c1 = new ArrayList<String>();
9.         List<Integer> c2 = new ArrayList<Integer>();
10.        System.out.println(Arrays.toString(c1.getClass().getTypeParameters()));
11.        System.out.println(Arrays.toString(c2.getClass().getTypeParameters()));
12.    }
13. }
```

例 17.6 的程序运行结果如图 17.5 所示。

例 17.6 程序运行的结果根据 JDK 文档的描述，在例 17.6 中，第 10、11 行 Class.getTypeParameters()将返回一个 TypeVariable 对象的数组，表示泛型所声明的类型参数。但是，正如从输出中所看到的，只是用作参数占位符的标示符，而这不是有用的信息。因此残酷的现实是：在泛型代码的内部，无法获得任何有关泛型参数类型的信息。

因此，我们只知道诸如类型参数标识符和泛型类型边界这类信息，却无法知道用来创建某个特定实例的实际类型参数。Java 语言中，泛型是使用擦除来实现的，所以在使用泛型的时候，任何具体的类型信息都被擦除了，唯一知道的就是当前使用的是一个对象。因此 List<String>和 List<Integer>在运行时事实上是相同的类型。这两种形式都被擦除成为它们的"原生"类型，即 List 类型。

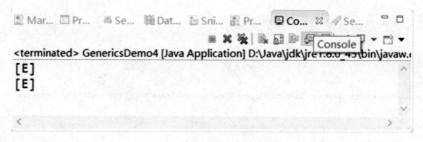

图 17.5

泛型是 JDK 1.5 才出现的，所以为了兼容，采用了擦除的方式实现。泛型类型只有在静态类型检查期间才出现，在此之后，程序中所有泛型类型都被擦除，替换为他们的非泛型上界。例如，List<String>和 List<Integer>将被擦除为 List，而普通的类型变量在未指定边界的情况下将被擦除为 Object 类型。

17.4.2　泛型数组

如上文所述，擦除丢失了在泛型代码中执行某些操作的能力。任何在运行时需要知道确切类型信息的操作都将无法工作。注意观察例 17.7。

【例 17.7】泛型数组。

```
1. //代码示例 17.7
2. classGenericArrayDemo<T> {
3.     private static final int SIZE = 100;
4.     public static void f(Object arg) {
5.         T var = new T();//编译错误
6.         T[] array = new T[SIZE];//编译错误
7.         T[] array = (T) new Object[SIZE];//编译错误
8.     }
9. }
```

在这段程序中，第 5、6、7 行均不能通过编译，可见不能直接创建真正意义上的泛型数组，之所以这么说是因为 Java 可以声明一个泛型数组，但是却永远不能真正创建一个泛型数组类型的对象。

17.5 通 配 符

在本章前面部分已经介绍了泛型类型的子类型的不相关性,即 Apple 是 Fruit 的子类,然而 List<Apple>不是 List<Fruit>的子类。但有些时候,我们希望能够像使用普通类型那样使用泛型类型:

(1) 向上转型一个泛型对象。
(2) 向下转型一个泛型对象。

由于泛型子类型的不相关性,原本有继承关系的对象不能像普通的类型那样向上转型。例如下面这段代码:

```
1. List<Apple> apples0 = new ArrayList<Apple>();
2. List<Fruit> fruits0 = new ArrayList<Fruit>();
3. fruits0 = apples0; //无法赋值
4. apples0 = fruits0; //无法赋值
5. apples0 = (List<Apple>)fruits0; //无法赋值
6. fruits0 = (List<Fruit>)apples0; //无法赋值
```

程序第 3~6 行代码,无法将持有 Apple 的 list 对象赋值给持有 Fruit 的 list 的引用,即无法向上转型,也无法将持有 Fruit 对象的 List 对象赋值给持有 Apple 对象的 List 引用;即使是进行强制类型转换也无法进行向上或者向下转型。

17.5.1 无界通配符"?"

为了使泛型的子类型仍然具有相关性,即在使用了泛型后依然能够保证继承关系,我们可以使用通配符"?"达到目的。例如:

```
1. List<?> apples3 = new ArrayList<Apple>();
2. List<?> fruits3 =  new ArrayList<Fruit>();
3. List<?> cats = new ArrayList<Cat>(){};
4. fruits3 = apples3;
5. apples3 = fruits3;
6. cats = fruits3;
7. fruits3.add(new Apple()); //无法赋值
8. apples3.add(new Apple()); //无法赋值
```

使用了通配符之后,就可以实现向上转型或向下转型了,也即可以将持有 Apple 的 List 对象赋值给持有 Fruit 的 List 引用了,反之也可行。然而第 6 行代码显示,因为使用了通配符,甚至可以将一个持有 Fruit 的 List 对象赋值给一个持有 Cat 的 List 引用。Fruit 与 Cat 显然并没有继承关系,那么为什么会出现这种我们不期待的情况呢? 因为 List<?>在功能上等价于 List<? extends Object>,这意味着编译器在运行中会将泛型擦除到 Object 上界,也即 List<? extends Object>能够接受某种特定类型的 List,这个类型只要是 Object 类型本身或 Object 子类就可以。既然如此,编译器就不会检查 List 中容纳的到底是什么类型的对象了。

从代码可知,由 List<?>声明的 List 是:可以容纳任意某种特定的类型的 List 对象。因此给 List<?>初始化之后就不能够再往里添加其他类型的对象了,哪怕是 Object 的对象也不可以,但是可以添加 null。同时,这也是 List<?>与 List<Object>的区别,List<?>只能容纳一种类型的对象,是一个同构集合;但是 List<Object>可以容纳任意 Object 类型或 Object 子类的对象,是一个异构集合。

17.5.2 通配符上界"? extends T"

很显然,Fruit 与 Cat 并没有继承关系,但是用 List<?>仍然可以把一个 List<Fruit>的对象赋值给 List<Cat>类型的引用,这并不是我们所期待的。那么能不能有一种机制能够使 List<Apple>类型的对象只能赋值给同它类型相关的引用呢? 答案是:能。这就是<? extends T>。例如:

```
1. List<Apple> apples1 = new ArrayList<Apple>();
2. List<? extends Fruit> fruits1 = new ArrayList<Fruit>();
3. List<Cat> cats1 = new ArrayList<Cat>();
4. fruits1 = apples1;
5. fruits1 = cats1;//无法赋值
6. fruits1.add(new Apple()); //无法赋值
7. apples1 = fruits1; //无法赋值
8. apples1 = (List<Apple>)fruits1;//ok
```

上面这段程序第 2 行,"? extends Fruit"表示可以接受的类型的上界为 Fruit 类型,即只能接受 Fruit 类型或 Fruit 的子类型。例如,程序的第 4 行,List<? extends Fruit>类型的引用接受了一个 List<Apple>类型的对象,编译通过。有了"? extends T",就确保了只能接受 T 或 T 的子类(向上转型),Cat 不是 Fruit 的子类,因此程序的第 5 行代码不能通过编译。程序的第 6 行不能通过编译,这是因为"? extends T"通配符告诉编译器在处理一个类型为 T 或者 T 的子类型,但是不知道这个子类型究竟是什么。因为没法确定,为了保证类型安全,就不允许往里面加入任何类型的数据,除了 null。程序的第 8 行,通过向下转型,可以将先前向上转型为 List<? extends Fruit>类型的对象重新向下转换为 List<Apple>类型的对象。

既然"? extends T"的机制的实现的是向上转型,那么它更大用处应该用在方法传参上面,而不是向上转型为一个不能改变的对象。假设有以下的类继承关系:

一个抽象类 Shape,包含一个抽象方法 draw,非抽象类 Circle、Rectangle 都继承了

Shape,并且实现了 draw 方法,有一个 drawAll 方法想要能够画出所有类的图形。

```
1. public void drawAll(List<Shape> shapes) {
2.     for (Shape s : shapes) {
3.         s.draw(this);
4.     }
5. }
```

类型规则导致 drawAll 方法只能接受持有 Shape 对象的 List。然而我们想要的是使 drawAll 方法能够接受持有 Circle 或者持有 Rectangle 对象的 List,即接受任何一个持有 Shape 类型或者其子类的对象的 List。很遗憾的是上面的程序并不能达到此目的,但是有了 "? extends T"就可以实现了。

```
1. public void drawAll(List<? extends Shape> shapes) {
2.     for (Shape s : shapes) {
3.         s.draw(this);
4.     }
5. }
```

改写 drawAll 方法将 List<Shape>替换成 List<? extends Shape>,现在 drawAll 能够接受任何持有 Shape 及其子类对象的 List 了,也就完美地实现我们想要达到的目的。

17.5.3 通配符下界"? super T"

与"? extends T"相对的是通配符下界"? Super T",即

```
1. List<Fruit> fruits2 = new ArrayList<Fruit>();
2. List<? super Apple> apples2 = new ArrayList<Apple>();
3. apples2 = fruits2;
4. apples2.add(new Apple());//Ok
5. apples2.add(new Fruit()); //无法赋值
```

上面代码块中,"? super Apple"表示可以接受的类型的下界为 Apple 类型,也即只能接受 Apple 类型或者 Apple 的父类型,如程序的第 3 行。同样因为编译器不知道具体是什么类型,但是可以确定的是一定是 Apple 类型或者是 Apple 的父类型,所以可以向 List<? super Apple>中添加 Apple 类型,但是不可以添加 Apple 的父类型,如程序的第 4、5 行所示。

List<? extends T>大多用于方法的传参,因为编译器不能确定传入的到底是什么类型,由于 Object 是所有类的父类,所以方法的返回值统一都是 Object 类型。但有时候我们期望返回值是我们期望的类型,这个时候"? super T"就派上用场了。一个常见的例子用于

对象的比较,例如:Fruit 类实现了 Comparable 接口,即 Fruit 类的对象是可以进行排序的,但是我们希望所有继承 Fruit 类的对象也能够进行排序。

代码片段 1 如下:

```
1. public static <T extends Comparable<? super T>> List<T> higherPrice(List<T> A){
2.     Collections.sort(A);
3.     return A;
4. }
```

代码片段 2 如下:

```
1. List<Fruit> list4 = higherPrice(list0);//list0 为持有 Fruit 类型的 List 对象
2. List<Apple> list6 = higherPrice(list1);//list1 为持有 Apple 类型的 List 对象
```

在方法返回值前加上"? super T"对方法进行限制就能返回特定类型的 List 对象了。

17.6 枚举类型

枚举类型的实例是在某个有限的范围里,比如性别类型对应的实例有男、女两种,楼层对应的实例也是有限的。而且,枚举类型的示例都是常量,值不可改变。Java 是在 JDK 1.5 版本中新增了枚举类型,接下来我们就详细了解下枚举。

17.6.1 使用枚举类型设置常量

在 JDK 1.5 之前,为了描述一组有枚举特性的数据,通常我们的做法是定义一个接口,在接口里定义一组常量来表示枚举数据。

如下面这段代码所示,我们定义了一个接口 GenderConst,在这个接口里定义了两个 int 型的静态常量分别用来表示男、女两种性别。

```
1. public interface GenderConst {
2.     public static final int MALE = 0;
3.     public static final int FEMALE = 1;
4. }
```

从 JDK 1.5 开始,如果遇到上面类似的需求,我们就可以使用枚举类型来描述,上面的需求用 Java 提供的枚举类型的描述方式如下：

```
1. public enum Gender {
2.    Male,Female;
3. }
```

其中，enum 是 Java 定义枚举类型的关键字，上面代码对应的源文件是 Gender.java，编译后产生一个对应的字节码文件 Gender.class。enum 类型与类和接口的定义很相似，我们也可以认为 enum 是一种特殊的类。

上面代码块第 2 行列出了 Gender 枚举类型的两种可能的实例，即 Male 和 Female。也就是说 Gender 类型的实例只能取 Male 或者 Female。

【例 17.8】 使用枚举类型 Gender。

```
1. //代码示例 17.8
2. public class EnumDemo1 {
3. 
4.     public static void main(String[] args) {
5.         Student stu1 = new Student("Jack",Gender.Male);
6.         Student stu2 = new Student("Rose",Gender.Female);
7.         System.out.println(stu1.getName() + " is " + stu1.getGender());
8.         System.out.println(stu2.getName() + " is " + stu2.getGender());
9.     }
10. }
11. 
12. class Student{
13.     private Gender gender;
14.     private String name;
15.     public Student(String name,Gender gender){
16.         this.name = name;
17.         this.gender = gender;
18.     }
19.     public Gender getGender() {
20.         return gender;
21.     }
22.     public void setGender(Gender gender) {
23.         this.gender = gender;
24.     }
25.     public String getName() {
26.         return name;
```

```
27.     }
28.     public void setName(String name) {
29.         this.name = name;
30.     }
31. }
```

例 17.8 的程序运行结果如图 17.6 所示。

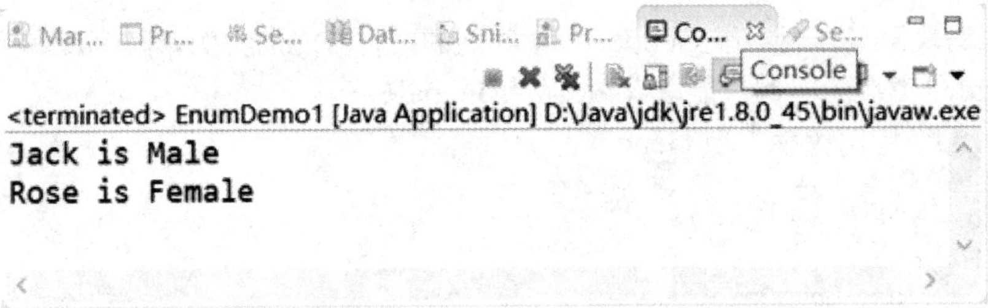

```
<terminated> EnumDemo1 [Java Application] D:\Java\jdk\jre1.8.0_45\bin\javaw.exe
Jack is Male
Rose is Female
```

图 17.6

从例 17.8 第 5、6 行我们不难发现,给枚举类型的引用变量赋值时,只能从枚举类型的可能列表里选择。

17.6.2 深入了解枚举类型

可以将枚举类型看成一个特殊的类,它继承于 java.lang.Enum。定义一个枚举类型时,枚举类型里的每一个成员都可以看成是枚举类型的一个实例,这些成员默认都被 public、static、final 修饰。

由于枚举类型是 java.lang.Enum 的子类,所以 Enum 里定义的方法都可以引用到枚举类型里,下面我们来看看枚举类型的常用方法。

(1) toString()方法表示显示枚举类元素。

(2) valueOf(String arg0)方法表示通过传入的 arg0 字符串解析出一个该枚举类的实例,其中传入的字符串必须是元素列表的名称之一,否则将抛出 java.lang.IllegalArgumentException 异常,在 web 应用中这个方法作用很重要。该方法为静态方法,不需创建实例即可使用,如通过 EnumAccessControll.valueOf("MEMBER")即可返回 Member 实例。

(3) values()方法表示返回一个该枚举类的数组,其中数组的元素即为该枚举类元素列表中的元素。

(4) ordinal()方法表示返回枚举元素实例在元素列表中的位置,起始位置为 0。如 EnumAccessControll.SUPERADMIN.ordinal()的结果为 2。

(5) compareTo()方法表示比较两个元素。

(6) name()方法表示在默认情况下返回元素实例的变量名,该方法为 final 不可覆盖的。

【例 17.9】 Enum 的常用方法。

```java
1.  //代码示例 17.9
2.  public class EnumDemo2 {
3.
4.      public static void main(String[] args) {
5.          Floor f = Floor.valueOf("FloorSecond");
6.          Floor f2 = Floor.FloorFirst;
7.          System.out.println(f.name());
8.          System.out.println(f.toString());
9.          System.out.println(f.ordinal());
10.         System.out.println(f.compareTo(f2));
11.         Floor[] floors = Floor.values();
12.         for(Floor floor:floors){
13.             System.out.print(floor + ",");
14.         }
15.     }
16. }
17.
18. enum Floor{
19.     FloorFirst,FloorSecond,FloorThird,FloorForth
20. }
```

例 17.9 的程序运行结果如图 17.7 所示。

```
<terminated> EnumDemo2 [Java Application] D:\Java\jdk\jre1.8.0_45\bin\javaw.exe
FloorSecond
FloorSecond
1
1
FloorFirst,FloorSecond,FloorThird,FloorForth,
```

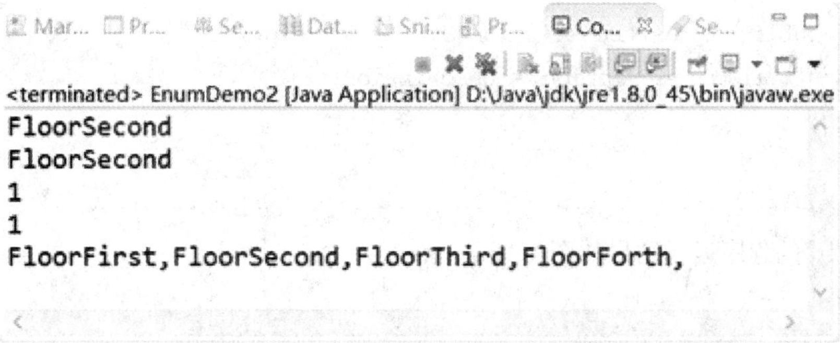

图 17.7

17.6.3 枚举类型构造函数

在定义枚举类型时,可以添加构造函数,但是添加的构造函数必须被 private 修饰。

【例 17.10】 在枚举类型 Floor 中添加了构造函数。

```java
1.  //代码示例 17.10
2.  public class EnumDemo3 {
3.      public static void main(String[] args) {
4.          Floor f = Floor.Second;
5.          System.out.println("这是:" + f.getDescription());
6.      }
7.  }
8.
9.  enum Floor{
10.     First("一楼"),
11.     Second("二楼"),
12.     Third(),
13.     Forth("四楼"); //定义带参数的枚举类型成员
14.     private String description;
15.     private Floor(){
16.         //
17.     }
18.     private Floor(String description){
19.         this.description = description;
20.     }
21.     public String getDescription(){
22.         return this.description;
23.     }
24.     public void setDescription(String description){
25.         this.description = description;
26.     }
27. }
```

例 17.10 的程序运行结果如图 17.8 所示。

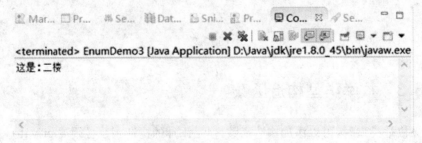

图 17.8

在例 17.10 中，枚举类型 Floor 有两个构造函数，一个是无参的，一个是有参的。枚举类型成员之间用逗号隔开，枚举类型成员列表与其他成员之间用分号隔开。

17.7 本章小结

1. 泛型的类型参数只能是引用类型，不可以是基本类型。
2. 泛型的类型参数可以是多个。
3. 可以使用关键字 extends 来限制泛型的类型。
4. 可以使用通配符来限制泛型的类型。
5. Java 从 JDK 1.5 开始支持枚举类型。
6. 定义枚举类型的关键字时 enum。
7. 可以为枚举类型自定义多个构造函数，但是构造函数必须被声明为 private。

17.8 习题

1. 尝试定义一个支持泛型的类，此类包含一个支持泛型的方法。
2. 尝试定义一个枚举类型，此枚举类型包含多个构造函数。

第 18 章 多 线 程

现在的操作系统都是多任务操作系统。多线程是实现多任务的一种方式。进程是指一个内存中运行的应用程序,每个进程都有自己独立的一块内存空间,一个进程中可以启动多个线程。比如,在 Windows 系统中,一个运行应用程序就是一个进程,进程和线程都是操作系统提供的一种资源调度的单位。

18.1 线程简介

线程是指进程中的一个执行流程,一个进程中可以运行多个线程。比如 java.exe 进程中可以运行很多线程。线程总是属于某个进程,进程中的多个线程共享进程的内存。"同时"执行是人的感觉,实际上在线程之间轮换执行。

在 Java 中,"线程"的实现需要以下两步:

(1) java.lang.Thread 类的一个实例或 java.lang.Runnable 的一个实现。

(2) 线程的执行。

使用 java.lang.Thread 类或者实现 java.lang.Runnable 接口可以定义、实例化和启动新线程。一个 Thread 类实例只是一个对象,像 Java 中的任何其他对象一样,具有变量和方法,使用堆内存,在创建完这个对象后,Java 会调用操作系统创建线程,并且将该对象关联到操作系统的线程中。

在 Java 中,每个线程都有一个调用栈,即使不在程序中创建任何新的线程,线程也在后台运行着。一个 Java 应用总是从 main() 方法开始运行,main() 方法运行在一个线程内,被称为主线程。一旦创建一个新线程,就产生一个新的调用栈,该调用栈归该线程私有,确保线程间不会相互影响。

线程总体分两类:用户线程和守护线程。当所有用户线程执行完毕的时候,JVM 自动关闭。但是守护线程却不独立于 JVM,守护线程一般是由操作系统或者用户自己创建。本章节主要讨论利用 JVM 创建的用户线程。

注意:JVM 是 Java Virtual Machine(Java 虚拟机)的缩写,是整个 Java 应用运行的一个基础。

18.2 实现线程的两种方式

18.2.1 继承 Thread 类

实现线程的第一个方式就是继承 java.lang.Thread 类,此类中有个 run()方法,应该注意其用法:

$$public\ void\ run()$$

使用 Thread 类来实现线程有以下两个步骤:
(1) 继承 java.lang.Thread,然后重写 run()方法。
(2) 创建 Thread 类对象,调用其 start()方法启动线程。

可以把线程看作一个工人,run()方法看成指派的任务,光有工人本身是没有作用的,必须要给工人指派任务才能够让系统运转起来,调用 start()方法后,线程会默认调用 run()方法。

【例 18.1】 继承 Thread 的子类,重写 run()方法。

```
//代码示例 18.1
//线程样本
//创建一个新的线程


1. public class ThreadTimer extends Thread {
2.     @Override
3.     public void run() {
4.         System.out.println("线程开始");
5.         int sum = 0;
6.         for (int i = 0; i <= 100; i++) {
7.             sum += i;
8.         }
9.         System.out.println("1 到 100 的和是" + sum);
10.        System.out.println("线程运行结束");
11.    }
12. }


1. public class ThreadDemo {
2.     public static void main(String[] args) {
3.         System.out.println("main 线程启动");
4.         //创建 ThreadTimer 对象
```

```
5.    ThreadTimer timer = new ThreadTimer();
6.    //开始线程
7.    timer.start();
8.    System.out.println("main 线程结束");
9.   }
10. }
```

例 18.1 的程序运行结果如图 18.1 所示。

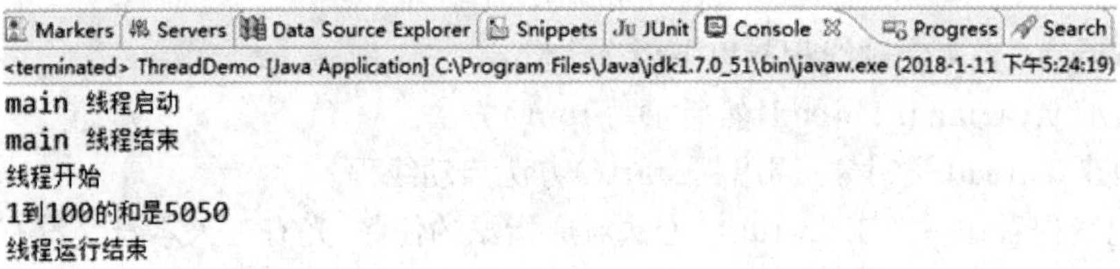

```
main 线程启动
main 线程结束
线程开始
1到100的和是5050
线程运行结束
```

图 18.1

如上所述，ThreadTimer 继承自 Thread，然后重写 Thread 的 run()方法。当主线程执行到 start()方法时会调用 run()方法，run()方法就是一个线程的入口函数，在 run 方法中，打印 1～100 的和。

在主线程中创建 ThreadTimer 线程的实例，调用线程的 start 方法启动线程，然后主线程继续异步执行自己的任务直至结束，线程也独立运行直到结束，整个任务完成。

18.2.2 实现 Runnable 接口

实现线程的另外一个方式就是实现 java.lang.Runnable 接口，该接口有一个 run()方法，实现类必须实现这个 run()方法。使用实现接口 Runnable 接口的对象创建一个线程时，启动该线程将导致在独立执行的线程中调用对象的 run()方法。方法 run()的常规协定是：它可能执行任何所需的操作。

【例 18.2】 实现 Runnable 接口，实现 run()方法。

```
//代码示例 18.2
1.  public class ThreadByRunnable implements Runnable{
2.      @Override
3.      public void run() {
4.          System.out.println("线程开始");
5.          int sum = 0;
6.          for (int i = 0; i <= 100; i++) {
7.              sum += i;
```

```
8.      }
9.      System.out.println("1 到 100 的和是" + sum);
10.     System.out.println("线程运行结束");
11.   }
12. }
```

```
1. public class ThreadRunnableDemo {
2.   public static void main(String[] args) {
3.     System.out.println("main 线程启动");
4.     ThreadByRunnable runnable = new ThreadByRunnable();
5.     //使用 Runnable 接口的实现类的实例作为参数
6.     Thread th = new Thread(runnable);
7.     //启动线程
8.     th.start();
9.     System.out.println("main 线程结束");
10.  }
11. }
```

例 18.2 的程序运行结果如图 18.2 所示。

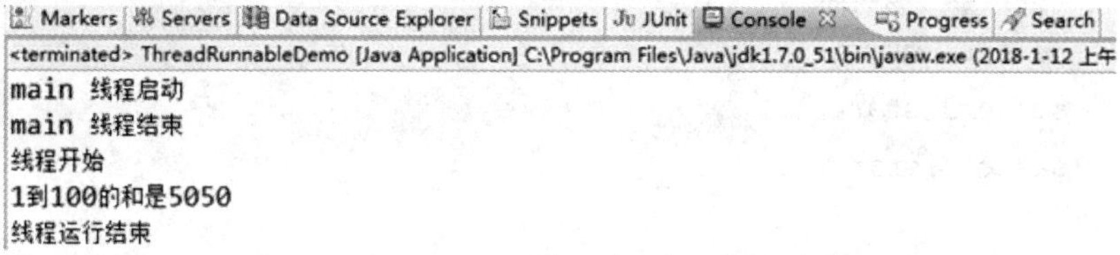

```
main 线程启动
main 线程结束
线程开始
1到100的和是5050
线程运行结束
```

图 18.2

在例 18.2 中,类 ThreadByRunnable 实现了 Runnable 接口,并且实现了 run()方法。在主线程中创建了 ThreadByRunnable 实例,通过将 Runnable 接口实例对象传递到 Thread 作为参数来创建线程,调用线程的 start()方法,然后主线程和子线程分别完成自己的任务。

可以看到,使用两种办法创建的线程,主线程在创建子线程并且启动子线程后,分别独立运行,直至主线程和子线程都执行完毕。因此,在 JVM 的调度分配机制下,可能子线程先结束,也可能主线程先结束;在线程间如果不做处理,主线程和子线程的结束是不可预期的。

既然可以用两种方式实现多线程,那么两种方法有什么区别?举个售票的简单例子,假如共有 5 张票,4 个窗口共同售票,分别用两种方式实现。

```
1. public class ThreadSeller extends Thread{
2.   private int ticket_num = 5;
```

```
3.    @Override
4.    public void run() {
5.        //判断是否还有票
6.        while(ticket_num>0){
7.            ticket_num--;
8.            System.out.println("Thread " +
9.            Thread.currentThread().getName()+",剩余的票数量 "+ticket_num);
10.       }
11.   }
12. }
```

```
1.  public class ThreadSellerTest {
2.      public static void main(String[] args) {
3.          ThreadSeller seller1 = new ThreadSeller();
4.          ThreadSeller seller2 = new ThreadSeller();
5.          ThreadSeller seller3 = new ThreadSeller();
6.          ThreadSeller seller4 = new ThreadSeller();

7.          seller1.start();
8.          seller2.start();
9.          seller3.start();
10.         seller4.start();
11.     }
12. }
```

该程序的运行结果如图 18.3 所示。

如前所述,程序输出结果表示每个线程都卖出了 5 张票,也就是说每个线程都拥有自己独立的变量 ticket_num,这样就会导致混乱。下面我们再用 Runnable 接口方式实现。

```
1.  public class RunnableSeller implements Runnable {
2.  private int ticket_num = 5;
3.  @Override
4.  public void run() {
5.  //判断是否还有票
6.  while (ticket_num > 0) {
7.  ticket_num--;
```

8. System.out.println("Thread " + Thread.currentThread().getName()
9. + ",剩余的票数量 " + ticket_num);
10. }
11. }
12. }
package Thread;

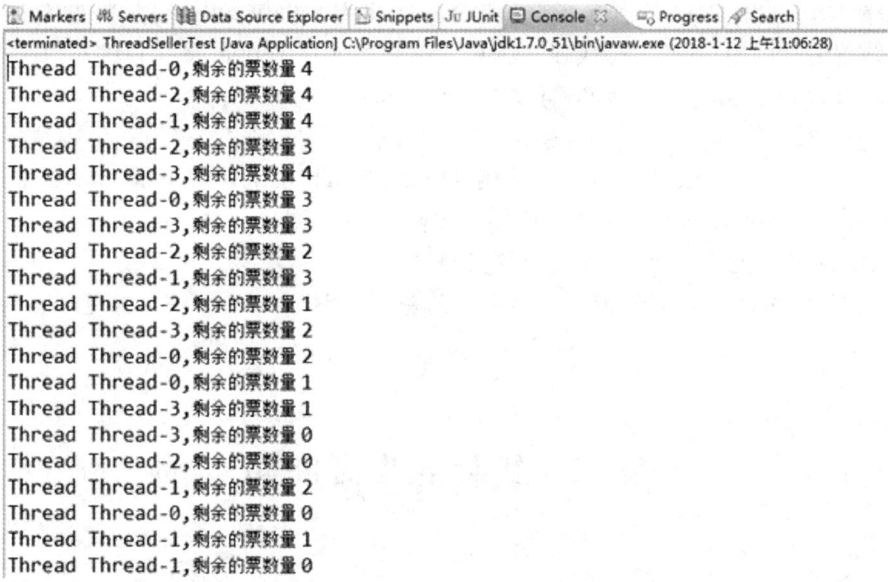

```
Thread Thread-0,剩余的票数量 4
Thread Thread-2,剩余的票数量 4
Thread Thread-1,剩余的票数量 4
Thread Thread-2,剩余的票数量 3
Thread Thread-3,剩余的票数量 4
Thread Thread-0,剩余的票数量 3
Thread Thread-3,剩余的票数量 3
Thread Thread-2,剩余的票数量 2
Thread Thread-1,剩余的票数量 3
Thread Thread-2,剩余的票数量 1
Thread Thread-3,剩余的票数量 2
Thread Thread-0,剩余的票数量 2
Thread Thread-0,剩余的票数量 1
Thread Thread-3,剩余的票数量 1
Thread Thread-3,剩余的票数量 0
Thread Thread-2,剩余的票数量 0
Thread Thread-1,剩余的票数量 2
Thread Thread-0,剩余的票数量 0
Thread Thread-1,剩余的票数量 1
Thread Thread-1,剩余的票数量 0
```

图 18.3

1. public class ThreadSellerTest {

2. public static void main(String[] args) {
3. RunnableSeller common_seller = new RunnableSeller();

4. new Thread(common_seller).start();
5. new Thread(common_seller).start();
6. new Thread(common_seller).start();
7. new Thread(common_seller).start();
8. }
9. }

该程序的运行结果如图 18.4 所示。

```
Markers  Servers  Data Source Explorer  Snippets  JUnit  Console  Progress  Search
<terminated> ThreadSellerTest [Java Application] C:\Program Files\Java\jdk1.7.0_51\bin\javaw.exe (2018-1-12 上午11:12
Thread Thread-0,剩余的票数量 4
Thread Thread-3,剩余的票数量 1
Thread Thread-1,剩余的票数量 2
Thread Thread-2,剩余的票数量 3
Thread Thread-0,剩余的票数量 0
```

图 18.4

图 18.4 中，所有线程共享 5 张票，通过实例化 RunnableSeller 后，将此对象传递给 Thread 线程进行调用，这样所有线程就能共享一个实现了 Runnable 接口的对象。

继承 Thread 和实现 Runnable 有以下一些关联：

(1) 一个类只能继承一个父类，存在局限；一个类可以实现多个接口。

(2) 在实现 Runnable 接口的时候调用 Thread 的 Thread(Runnable run)或者 Thread(Runnable run, String name)构造方法创建线程时，使用同一个 Runnable 实例。

(3) Thread 类也是 Runnable 接口的实现类。

注意：Thread.currentThread()是线程类的静态方法，该静态方法能够返回当前正在执行线程对象。

18.3 线程的生命周期

线程和世界上的事物一样，既有自己的生命周期，也有类似人的生老病死。

如图 18.5 所示，线程具有新建（New）、就绪（Runnable）、运行（Running）、阻塞（Blocked）和死亡（Dead）五种状态。

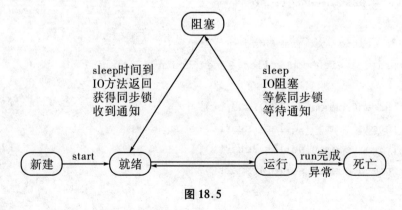

图 18.5

1. 新建

用 new 关键字和 Thread 类或其子类建立一个线程对象后，该线程对象就处于新生状态。处于新生状态的线程有自己独立的内存空间，通过调用 start()方法进入就绪状态（Runnable）。

注意：不能对已经启动的线程再次调用 start()方法，否则会出现 java.lang.IllegalThreadStateException 异常。

2. 就绪

处于就绪状态的线程已经具备了运行条件，但还没有分配到 CPU 资源，排队在线程就绪队列，等待系统为其分配 CPU 资源。等待状态并不是执行状态，当系统选定一个等待执行的 Thread 对象后，它就会从等待执行状态进入执行状态，系统挑选的动作称之为"CPU 调度"。一旦获得 CPU 资源，线程就进入运行状态并自动调用自己的 run()方法。

注意：如果希望子线程调用 start()方法后立即执行，可以使用 Thread.sleep()方式使主线程睡眠一会，转去执行子线程。

3. 运行

处于运行状态的线程最为复杂，它可以变为阻塞状态、就绪状态和死亡状态。处于就绪状态的线程，如果获得了 CPU 资源的调度，就会从就绪状态变为运行状态，执行 run()方法中的任务。如果该线程失去了 CPU 资源，就会又从运行状态变为就绪状态。重新等待系统分配资源。也可以对在运行状态的线程调用 yield()方法，理论上它就会让出 CPU 资源，再次变为就绪状态。

当发生如下一些情况线程会从运行状态变为阻塞状态：
① 线程调用 sleep()方法主动放弃所占用的系统资源。
② 线程调用一个阻塞式 IO 方法，在该方法返回之前，该线程被阻塞。
③ 线程试图获得一个同步监视器，但更改同步监视器正被其他线程所持有。
④ 线程在等待某个通知（notify()）。

4. 阻塞

处于运行状态的线程在某些情况下，如执行了 sleep()方法，或等待 I/O 设备等资源，将让出 CPU 资源并暂时停止自己的运行，进入阻塞状态。在阻塞状态的线程不能进入就绪队列。只有当引起阻塞的原因消除时，如睡眠时间已到，或等待的 I/O 设备空闲下来，线程便转入就绪状态，重新到就绪队列中排队等待，被系统选中后从原来停止的位置开始继续运行。因此在线程 sleep 到期的时候，并不一定保证立刻就进入运行状态。

注意：线程在阻塞的时候，会记录自己的当前运行的快照，以便在重新运行的时候，能够恢复原来的运行状态。

5. 死亡

当线程的 run()方法执行完，或者被强制性地终止，就认为它死去。这个线程对象也许是活的，但是它已经不是一个单独执行的线程。线程一旦死亡，就不能复生。如果在一个死去的线程上调用 start()方法，会抛出 java.lang.IllegalThreadStateException 异常。

18.4 操作线程的方法

Java 线程并不是脱缰的野马，也接受 JVM 和主线程以及子线程自身的控制。JVM 或者线程会根据自身的情况对线程进行操作和控制。

18.4.1 线程的休眠

如果想让当前正在执行的线程暂停一段时间,并进入阻塞状态,则可以通过调用 Thread 的 sleep()方法。

```java
public class ThreadSleep implements Runnable {
    @Override
    public void run() {
        for (int i = 0; i < 10; i++) {
            try {
                System.out.println("num i = " + i);
                // 休眠5秒钟
                System.out.println("开始休眠计时" + System.currentTimeMillis());
                Thread.sleep(5000);
                System.out.println("休眠结束计时" + System.currentTimeMillis());
            } catch (InterruptedException e) {
                e.printStackTrace();
            }
        }
    }
}
```

```java
public class ThreadSleepDemo {
    public static void main(String[] args) {
        ThreadSleep threadSleep = new ThreadSleep();
        threadSleep.run();
    }
}
```

该程序执行结果如图 18.6 所示。

可明显看到,程序 5 秒钟打印出一个数字。在打印期间,线程就调用自身的 sleep()方法进行休眠 5 秒钟,线程的 sleep()是静态方法,只会使得当前正在执行的线程休眠,而不会让调用该线程的线程休眠。

注意:Thread.sleep()方法是帮助所有线程获得运行机会的一个方法。线程睡眠到期后自动苏醒,并返回到就绪状态,等待 JVM 调度会进入运行状态。

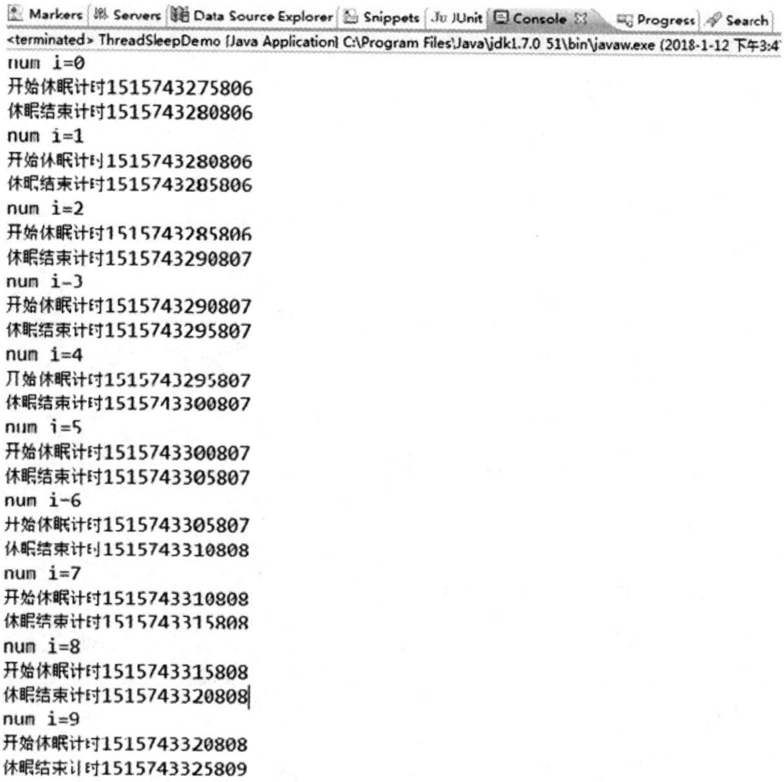

```
<terminated> ThreadSleepDemo [Java Application] C:\Program Files\Java\jdk1.7.0_51\bin\javaw.exe (2018-1-12 下午3:4
num i=0
开始休眠计时1515743275806
休眠结束计时1515743280806
num i=1
开始休眠计时1515743280806
休眠结束计时1515743285806
num i=2
开始休眠计时1515743285806
休眠结束计时1515743290807
num i=3
开始休眠计时1515743290807
休眠结束计时1515743295807
num i=4
开始休眠计时1515743295807
休眠结束计时1515743300807
num i=5
开始休眠计时1515743300807
休眠结束计时1515743305807
num i=6
开始休眠计时1515743305807
休眠结束计时1515743310808
num i=7
开始休眠计时1515743310808
休眠结束计时1515743315808
num i=8
开始休眠计时1515743315808
休眠结束计时1515743320808
num i=9
开始休眠计时1515743320808
休眠结束计时1515743325809
```

图 18.6

18.4.2 线程的加入

如果某个线程在执行的时候,想让另外一个线程加入运行状态,则可以调用线程的 join ()方法。即等待加入线程先执行,等加入执行的线程执行完毕后再执行本线程。这个可以使得原来交替执行的线程变成了顺序执行的线程。实际应用中,很多子线程有大量耗时的计算,而往往主线程就先于子线程结束,但是如果主线程要使用到子线程的结果,这个时候就需要使用到线程的 join 方法。下面的例子是主线程创建一个子线程,并且调用子线程的加入方法,等子线程给计数器累加 10 个 1 后,主线程打印出子线程的执行结果。

1. public class Count {
2. //counter
3. privateint count;

4. publicintgetCount() {
5. return count;
6. }

```
7.   public void setCount(int count) {
8.     this.count = count;
9.   }

10.  public void add(){
11.    count++;
12.  }
13. }
```

```
1.  public class ThreadFirst extends Thread{

2.    private Count count;
3.    publicThreadFirst(Count count){
4.      this.count = count;
5.    }
6.    @Override
7.    public void run() {
8.      System.out.println("ThreadFirst start");
9.      for(inti = 0;i<10;i++){
10.       System.out.println("ThreadFirst add count by 1");
11.       count.add();
12.     }
13.     System.out.println("ThreadFirst finish");
14.   }

15. }
```

```
1.  public class ThreadTest {

2.    public static void main(String[] args) throws InterruptedException {
3.      Count count = new Count();
4.      count.setCount(0);
5.      System.out.println("main thread start");
6.      ThreadFirst first = new ThreadFirst(count);
7.      first.start();
8.      //主线程等待子线程first执行完
```

```
9.     first.join();
10.    System.out.println("main thread end, count = " + count.getCount());
11.  }
12. }
```

该程序的输出如图 18.7 所示。

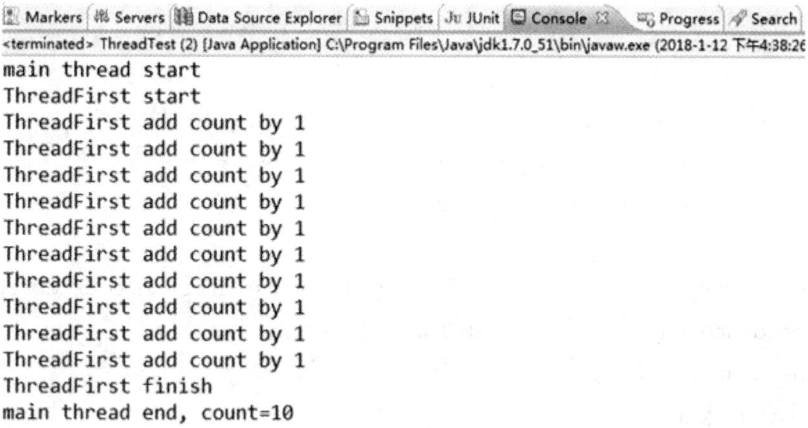

```
main thread start
ThreadFirst start
ThreadFirst add count by 1
ThreadFirst add count by 1
ThreadFirst add count by 1
ThreadFirst add count by 1
ThreadFirst add count by 1
ThreadFirst add count by 1
ThreadFirst add count by 1
ThreadFirst add count by 1
ThreadFirst add count by 1
ThreadFirst add count by 1
ThreadFirst finish
main thread end, count=10
```

图 18.7

如上所述，主线程在启动子线程后，调用了子线程的加入方法，主线程就等待子线程运行，等子线程运行结束后，才开始运行，直至结束。

18.4.3 线程的中断

一个线程在未正常结束之前，被强制终止是很危险的事情。因此既不想让线程被强制终止，又想让线程接收到暂停信号，可以使用线程 interrupt() 方法。这个方法称为线程的中断方法，Java 线程的中断只是一种协作机制，也就是说调用线程对象的 interrupt 方法并不一定就中断了正在运行的线程，它只是要求线程自己在合适的时机中断自己。对于非阻塞中的线程，只是改变了中断状态，即 Thread.isInterrupted() 将返回 true，对于可取消的阻塞状态中的线程，比如等待在这些函数上的线程，Thread.sleep()、Object.wait()、Thread.join()，这个线程收到中断信号后，会抛出 InterruptedException，同时会把中断状态置回为 false。下面的例子就是主线程调用子线程的 interrupt 方法给改变子线程的中断状态，子线程的中断判断逻辑处理该状态的改变。

```
1. public class ThreadInterrupt extends Thread {
2.   @Override
3.   public void run() {
4.     while (true) {
```

```
5.    if (Thread.interrupted()) {
6.        System.out.println("Someone interrupted me.");
7.        break;
8.    } else {
9.        System.out.println("Going…");
10.   }
11.  }
12. }
13. }
```

```
1. public class ThreadInterruptTest {
2.    public static void main(String[] args) throws InterruptedException {
3.        ThreadInterrupt thread = new ThreadInterrupt();
4.        thread.start();
5.        //主线程休眠 3 秒
6.        Thread.sleep(3000);
7.        //中断这个线程
8.        thread.interrupt();
9.    }
10. }
```

该程序的运行结果(最后部分输出)如图 18.8 所示。

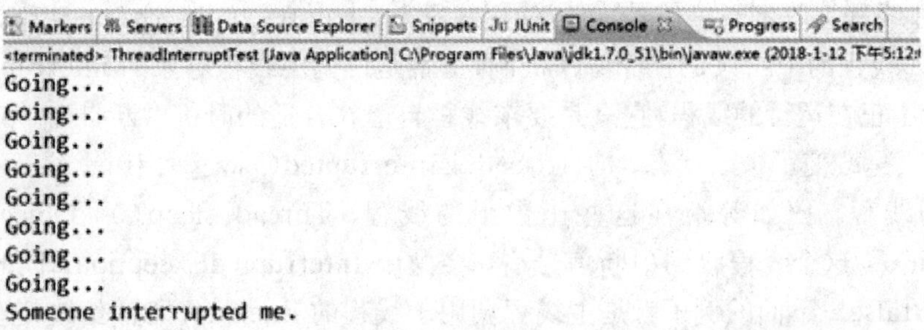

```
Going...
Going...
Going...
Going...
Going...
Going...
Going...
Going...
Someone interrupted me.
```

图 18.8

如上所述,主线程先创建子线程并且启动子线程,3 秒后调用子线程的中断方法,线程检测到自己的中断状态被改变后调用 break 方法结束线程。这里有一个非常重要的点,在调用线程的 interrupt()方法的时候,只是给线程发了一个中断信号而已,并不会直接终止线程的运行,而真正决定是否停止执行,是由接收到中断信号的线程自身来判断。

注意:在实际的开发中,如果想要停止循环执行任务的线程,一般是通过控制一个变量的值来控制线程,每次线程循环都判断该变量的状态来决定是否停止线程。

18.4.4 线程的礼让

在有多个线程运行的情况下,当前线程发现有一个更重要紧急的线程申请运行,可否调整线程调度的优先级,而把现在的计算机资源释放出来,让给更重要的线程运行呢？这称之为线程的礼让,可以通过调用线程的 yield 方法来实现线程礼让的目的。通过该方法线程可能自动的转发控制权给其他等待的线程。需要注意的是,yield 方法对 JVM 来说是只是一种"提示",而不是强制要求。即当前线程调用 yield 方法告诉 JVM,可能有更紧急的线程需要调度执行,我可以先让给别的线程先执行。但是 JVM 可以考虑是否切换线程,但是不保证一定会切换线程调度。下面的例子就是第一个线程在打印到数字 3 的时候,调用了 yield 方法进行线程的礼让。

```
1.  public class ThreadYield extends Thread{
2.  @Override
3.  public void run() {
4.     for(int i = 0;i<5;i++){
5.        System.out.println(Thread.currentThread().getName()+",i = " + i);
6.        if(i==3){
7.           Thread.yield();
8.           System.out.println(Thread.currentThread().getName()
9.           +" release cpu!");
10.       }
11.    }
12. }
13. }
```

```
1. public class ThreadYieldTest {
2. public static void main(String[] args) {
3. ThreadYield thread1 = new ThreadYield();
4. ThreadYield thread2 = new ThreadYield();
5. thread1.start();
6. thread2.start();
7. }
8. }
```

该程序的运行结果如图 18.9 所示。

```
Thread-1,i=1
Thread-0,i=2
Thread-1,i=2
Thread-0,i=3
Thread-1,i=3
Thread-1 release cpu!
Thread-1,i=4
Thread-0 release cpu!
Thread-0,i=4
```

图 18.9

如前所述,虽然线程 1 使用了 yield 礼让出 CPU 资源,但是还是先执行完毕再到线程 0 执行,这里说明一个问题,线程的礼让并不是强制性的。

18.5 线程的优先级

Java 线程可以有优先级的设定,高优先级的线程比低优先级的线程有更高的几率得到 JVM 的调度执行。Java 线程的优先级是一个整数,其取值范围是 1~10,分别表示从低到 高。Thread 源代码里对线程默认的优先级设置是 5,可以通过 setPriority 方法来设置线程 的优先级。每个新产生的线程均继承父线程的优先级。假如父线程的优先级是 10,那么在 父线程中创建了一个子线程,在没有设置子线程的优先级的情况下,默认会继承父线程的优 先级。

```
1. public class ThreadPriority extends Thread{
2. @Override
3. public void run() {
4.     for(int i = 0;i<5;i++){
5.         System.out.println(Thread.currentThread().getName() + ",i = " + i);
6.     }
7. }
8. }
```

```
1. public class ThreadPriorityTest {
2.     public static void main(String[] args) {
3.         ThreadPriority thread1 = new ThreadPriority();
4.         ThreadPriority thread2 = new ThreadPriority();
```

```
5.  ThreadPriority thread3 = new ThreadPriority();
6.  thread3.setPriority(10);
7.  thread2.setPriority(5);
8.  thread1.setPriority(1);

9.  thread1.start();
10. thread2.start();
11. thread3.start();
12. }
13. }
```

该程序的运行结果如图 18.10 所示。

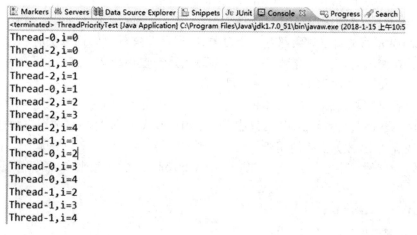

图 18.10

图 18.10 中，通过 setPriority 方法设置优先级，将 thread3 的优先级设置成最高，thread2 设置成中等，thread1 设置成最低，通过输出我们可以看到，从整体上优先调度 thread3，然后是 thread2，最后是 thread1。同样我们可以观察到，线程优先级设置后，调度并不是绝对的根据优先级的高地来进行调度，也就是说，线程优先级只是给 JVM 一个参考，实际的调度还是 JVM 根据情况来进行调度。

注意：Java 在 Thread 类中提供了三个常量用于表示线程的优先级，Thread.MAX_PRIORITY、Thread.NORM_PRIORITY、Thread.MIN_PRIORITY 分别表示 10、5、1。

18.6 线程的同步

Java 语言允许多线程并发控制，当多个线程同时操作一个可共享的资源变量时（如数据的增删改查），将会导致数据不准确，相互之间产生冲突。即由于多线程的访问顺序的随机性导致不同线程对于同一个对象的访问表现出不一致状态。

18.6.1 线程同步

为了保证多线程对于同一对象访问的一致性,我们称之为线程同步,线程同步一般使用同步锁来锁住对象,以避免在该线程没有完成操作之前,被其他线程调用,从而保证了该变量的唯一性和准确性。在 Java 语言中,每个对象都有唯一的对象锁。当有一个线程拿到该对象锁的时候,其他线程就需要在锁池里等待,当线程执行任务后,就会释放对象锁,这样锁池里的第一个等待线程就能获得该锁进行任务处理,直至最后一个线程完成任务。

18.6.2 线程同步机制

线程同步的具体方法,就是线程同步机制。在 Java 语言中,线程同步机制有很多方式来实现。我们主要介绍利用 synchronized 关键字来实现线程同步。

1. synchronized 关键字

由于 Java 语言的每个对象都有一个对象锁,当用此关键字修饰方法时,对象锁会保护整个方法。在调用该方法前,需要获得锁,否则就处于阻塞状态,无法访问该对象的方法。被 synchronized 关键字修饰的方法叫做同步方法。

举一个经典的取钱的例子,假如在银行一个账户中有 100 元钱,两个人同时对这个账户同时取 80 元钱,那么在实际情况下,只能有一个用户取钱成功,另外一个用户则会提示余额不足。用线程实现,假如没有使用线程同步机制的时候,会发现有一些情况下两个人都能取出 80 元钱,这就是一种异常情形。可以使用 synchronized 关键字来实现线程同步机制,

```
1.  public class Bank {
2.      private int money = 100;
3.      public int getMoney(int num) throws InterruptedException {
4.          if(num > money){
5.              System.out.println("no more than 100!");
6.              Thread.sleep(5000);
7.              return 0;
8.          }
9.          else if(num >= 0 & &num <= 100){
10.             Thread.sleep(5000);
11.             money = money - num;
12.             returnnum;
13.         }
14.         return -1;
15.     }
16. }
```

```java
1.  public class ThreadPerson extends Thread{
2.  private Bank bank;
3.  publicThreadPerson(Bank bank){
4.  this.bank = bank;
5.  }
6.  @Override
7.  public void run() {
8.  try {
9.  int money = bank.getMoney(80);
10. if(money>0){
11. System.out.println(Thread.currentThread().getName()
12. +",i get money,money = " + money);
13. }
14. else{
15. System.out.println("not enough money!");
16. }
17. } catch (InterruptedException e) {
18. e.printStackTrace();
19. }
20. }
21. }
```

```java
1.  public class ThreadBankTest {
2.  public static void main(String[] args) {
3.  //创建一个 Bank 对象
4.  Bank bank = new Bank();
5.  ThreadPerson ThreadPerson1 = new ThreadPerson(bank);
6.  ThreadPerson ThreadPerson2 = new ThreadPerson(bank);
7.  ThreadPerson1.start();
8.  ThreadPerson2.start();
9.  }
10. }
```

该程序的运行结果如图 18.11 所示。

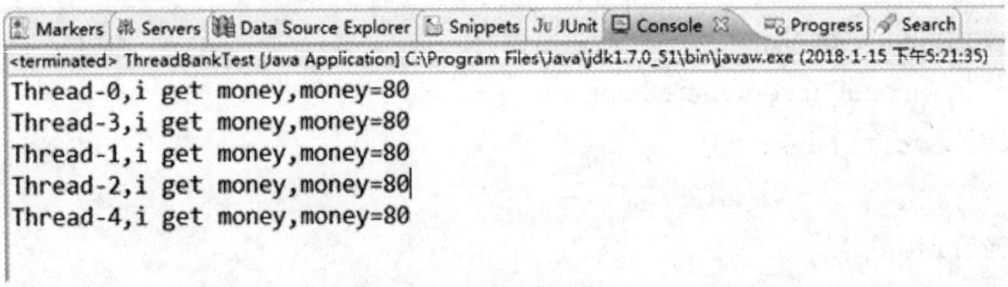

```
Thread-0,i get money,money=80
Thread-3,i get money,money=80
Thread-1,i get money,money=80
Thread-2,i get money,money=80
Thread-4,i get money,money=80
```

图 18.11

如上所述，由于第一个人先进入了银行对象的 getMoney() 方法，而此时第一个人在执行 getMoney() 方法的时候，还没有执行完毕，没有把银行的存款减去 80 元，此时第二个线程进入 getMoney() 方法，而此时银行总存款还是 100 元，因此第二个人也能取款成功，同理第三、四个人也是如此，而当四个人都执行结束的时候，才会发现问题。

那么可以使用关键字 synchronized 来进行同步控制，即在访问对象的时候，通过关键字 synchronized 来给方法加锁，防止其他线程进入，等本线程执行完毕，才释放该对象锁，使得其他线程能够访问对象的方法。同样是上面的例子，给银行取钱方法加上锁，就不会出现上述的错误。

```
1.  public class Bank {
2.    private int money = 100;
3.    public synchronized int getMoney(int num) throws InterruptedException {
4.      if(num>money){
5.        System.out.println("no more than 100!");
6.        Thread.sleep(5000);
7.        return 0;
8.      }
9.      else if(num> = 0 &&num< = 100){
10.       Thread.sleep(5000);
11.       money = money - num;
12.       return num;
13.     }
14.     return -1;
15.   }
16. }
```

其他类不修改，该程序的运行结果如图 18.12 所示。

如上所述，在第一个人取 80 元钱的时候，银行的取钱方法加锁了，第二个人无法进入，等到第一个人取完 80 元后，银行扣除了第一个人取走的钱，这时候银行里只剩下 20 元，此时第二个人再去取 80 元的时候，会提示余额不足，同理第三、第四个人也是如此。

synchronized 关键字的另外一个用法就是修饰代码中的语句块，该语句块会自动被加上锁达到同步的目的。同样是上面的例子，可以利用 synchronized 关键字修饰代码块来实现取钱方法同步性。

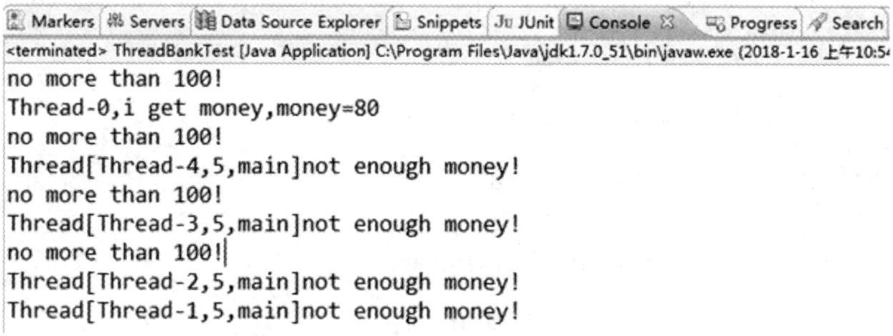

```
no more than 100!
Thread-0,i get money,money=80
no more than 100!
Thread[Thread-4,5,main]not enough money!
no more than 100!
Thread[Thread-3,5,main]not enough money!
no more than 100!
Thread[Thread-2,5,main]not enough money!
Thread[Thread-1,5,main]not enough money!
```

图 18.12

1. public class Bank {
2. private int money = 100;
3. public int getMoney(int num) throws InterruptedException {
4. synchronized(this){
5. if(num＞money){
6. System.out.println("no more than 100!");
7. Thread.sleep(5000);
8. return 0;
9. }
10. else if(num＞ = 0 & &num＜ = 100){
11. Thread.sleep(5000);
12. money = money－num;
13. Returnnum;
14. }
15. return －1;
16. }
17. }
18. }

其他类不修改，该程序的运行结果如图 18.13 所示。

如上所述，利用 synchronized 修饰方法和代码块都能够对方法或者代码块加锁，从而达到同步的目的，使线程有序访问资源，避免对象状态呈现的不一致性。

2. volatile 关键字

Java 语言提供了另外一种稍弱的线程同步方法，即 volatile 变量。该同步机制用来确保将变量的更新操作通知到其他线程，保证了新值能立即同步到主内存，以及每次使用前立即从主内存刷新。当把变量声明为 volatile 类型后，编译器与运行时都会注意到这个变量是共享的。但是 volatile 只是保证变量本身的对于线程的一致性，但是并不能保证操作的原子性，因此在使用中要根据实际情况来决定是否使用 volatile 变量。

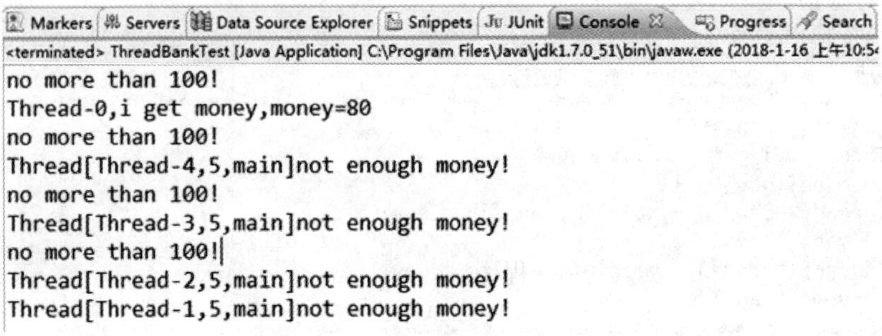
Markers Servers Data Source Explorer Snippets JUnit Console Progress Search
<terminated> ThreadBankTest [Java Application] C:\Program Files\Java\jdk1.7.0_51\bin\javaw.exe (2018-1-16 上午10:5
no more than 100!
Thread-0,i get money,money=80
no more than 100!
Thread[Thread-4,5,main]not enough money!
no more than 100!
Thread[Thread-3,5,main]not enough money!
no more than 100!
Thread[Thread-2,5,main]not enough money!
Thread[Thread-1,5,main]not enough money!

图 18.13

18.7 本章小结

1. Java 语言实现线程有两种方式，第一种是继承 Thread 类，另外一种是实现 Runnable 接口。

2. 线程的生命周期中有五种状态，分别是新建、就绪、运行、阻塞和死亡。

3. 主线程指 JVM 调用程序 main()所产生的线程。

4. 当前线程一般指通过 Thread.currentThread()来获取的进程。

5. Java 线程有优先级，优先级高的线程会获得较多的运行机会，但并不保证优先级高的线程一定先被调度运行。

6. Java 线程的优先级用整数表示，取值范围是 1～10。

7. synchronized 关键字的作用域有两种，第一种是用于修饰某个对象实例内，即一个线程访问某个对象实例的 synchronized 方法或者代码块，则其他线程无法进入同一个对象实例的该方法或者代码块，也就说，其他线程照样可以访问相同类另外一个实例的 synchronized 方法或者代码块。另外一种是修饰某个类的范围，即 synchronized 加载在类的静态方法或者静态方法代码块内，则对所有类对象实例起作用，当一个对象访问该区域时，所有其他线程都无法访问该区域。

8. synchronized 关键字是不能继承的，也就是说，基类的方法 synchronized f(){} 在继承类中并不自动是 synchronized f(){}，而是变成了 f(){}。继承类需要你显式的指定它的某个方法为 synchronized 方法。

9. 每个对象只有一个锁(lock)与之相关联。

10. 实现同步是要以很大的系统开销作为代价的，甚至可能造成死锁，所以尽量避免无谓的同步控制。

18.8 习　　题

1. 简述进程和线程的区别。
2. 定义两个线程,继承 Thread 和实现 Runnable 接口。
3. 编写线程同步代码,使得两个线程依次按照顺序打印。

参 考 文 献

[1] Bruce Eckel.Java 编程思想[M].陈昊鹏,译.北京:机械工业出版社,2007.
[2] 梁勇.Java 语言程序设计:基础篇[M].戴开宇,译.北京:机械工业出版社,2015.
[3] 凯·S·霍斯特曼.Java 核心技术:卷Ⅰ:基础知识[M].周立新,陈波,叶乃文,等译.北京:机械工业出版社,2016.
[4] 凯·S·霍斯特曼.Java 核心技术:卷Ⅱ:高级特性[M].陈昊鹏,译.北京:机械工业出版社,2017.